LE

POTENTIEL THERMODYNAMIQUE

ET SES APPLICATIONS

A LA

MÉCANIQUE CHIMIQUE

ET A

L'ÉTUDE DES PHÉNOMÈNES ÉLECTRIQUES

PAR

P. DUHEM

ANCIEN ÉLÈVE DE L'ÉCOLE NORMALE SUPÉRIEURE,
AGRÉGÉ DE L'UNIVERSITÉ

PARIS

A. HERMANN, LIBRAIRIE SCIENTIFIQUE

8, rue de la Sorbonne, 8

LE

POTENTIEL THERMODYNAMIQUE

ET SES APPLICATIONS

Bordeaux. — Imp. G. Gounouilhou, rue Guiraude, 11.

LE POTENTIEL THERMODYNAMIQUE ET SES APPLICATIONS

A LA

MÉCANIQUE CHIMIQUE

ET A

L'ÉTUDE DES PHÉNOMÈNES ÉLECTRIQUES

PAR

P. DUHEM

ANCIEN ÉLÈVE DE L'ÉCOLE NORMALE SUPÉRIEURE,
AGRÉGÉ DE L'UNIVERSITÉ

PARIS

A. HERMANN, LIBRAIRIE SCIENTIFIQUE

8 — rue de la Sorbonne — 8

1886

INTRODUCTION

Les mémorables découvertes de Henri Sainte-Claire-Deville, en faisant connaître les phénomènes de dissociation, ont donné à la statique chimique une nouvelle et féconde impulsion. L'attention des physiciens se porta aussitôt vers l'étude des équilibres chimiques, dont le rôle dans l'explication d'une foule de réactions venait d'être mis en lumière.

Les lois de ces équilibres ne pouvaient être demandées à la mécanique rationnelle; il s'agissait en effet de problèmes d'un autre ordre que ceux auxquels s'appliquent les méthodes de la mécanique. Ces problèmes, toutefois, présentent de nombreuses analogies avec les problèmes d'équilibre étudiés en statique; il semblera donc naturel que les physiciens aient employé, pour les résoudre, des procédés analogues à ceux que les mécaniciens ont employés en statique.

Les travaux de Galilée, de Descartes, de Pascal, de Bernoulli et de Lagrange ont prouvé que la statique tout entière était comprise dans un seul principe; ce principe, qui a reçu de Gauss ses derniers perfectionnements, est le principe des vitesses virtuelles. Lagrange et Lejeune-Dirichlet l'ont complété en démontrant que toutes les fois qu'un système, admettant une fonction des forces, présente un état pour lequel cette fonction est maximum, cet état est un état d'équilibre stable. Les physiciens ont cherché à établir des propositions qui jouent dans la mécanique chimique le rôle que le principe des vitesses virtuelles et le théorème de Lagrange jouent dans la mécanique rationnelle.

La première tentative qui fut faite dans cette voie est due à M. Berthelot. La règle qu'il proposa, sous le nom de *principe du travail maximum*, était énoncée de la manière suivante : Toute action chimique, accomplie sans l'intervention d'une énergie étrangère, tend vers la production du système de corps qui dégage le plus de chaleur. Ce principe entraînait la conséquence suivante : de deux réactions inverses concevables dont l'une dégage de la chaleur tandis que l'autre en absorbe, la première est seule possible.

La chaleur dégagée par une réaction qui ne met en jeu aucun travail extérieur est la diminution que subit, par l'effet de cette modification, l'*énergie interne* du système. Par conséquent, d'après la règle posée par M. Berthelot, la possibilité d'une réaction suppose que cette réaction produit une diminution d'énergie; la stabilité d'un équilibre chimique est donc assurée, si cet état d'équilibre correspond à la plus petite valeur que puisse prendre l'énergie du système; en un mot, d'après cette règle, l'énergie joue dans la statique chimique le rôle que le potentiel joue dans la statique proprement dite.

La règle proposée par M. Berthelot est d'une application facile; ses conséquences peuvent être immédiatement soumises au contrôle de l'expérience, et, dans un grand nombre de cas, elles présentent avec les faits l'accord le plus satisfaisant; aussi cette règle a-t-elle été favorablement accueillie par la plupart des chimistes. Elle rencontre malheureusement, dans un certain nombre de phénomènes, des exceptions difficiles à expliquer. L'acide sulfurique, par exemple, se combine avec la glace et cette combinaison produit du froid. Pour faire rentrer cette exception dans la règle, on est obligé de scinder en deux phases la réaction dont nous parlons : d'une part, fusion de la glace, phénomène *physique* qui absorbe de la chaleur; d'autre part, combinaison de l'eau liquide avec l'acide sulfurique, phénomène *chimique* qui dégage de la chaleur. Mais c'est par une pure conception de l'esprit, et non comme représentation de la réalité, que l'on peut ainsi décomposer un phénomène en plusieurs autres. D'ailleurs, admettre que les phénomènes chimiques obéissent à la loi du travail maximum, tandis que les changements d'état physique en seraient affranchis, c'est supposer entre le mécanisme de ces deux ordres de phénomènes une ligne de démarcation que les travaux d'Henri Sainte-Claire-Deville ont effacée.

L'énergie ne peut donc jouer dans l'étude des changements d'état le rôle que le potentiel joue en mécanique.

M. Clausius a introduit en thermodynamique, comme conséquence du théorème de Carnot, une fonction qui ne le cède pas en importance à l'énergie; il a donné à cette fonction le nom d'*entropie*. C'est à l'entropie qu'est dévolu, selon M. Hortsmann [1], le rôle que la thermochimie attribue à l'énergie.

« Clausius, dit M. Hortsmann, a su donner à certaines idées de W. Thomson une forme mathématique, en définissant une grandeur, l'entropie, qui, dans tous les changements de la nature, va toujours en augmentant, et qui, au contraire, par aucune force naturelle connue, ne peut devenir plus petite. Il peut y avoir seulement des phénomènes dans lesquels l'entropie reste constante : tels sont les mouvements stationnaires que nous attribuons aux atomes d'un corps de température constante.

---

(1) Hortsmann. *Annalen der Chemie und Pharmacie*, t. CLXX, 20 nov. 1873.

» ... D'après moi, dans les phénomènes de dissociation, la cause de la limite est la même; elle se produit quand l'entropie est devenue aussi grande que cela est possible, avec tous les changements qui pourraient survenir. Le problème est donc résolu si l'on sait dans quelles circonstances et de quelle manière l'entropie est modifiée dans les phénomènes dont il s'agit. »

Tel est le point de départ de la théorie de M. Hortsmann. Plus récemment, dans une note communiquée à la *Royal Institution* le 5 mars 1875, lord Rayleigh a émis des idées analogues; selon lord Rayleigh, ce n'est point le signe de la quantité de chaleur mise en jeu qui détermine le sens des réactions chimiques; une réaction chimique n'est possible que si elle correspond à une augmentation d'entropie.

Cette théorie ne saurait être admise sans restriction. M. Clausius a démontré, il est vrai, que l'on ne peut faire décroître l'entropie d'un système; mais cette démonstration est subordonnée à une restriction, elle ne s'applique qu'à un système qui ne peut emprunter ou céder de chaleur, de force vive ou de travail au milieu ambiant. Si l'on ne tenait pas compte de cette restriction, on pourrait déduire du théorème dont il s'agit des conséquences erronées; il est bien certain, par exemple, que l'entropie d'une masse d'eau diminue lorsqu'on vaporise cette eau à température constante. Toutefois, le principe énoncé par M. Hortsmann peut, lorsqu'on l'applique dans les circonstances pour lesquelles il est démontré, conduire à des conséquences conformes à l'expérience; c'est ainsi que M. Hortsmann est arrivé, en étudiant la dissociation du carbamate d'ammoniaque, à énoncer une loi qui s'étend à tous les phénomènes analogues, loi que nous aurons occasion d'exposer plus tard.

L'énergie ne peut donc, dans la mécanique chimique, jouer le rôle de potentiel; l'entropie ne peut jouer le rôle de fonction des forces. Les physiciens ont été conduits à rechercher, parmi les autres quantités qu'étudie la thermodynamique, une fonction qui pût servir à déterminer les équilibres chimiques.

Dans un mémoire dont quelques extraits parurent en 1869 (¹), mais qui ne fut entièrement publié qu'en 1876 (²), M. Massieu avait démontré la proposition suivante : Tous les coefficients qui déterminent les propriétés physiques et mécaniques d'un corps (chaleurs spécifiques, coefficients de dilatation, de compressibilité, etc.) sont connus lorsqu'on connaît une certaine fonction de l'état du corps. M. Massieu donnait à cette fonction le nom de *fonction caractéristique*.

Un corps n'admet pas la même fonction caractéristique selon que l'on prend pour variables propres à déterminer l'état de ce corps le volume ou la température, ou bien la pression et la température.

Dans le premier cas, si l'on désigne par T la température absolue, par S l'entropie du corps, par U l'énergie interne, le corps admet pour fonction caractéristique la quantité

$$H = TS - U.$$

Dans le second cas, si l'on garde les notations précédentes, et si l'on désigne en outre par A l'équivalent calorifique du travail, par v le volume du corps, et par p la pression qu'il supporte, le corps admet pour fonction caractéristique la quantité

$$H' = TS - U - Apv.$$

M. Massieu a établi les diverses propriétés des fonctions H et H', et a montré comment toutes les équations de la

(¹) F. Massieu, *Sur les Fonctions caractéristiques* (*Comptes rendus de l'Académie des Sciences*, LXIX, p. 858 et 1057, 1869).

(²) F. Massieu, *Mémoire sur les Fonctions caractéristiques des divers fluides et sur la théorie des vapeurs* (*Mémoires des Savants étrangers*, t. XXII, année 1876. — *Journal de physique*, VI, p. 216, 1877).

thermodynamique pouvaient s'écrire de manière à ne plus renfermer que ces fonctions et leurs dérivées; mais, dans le mémoire qu'il a consacré à cette étude, il n'a pas examiné si ces deux fonctions pouvaient, dans la théorie des équilibres chimiques, jouer le rôle de fonction des forces.

C'est M. J.-W. Gibbs qui a le premier montré le rôle que les fonctions introduites en thermodynamique par M. Massieu devaient jouer dans la mécanique chimique. Le mémoire (1) de M. J.-W. Gibbs repose sur deux théorèmes très simples qui sont les suivants :

« Pour l'équilibre d'un système isolé, il est nécessaire et suffisant que, dans tous les changements possibles de l'état du système qui ne modifient pas son énergie, la variation de son entropie soit nulle ou négative; que, dans tous les changements d'état où son entropie ne varie pas, la variation de son énergie soit nulle ou positive. »

Ainsi, selon l'expression de M. Gibbs, l'entropie est la *fonction des forces à énergie constante*, et l'énergie est le *potentiel à entropie constante*. En partant des deux théorèmes précédents, M. Gibbs a été amené à démontrer que les deux fonctions

$$\psi = E(U - TS),$$
$$\zeta = E(U - TS) + pv,$$

qui ne sont autre chose que le produit par l'équivalent mécanique de la chaleur changé de signe (— E) des deux fonctions H et H' étudiées par M. Massieu, jouent le rôle de potentiel, la première lorsqu'on maintient constants la température et le volume, la seconde lorsqu'on maintient constantes la température et la pression.

(1) J.-W. Gibbs. *On the Equilibrium of heterogeneous substances* (*Transact. Connecticut Acad.*, III, p. 108-248; 343-524, 1875-1878. — *Silliman's Journal*, XVI, p. 441-458, 1878. — *American Journal of arts and sciences*, XVIII, 1879).

Après avoir établi ces théorèmes qui résolvaient complètement le problème de la recherche du *potentiel thermodynamique*, M. Gibbs en fit l'application à l'étude de la dissociation des composés gazeux. En supposant seulement les gaz réagissants assez voisins de l'état parfait pour qu'on pût leur appliquer approximativement les lois bien connues que suivent les gaz parvenus à cet état limite, il donna une théorie complète de ces phénomènes, théorie qui explique la plupart des particularités découvertes par l'expérience.

En 1882, M. H. von Helmholtz publiait un mémoire (¹) intitulé : « Sur la thermodynamique des phénomènes chimiques. » Dans ce mémoire, il insistait sur la nécessité de compléter et de transformer les études thermochimiques par la distinction entre deux sortes d'énergie, l'*énergie libre*, susceptible d'être transformée en travail, et l'*énergie liée*, capable seulement de se manifester sous forme de chaleur. Selon M. von Helmholtz, c'est la variation de l'énergie libre, et non le dégagement total de chaleur, dont le signe détermine le sens dans lequel s'effectuent les réactions chimiques.

« Les recherches que l'on a faites jusqu'ici sur la valeur du travail mis en jeu dans les phénomènes chimiques s'appliquent presque exclusivement, dit-il, aux quantités de chaleur qui sont dégagées ou absorbées dans la formation ou dans la dissociation des combinaisons. Mais à la plupart des transformations chimiques sont liés indissolublement des changements d'état d'agrégation ou de densité des corps; or nous savons que ces transformations sont capables de fournir ou d'absorber du travail sous deux formes : en premier lieu, sous forme de chaleur; en second lieu, sous forme

(¹) H. von Helmholtz. *Zur Thermodynamik chemischer Vorgänge* (*Sitzungsberichte der Akademie der Wissenschaften zu Berlin*, vol. I, p. 23, 1882).

de travail mécanique qui peut se transformer intégralement en chaleur ou en un autre travail; d'après la loi de Carnot, formulée d'une manière plus précise par Clausius, une quantité de chaleur n'est pas, elle, intégralement transformable en travail; on peut la transformer en travail, mais seulement d'une manière partielle, en faisant passer la chaleur non transformée sur un corps de plus basse température.

» Mais, avons-nous dit, de semblables transformations sont indissolublement liées à la plupart des phénomènes chimiques; nous voyons donc déjà, par cette seule considération, qu'en étudiant les phénomènes chimiques, on devra se placer au point de vue du théorème de Carnot, et chercher à laquelle de ces deux formes de travail appartiennent les quantités de travail mises en jeu.

» On sait depuis bien longtemps qu'il existe des réactions chimiques qui commencent d'elles-mêmes, qui continuent sans l'intervention d'aucune énergie étrangère, et qui cependant dégagent du froid. Jusqu'ici, on s'est contenté de regarder la chaleur que peut dégager une combinaison chimique comme la mesure des forces qui la déterminent; on ne peut alors rendre compte des phénomènes dont il s'agit, qui, dans cette manière de voir, sembleraient se produire à l'encontre des forces d'affinité.

» ... Il est bien certain, surtout dans les cas où des affinités extrêmement énergiques sont mises en jeu, que le dégagement de chaleur le plus considérable concorde avec les affinités les plus puissantes, forces dont l'existence se traduit par la création et la destruction des combinaisons chimiques. Mais cette concordance n'existe pas toujours. Si nous observons que les forces chimiques peuvent non seulement produire de la chaleur, mais encore d'autres formes d'énergie, et que cette dernière formation n'entraîne pas nécessairement une variation équivalente de température dans les corps qui réagissent, nous pourrons regarder comme certaine et nécessaire, même dans l'étude des phénomènes chimiques, la distinction entre les affinités qui peuvent se transformer en d'autres sortes de travail, et les affinités qui ne peuvent se manifester que sous forme de chaleur.

» Pour abréger, je nommerai ces deux formes d'énergie l'*énergie libre* et l'*énergie liée*. Nous verrons plus loin que dans un système dont la température est maintenue uniforme et constante, les réactions qui commencent d'elles-mêmes et continuent sans le secours d'aucun travail externe ne peuvent se produire que dans le sens où l'énergie libre diminue. »

L'énergie libre joue donc le rôle de potentiel, ou, selon un mot que M. Helmholtz emprunte à M. Clausius, le rôle d'*ergiel*. Cette énergie libre n'est d'ailleurs pas autre chose, d'après M. Helmholtz, que la fonction

$$\mathfrak{F} = E(U - TS),$$

c'est-à-dire la fonction ψ de M. Gibbs, ou le produit par $-E$ de la fonction H de M. Massieu.

Le principe énoncé par M. Helmholtz est donc identique à celui qu'a énoncé M. Gibbs; mais M. Helmholtz a déduit de ce principe des conséquences d'un ordre tout différent de celles qui avaient été obtenues par M. Gibbs. Appliquant aux réactions qui se produisent dans une pile voltaïque la distinction entre l'énergie libre et l'énergie liée, M. Helmholtz a pu interpréter la différence signalée par Favre entre la *chaleur voltaïque* et la *chaleur chimique*. Cette interprétation l'a conduit à envisager sous un jour tout nouveau la relation qui existe entre la force électromotrice d'une pile et les phénomènes thermiques dont elle est le siège, et à énoncer des résultats théoriques que l'expérience a vérifiés dans leurs moindres détails.

Les travaux de M. Massieu, de M. Gibbs et de M. von

Helmholtz ont donc mis en évidence les fonctions qui peuvent jouer le rôle de potentiel thermodynamique; M. Gibbs, en faisant usage des propriétés de ces fonctions dans l'étude de la dissociation des composés gazeux, et M. Helmholtz, en appliquant ces mêmes propriétés à l'interprétation des phénomènes thermiques qui se manifestent dans la pile voltaïque, ont montré la fécondité du nouveau moyen de recherche dont ils venaient d'enrichir la théorie mécanique de la chaleur. Peut-être ne trouvera-t-on pas inutile que nous cherchions à exposer la théorie du potentiel thermodynamique et ses principales applications.

La première partie de ce mémoire aura pour objet de montrer l'état actuel de cette théorie. Nous verrons tout d'abord comment les idées introduites en thermodynamique par M. Clausius conduisent presque immédiatement au théorème sur lequel repose l'emploi du potentiel thermodynamique.

Avant d'examiner l'usage que les physiciens qui ont découvert ce théorème en ont fait pour la démonstration de propositions nouvelles, nous en exposerons l'application à quelques questions déjà étudiées par d'autres méthodes; nous choisirons pour cela les propriétés des courbes des tensions de vapeur, propriétés que M. Moutier a établies par la considération des cycles non réversibles, et l'étude de la vapeur émise par les dissolutions salines, étude déjà faite par M. Kirchhoff au moyen de l'énergie. Ces deux applications de la méthode nouvelle à des questions déjà résolues nous montreront qu'elle ne le cède ni en simplicité ni en généralité aux anciennes méthodes de la théorie mécanique de la chaleur.

Nous aborderons alors l'exposé des applications qui ont été faites de la théorie du potentiel thermodynamique, soit à l'étude de la dissociation des composés gazeux par M. Gibbs, soit à l'étude de la pile voltaïque par M. Helmholtz.

Dans les autres parties de ce Mémoire, nous tenterons quelques applications nouvelles de la théorie du potentiel thermodynamique à la mécanique chimique et aux phénomènes électriques (1).

(1) Une note très brève sur ce mémoire a paru aux *Comptes rendus de l'Académie des Sciences*, en décembre 1884. — M. J. Moutier nous a fait l'honneur d'en exposer quelques parties dans une notice sur les *recherches de M. Helmholtz sur l'origine de la chaleur voltaïque* (*La Lumière électrique*, 6e année, t. XIII, p. 281 et 331, août 1884).

Qu'il nous soit permis, à cette occasion, d'exprimer à M. J. Moutier notre gratitude pour les affectueux conseils qu'il n'a cessé de nous prodiguer au cours du présent travail.

LE

POTENTIEL THERMODYNAMIQUE

ET SES APPLICATIONS

PREMIÈRE PARTIE

EXPOSÉ DE L'ÉTAT ACTUEL DE LA THÉORIE DU POTENTIEL THERMODYNAMIQUE

CHAPITRE PREMIER

THÉORÈME FONDAMENTAL. — POTENTIEL THERMODYNAMIQUE.

§ I. — *Énergie et Entropie.*

La thermodynamique repose sur deux principes fondamentaux : le principe de l'équivalence de la chaleur et du travail, et le principe de Carnot. Chacun de ces deux principes introduit en thermodynamique une fonction particulière; le principe de l'équivalence conduit à la notion d'*énergie*, le principe de Carnot à la notion d'*entropie*. Comme ces deux fonctions, l'énergie et l'entropie, seront d'un constant usage dans l'exposé de la théorie du potentiel thermodynamique, il peut être utile de rappeler brièvement la voie par laquelle M. Clausius est arrivé à la définition de ces fonctions.

Si l'on envisage un système qui subit une modification quelconque; si l'on suppose que ce système cède au milieu extérieur une quantité de chaleur dQ, que sa force vive croisse de $d\sum\frac{mv^2}{2}$, que les forces extérieures auxquelles il est soumis effectuent un travail $d\mathfrak{T}_e$, en pourra, en désignant par A l'équivalent calorifique du travail, écrire

$$(1) \qquad dQ + A\,d\sum \frac{mv^2}{2} = -\,dU + A\,d\mathfrak{T}_e.$$

Dans cette égalité, que l'on peut regarder comme l'expression complète du principe de l'équivalence de la chaleur et du travail, dU représente la différentielle totale d'une fonction déterminée, à une constante près, lorsqu'on connaît l'état du système.

C'est M. Clausius qui, le premier, a écrit l'équation qui exprime le principe de l'équivalence sous la forme (1), et montré par là l'importance de la fonction U [1]. M. Clausius ne donna pas à cette fonction de nom particulier; il la définit seulement comme étant la somme de la quantité de chaleur réellement existante et de la quantité de chaleur transformée en travail interne qui ont été introduites dans le corps à partir d'un état donné *(die Summe der hinzugekommenen wirklich vorhandenen und der zu innerer Arbeit verbrauchten Wärme)*.

Les physiciens qui, après M. Clausius, ont fait usage de la fonction U, lui ont attribué diverses dénominations.

Sir W. Thomson [2] a donné au produit EU de cette fonction par l'équivalent mécanique de la chaleur le nom d'*énergie mécanique* du système dans un état déterminé *(the mechanical energy of a bodie in a given state)*.

M. Kirchhoff publia en 1858 un important mémoire [3] reposant sur les propriétés de la fonction W = — EU, qu'il nommait *fonction d'activité* du système *(Wirkungsfonction für den betrachteten Körper)*.

Dans son livre sur la théorie mécanique de la chaleur [4], M. Zeuner donna à la quantité U le nom de *chaleur interne* du corps *(die innere Wärme des Korpers)*. Cette dénomination fut adoptée par M. Hirn, M. Moutier, M. Massieu, etc.

---

[1] R. Clausius. *Sur la force motrice de la chaleur et les lois qui s'en déduisent pour la théorie même de la chaleur* (*Théorie mécanique de la chaleur*. Trad. Folie, 1er vol., mém. I, p. 84, 1868).

[2] W. Thomson. *Philosophical Magazine*, série IV, vol. IX, p. 523, 1855.

[3] G. Kirchhoff. *Poggendorff's Annalen der Physik und Chemie*, vol. CIII, p. 177, 1858.

[4] Zeuner, *Grundzüge der mechanischen Wärmetheorie*. Leipzig, 1859.

Enfin, M. Carl Neumann [1] a donné à cette fonction le nom de *postulat* du système *(das Postulat des Systemes)*.

M. Clausius a adopté pour la fonction U le nom d'*énergie interne*, et presque tous les physiciens ont suivi son exemple.

C'est l'étude du principe de Carnot qui a conduit M. Clausius à la définition de l'*entropie*.

Dans un célèbre mémoire paru en 1854 [2], M. Clausius étendait à tous les cycles fermés réversibles le principe de Carnot dont, quelques années auparavant [3], il avait le premier fait ressortir l'accord avec la loi de l'équivalence de la chaleur et du travail. Dans ce mémoire, le principe de Carnot était énoncé sous la forme suivante :

Que l'on partage un cycle fermé et réversible quelconque en une infinité de modifications élémentaires successives; que l'on désigne par dQ la quantité de chaleur dégagée par le système pendant qu'il subit l'une de ces modifications, par T la température absolue au moment où il la subit; que l'on donne au quotient $\frac{dQ}{T}$ le nom d'*élément de transformation* ou simplement de *transformation*, et l'on pourra énoncer ce théorème :

La somme des transformations qu'un système subit en parcourant un cycle fermé réversible est égale à zéro.

L'expression analytique du second principe de la théorie mécanique de la chaleur est donc, pour tous les *cycles fermés réversibles*,

$$\int \frac{dQ}{T} = 0. \tag{2}$$

Quelques années plus tard, M. Clausius [4] étendait le principe de Carnot aux modifications qui ne forment pas un cycle fermé; cette extension reposait sur le théorème suivant :

Si toutes les modifications subies par un système pour passer d'un

---

(1) C. Neumann. *Die elektrischen Kräfte*, I. Leipzig, 1878.

(2) R. Clausius. *Sur une autre forme du second principe de la théorie mécanique de la chaleur* (*Théorie mécanique de la chaleur*. Trad. Folie, 1er vol., mém. IV, 1854).

(3) R. Clausius. *Sur la force motrice de la chaleur* (*Théorie mécanique de la chaleur*. Trad. Folie, 1er vol., mém. I, 1850).

(4) R. Clausius. *Sur l'application du principe de l'équivalence des transformations au travail intérieur* (*Théorie mécanique de la chaleur*. Trad. Folie, 1er vol., mém. VI, 1862).

Sur diverses formes des équations fondamentales de la théorie de la chaleur (*Théorie mécanique de la chaleur*. Trad. Folie, 1er vol., mém. IX, 1865).

état initial (0) à un état final (1) sont des modifications réversibles, la valeur de l'intégrale

$$\int_0^1 \frac{dQ}{T}$$

dépend uniquement de l'état initial et de l'état final du système et nullement des états intermédiaires.

Ce théorème, qui résulte du reste immédiatement des propriétés des intégrales curvilignes, peut se démontrer de la manière suivante :

Supposons que l'on puisse faire passer le corps de l'état initial (0) à l'état final (1) par deux séries différentes, (α) et (β), de modifications réversibles. Soient

$$_{(\alpha)}\int_0^1 \frac{dQ}{T}, \quad _{(\beta)}\int_0^1 \frac{dQ}{T},$$

les sommes des éléments de transformation pour ces deux séries d'opérations. On peut faire passer le corps de l'état (0) à l'état (1) par la série de modifications (α), puis le faire revenir de l'état (1) à l'état (0) par la série renversée des modifications (β). Le corps aura alors parcouru un cycle fermé réversible pour lequel on devra avoir, en vertu du principe de Carnot,

$$\int \frac{dQ}{T} = 0,$$

ou bien

$$_{(\alpha)}\int_0^1 \frac{dQ}{T} + _{(\beta)}\int_1^0 \frac{dQ}{T} = 0.$$

De là on déduit, conformément au théorème énoncé,

$$_{(\alpha)}\int_0^1 \frac{dQ}{T} = _{(\beta)}\int_0^1 \frac{dQ}{T}.$$

La somme des éléments de transformation relatifs à une série d'opérations réversibles ne dépend donc que de l'état initial et de l'état final du système, et nullement de la nature des modifications intermédiaires; on peut alors la regarder comme la variation éprouvée par une fonction de l'état du système et écrire l'égalité

$$\int_0^1 \frac{dQ}{T} = S_0 - S_1, \tag{3}$$

la quantité S étant déterminée, à une constante près, quand on connaît l'état du système.

« Si l'on cherche pour S, dit M. Clausius [1], un nom caractéristique, on pourrait lui donner celui de *contenu de transformation* du corps, de même qu'on a nommé U le *contenu de chaleur et d'œuvre*. Mais je préfère emprunter aux langues anciennes les noms des quantités scientifiques importantes, afin qu'ils puissent rester les mêmes dans toutes les langues vivantes ; je proposerai donc d'appeler la quantité S l'*entropie* du corps, d'après le mot grec τροπή, transformation. C'est à dessein que j'ai formé ce mot *entropie* de manière qu'il se rapproche autant que possible du mot *énergie ;* car ces deux quantités ont une telle analogie dans leur signification physique qu'une certaine analogie de dénomination m'a paru utile. »

L'énergie et l'entropie concourent à former l'expression du potentiel thermodynamique.

§ II. — *Travail non compensé. Potentiel thermodynamique.*

En même temps qu'il étendait le principe de Carnot à tous les cycles fermés réversibles, M. Clausius [2] montrait quelle modification on devait faire subir à ce principe pour qu'il devînt applicable aux cycles fermés non réversibles. Dans ce cas, le second principe de la théorie mécanique de la chaleur doit s'énoncer de la manière suivante :

La somme algébrique des transformations qui se présentent dans un cycle fermé non réversible ne peut être que positive [3].

Cet énoncé conduit M. Clausius à la notion de *transformation non compensée*. « Nous nommerons simplement transformation non compensée, dit-il [4], celle qui restera à la fin d'un cycle fermé sans transformation contraire, et qui, d'après la proposition précédente, ne peut être que positive. »

---

[1] R. Clausius. *Sur diverses formes des équations fondamentales de la théorie mécanique de la chaleur* (*Théorie mécanique de la chaleur*. Trad. Folie, vol. I, mém. IX, p. 411, 1865).

[2] R. Clausius. *Sur une autre forme du second principe de la théorie mécanique de la chaleur* (*Théorie mécanique de la chaleur*. Trad. Folie, vol. I, mém. IV, 1854).

[3] R. Clausius. *Loc cit.*, p. 157.
R. Clausius. *Die mechanische Wärmetheorie*. Zweite auflage, Band I, p. 223.

[4] R. Clausius. *Autre forme du second principe...* (*Théorie mécanique de la chaleur*. Trad. Folie, vol. I, p. 157).

Présentée sous cette forme, la notion de transformation non compensée ne s'appliquait qu'à un cycle fermé. Plus tard [1], M. Clausius l'a étendue de la manière suivante à une série quelconque de modifications non réversibles.

Concevons que l'on fasse passer un système d'un état initial (0) à un état final (1) par une série de modifications dont une au moins n'est pas réversible; puis qu'on le fasse revenir de l'état (1) à l'état (0) par une série (r) de modifications réversibles. Le système aura parcouru un cycle fermé non réversible pour lequel on devra avoir

$$\int \frac{dQ}{T} > 0,$$

ou bien

$$\int_0^1 \frac{dQ}{T} + {}_{(r)}\int_1^0 \frac{dQ}{T} > 0.$$

Soit S l'entropie du système; d'après l'égalité (3) (p. 4), on a

$${}_{(r)}\int_1^0 \frac{dQ}{T} = S_1 - S_0.$$

On a donc

$$\int_0^1 \frac{dQ}{T} + S_1 - S_0 = N, \tag{4}$$

N désignant une quantité qui est égale à 0 si toutes les modifications éprouvées par le système pour passer de l'état (0) à l'état (1) sont des modifications réversibles, et qui est positive si une ou plusieurs de ces modifications ne sont pas réversibles. Cette quantité N est ce que M. Clausius nomme la *somme des transformations non compensées* relatives aux modifications considérées.

On n'a fait jusqu'ici aucune hypothèse restrictive sur la nature des modifications subies par le système. On supposera maintenant que l'on considère exclusivement des modifications *isothermiques*. Si l'on désigne par T la température absolue à laquelle se produisent ces modifications, et si l'on pose

$$N = \frac{A}{T} \mathfrak{T}, \tag{5}$$

[1] R. Clausius. *Application du second principe au travail intérieur (Théorie mécanique de la chaleur*. Trad. Folie, vol. I, mém. VI).

la quantité $\mathfrak{T}$ pourra être regardée comme une quantité de travail à laquelle il est naturel de donner le nom de *travail non compensé*. Si l'on adopte cette dénomination, on déduit aisément de ce qui précède les propositions suivantes :

Aucune modification isothermique ne peut correspondre à un travail non compensé négatif.

Si une modification isothermique correspond à un travail non compensé positif, elle est possible, mais non réversible.

Pour qu'une modification isothermique soit réversible, il faut et il suffit que le système qui subit cette modification n'effectue aucun travail non compensé.

Un système est certainement en équilibre si l'on ne peut concevoir aucune modification isothermique de ce système qui soit compatible avec les liaisons auxquelles ce système est assujetti et qui entraîne un travail non compensé positif.

Ces théorèmes rappellent, par leur forme et par leur objet, le principe des vitesses virtuelles. En thermodynamique, le travail non compensé joue, à certains points de vue, le même rôle que le travail en mécanique.

Remarquons toutefois que le théorème de thermodynamique n'a pas exactement la même portée que le théorème de mécanique. Le principe des vitesses virtuelles indique les conditions nécessaires et suffisantes pour qu'un système mécanique soit en équilibre. Le théorème de thermodynamique indique que, dans certaines circonstances, un système demeure nécessairement invariable; on ne saurait prétendre que le système ne puisse rester invariable que dans ces conditions. Dans un des chapitres suivants, on verra l'importance de cette remarque.

Les équations (4) et (5) permettent d'écrire, pour une modification isothermique :

$$\mathfrak{T} = \mathrm{ETN},$$

$$\mathrm{N} = \mathrm{S}_1 - \mathrm{S}_0 + \frac{1}{\mathrm{T}} \int_0^1 d\mathrm{Q}.$$

D'ailleurs, dans ce qui a été dit au sujet du principe de Carnot, on a implicitement supposé que le système ne possédait aucune force vive.

L'équation (1) devient, dans ce cas :

$$dQ = -dU + A d\mathfrak{G}_e.$$

L'ensemble des trois équations précédentes permet d'écrire :

$$(6) \qquad \mathfrak{G} = ET(S_1 - S_0) - E(U_1 - U_0) + \int_0^1 d\mathfrak{G}_e.$$

Cette expression du travail non compensé effectué durant une modification isothermique du système est générale. Si l'on suppose maintenant *que les forces extérieures admettent un potentiel* W, on pourra écrire :

$$\int_0^1 d\mathfrak{G}_e = W_0 - W_1.$$

Soit :

$$(7) \qquad \Omega = E(U - TS) + W.$$

L'expression du travail non compensé produit dans une modification isothermique du système sera simplement :

$$(8) \qquad \mathfrak{G} = \Omega_0 - \Omega_1.$$

Le travail non compensé produit dans une modification isothermique du système est égal à la variation changée de signe de la quantité Ω.

La fonction Ω joue, par rapport au travail non compensé, le rôle qu'en mécanique le potentiel joue par rapport au travail. Il semble donc naturel de donner à cette fonction Ω le nom de *potentiel thermodynamique* du système.

Le potentiel thermodynamique n'est pas une fonction entièrement déterminée de l'état du système. Lorsqu'on connaît l'état du système, les trois fonctions U, S, W sont déterminées à une constante près. Soient α, β, γ les constantes arbitraires que l'on peut ajouter à ces trois fonctions. La quantité Ω sera la somme d'une fonction entièrement déterminée de l'état du système et de la quantité

$$E\alpha + \gamma - \beta T,$$

c'est-à-dire d'une fonction linéaire de la température, à coefficients constants mais arbitraires.

Pour un système qui admet un potentiel thermodynamique, les théorèmes fondamentaux qui ont été énoncés plus haut prennent la forme suivante :

Il n'existe pas de modification isothermique ayant pour effet d'accroître le potentiel thermodynamique du système.

Une modification isothermique qui a pour effet de faire décroître le potentiel thermodynamique du système est possible, mais non réversible.

Pour qu'une modification isothermique soit réversible, il faut et il suffit que le potentiel thermodynamique demeure constant pendant toute la durée de cette modification.

Lorsque le potentiel thermodynamique est minimum, le système est dans un état d'équilibre stable.

Ce dernier théorème rappelle la proposition de Lagrange et de Lejeune-Dirichlet sur la stabilité de l'équilibre d'un système mécanique.

Pour qu'un système admette un potentiel thermodynamique, il faut et il suffit que les forces extérieures qui agissent sur ce système admettent un potentiel soit par elles-mêmes, soit en vertu des liaisons imposées au système. Il est deux cas particuliers, fort importants dans les applications, où l'on est assuré que le système ădmet un potentiel thermodynamique.

Le premier de ces cas est celui où le système ne subit pas d'autre action extérieure que celle d'une pression normale, uniforme, constante ou variable, et où le volume du corps ne subit aucune variation. Dans ce cas, les forces extérieures n'effectuent aucun travail. On peut prendre pour W une valeur constante quelconque, O par exemple. Le potentiel thermodynamique devient alors

$$\mathcal{F} = E(U - TS).$$

On peut donner à cette fonction $\mathcal{F}$, qui est l'énergie libre de M. Helmholtz, qui est identique à la fonction ψ de M. Gibbs et au produit par $-E$ de la fonction H de M. Massieu, le nom de *potentiel thermodynamique sous volume constant*.

Le second de ces cas est celui où le système est soumis uniquement à l'action extérieure d'une pression p normale, uniforme et constante.

Dans ce cas, à tout accroissement dv du volume v du système correspond un travail externe

$$- p\,dv = - d\,(pv).$$

On peut donc écrire

$$W = pv,$$

et le potentiel thermodynamique devient

$$\Phi = E\,(U - TS) + pv. \tag{10}$$

On peut donner à cette fonction Φ, qui n'est autre chose que la fonction ζ de M. Gibbs, ou bien le produit par $-$ E de la fonction H' de M. Massieu, le nom de *potentiel thermodynamique sous pression constante*.

§ III. — *Formules de M. Massieu.*

M. Massieu [1] a montré le premier, comme nous l'avons indiqué dans l'introduction, que tous les coefficients qui déterminent les propriétés physiques ou mécaniques d'un système s'expriment au moyen des dérivées partielles de la fonction H, si l'on prend pour variables le volume et la température, ou au moyen des dérivées partielles de la fonction H', si l'on prend pour variables la pression et la température. Les fonctions $\mathcal{F}$ et Φ, étant les produits des fonctions H et H' par la constante $-$ E, peuvent naturellement être substituées aux fonctions H et H' dans ces calculs. On montrera seulement ici comment les principaux coefficients que l'on envisage dans l'étude physique d'un corps peuvent s'exprimer au moyen des dérivées partielles de la fonction Φ, lorsqu'on prend pour variables la pression et la température. La plupart des formules ainsi obtenues sont d'un fréquent usage dans la solution des questions qui seront exposées aux chapitres suivants.

On supposera le corps que l'on considère placé dans un état d'équilibre; à une modification infiniment petite quelconque de ce système correspondra alors une quantité de travail non compensé qui sera un

[1] F. Massieu. *Mémoires des Savants étrangers*, t. XXII, 1876.

infiniment petit du second ordre, et qui, par conséquent, pourra être négligé. On pourra donc écrire, en désignant par dS l'accroissement d'entropie qui résulte de cette modification, et par dQ la quantité de chaleur dégagée par le corps durant cette modification,

$$dS = -\frac{dQ}{T}.$$

De plus, la force vive sensible que le système aura pu prendre dans cette modification sera aussi un infiniment petit du second ordre. L'équation qui exprime le principe de l'équivalence pourra donc s'écrire

$$dQ = -(dU + Ap\,dv).$$

Si l'on élimine dQ entre ces deux égalités, en mettant en évidence les variables arbitraires qui sont v et T, on aura

$$dS = \frac{1}{T}\left(\frac{\partial U}{\partial T} + Ap\frac{\partial v}{\partial T}\right)dT + \frac{1}{T}\left(\frac{\partial U}{\partial p} + Ap\frac{\partial v}{\partial p}\right)dp.$$

Cette égalité équivaut aux deux suivantes :

$$(11)\qquad \left\{\begin{aligned} \frac{\partial S}{\partial T} &= \frac{1}{T}\left(\frac{\partial U}{\partial T} + Ap\frac{\partial v}{\partial T}\right), \\ \frac{\partial S}{\partial p} &= \frac{1}{T}\left(\frac{\partial U}{\partial p} + Ap\frac{\partial v}{\partial T}\right). \end{aligned}\right.$$

D'autre part, Φ est défini par l'égalité

$$\Phi = E(U - TS) + pv,$$

qui donne

$$\left\{\begin{aligned} \frac{\partial \Phi}{\partial T} &= E\left(\frac{\partial U}{\partial T} - T\frac{\partial S}{\partial T} - S\right) + p\frac{\partial v}{\partial T}, \\ \frac{\partial \Phi}{\partial p} &= E\left(\frac{\partial U}{\partial p} - T\frac{\partial S}{\partial p}\right) + p\frac{\partial v}{\partial p} + v. \end{aligned}\right.$$

Ces deux égalités, comparées aux égalités (11), donnent

$$(12)\qquad \frac{\partial \Phi}{\partial T} = -ES,$$

$$(13)\qquad \frac{\partial \Phi}{\partial p} = v.$$

Ces deux relations font connaître l'entropie et le volume du corps au moyen des dérivées premières de Φ.

Soient α le coefficient de dilatation sous pression constante et ε le coefficient de compressibilité; nous aurons

$$\alpha = \frac{1}{v}\frac{\partial v}{\partial T}, \quad \varepsilon = -\frac{1}{v}\frac{\partial v}{\partial p},$$

ou bien, en vertu de l'égalité (13),

$$(14) \qquad \alpha = \frac{\dfrac{\partial^2 \Phi}{\partial p\,\partial T}}{\dfrac{\partial \Phi}{\partial p}},$$

$$(15) \qquad \varepsilon = -\frac{\dfrac{\partial^2 \Phi}{\partial p^2}}{\dfrac{\partial \Phi}{\partial p}}.$$

Le coefficient de dilatation sous volume constant, α', est défini par l'égalité

$$\alpha' = \frac{1}{p}\frac{\partial p}{\partial T}.$$

On a d'ailleurs l'égalité bien connue

$$\frac{\partial p}{\partial T} = -\frac{\partial p}{\partial v}\frac{\partial v}{\partial T} = \frac{\alpha}{\varepsilon}.$$

On a donc

$$(16) \qquad \alpha' = -\frac{1}{p}\frac{\dfrac{\partial^2 \Phi}{\partial p.\partial T}}{\dfrac{\partial^2 \Phi}{\partial p^2}}.$$

Si, dans l'expression de Φ, on reporte l'expression de S donnée par l'égalité (12), on retrouve

$$(17) \qquad E(U + Apv) = \Phi - T\frac{\partial \Phi}{\partial T}.$$

En remplaçant dans cette égalité v par sa valeur déduite de l'égalité (13), on trouve pour U l'expression suivante :

$$(18)\qquad EU = \Phi - T\frac{\partial \Phi}{\partial T} - p\frac{\partial \Phi}{\partial p}.$$

La chaleur spécifique sous pression constante, C, est définie par l'égalité

$$C = \frac{\partial U}{\partial T} + Ap\frac{\partial v}{\partial T}.$$

Si l'on tient compte de l'égalité (17), on trouve

$$(19)\qquad C = -AT\frac{\partial^2 \Phi}{\partial T^2}.$$

Si l'on désigne par c la chaleur spécifique sous volume constant, on a l'équation bien connue

$$C - c = AT\frac{\partial p}{\partial T}\cdot\frac{\partial v}{\partial T}.$$

Si, dans cette égalité, on remplace C, $\frac{\partial p}{\partial T}$, $\frac{\partial v}{\partial T}$, par leurs expressions en fonction de Φ et de ses dérivées, on trouve

$$(20)\qquad c = T\frac{\left(\frac{\partial^2 \Phi}{\partial p\,\partial T}\right)^2}{\frac{\partial^2 \Phi}{\partial T^2}} = AT\frac{\partial^2 \Phi}{\partial T^2}.$$

Ainsi tous les coefficients qu'il est utile de connaître dans l'étude thermique d'un corps peuvent s'exprimer au moyen de Φ et de ses dérivées premières et secondes par rapport à la pression et à la température, pourvu que l'on suppose le corps placé dans un état d'équilibre.

On pourrait montrer d'une manière analogue que si l'on a soin d'exprimer la fonction $\mathfrak{F}$ au moyen des variables v et T, les dérivées partielles de cette fonction permettent d'exprimer tous les coefficients dont la connaissance est utile dans l'étude thermique ou mécanique du corps.

§ IV. — *Potentiel thermodynamique d'un Gaz parfait.*

Dans le cas particulier où le corps que l'on considère est un gaz parfait, on peut donner l'expression complète des deux fonctions $\mathfrak{F}$ et Φ. Cette expression, obtenue tout d'abord par M. Massieu, a été mise sous une forme très simple par M. Gibbs (1), qui en a fait un usage constant dans l'étude de la dissociation des composés gazeux.

Considérons un kilogramme d'un certain gaz parfait occupant le volume v sous la pression p à la température absolue T. Soient U son énergie, S son entropie, $\mathfrak{F}$ son potentiel thermodynamique sous volume constant, Φ son potentiel thermodynamique sous pression constante. Entre ces diverses quantités existent les deux relations

$$\mathfrak{F} = \mathrm{E}(\mathrm{U} - \mathrm{TS}),$$

$$\Phi = \mathrm{E}(\mathrm{U} - \mathrm{TS}) + pv.$$

Pour obtenir les expressions de $\mathfrak{F}$ et de Φ, il suffit de connaître les expressions de U et de S. Celles-ci ont été obtenues par M. Clausius (2) de la manière suivante :

Si l'on désigne par c la chaleur spécifique sous volume constant d'un gaz parfait, la quantité $d\mathrm{Q}$ qu'il dégagera dans une modification élémentaire sera donnée par l'égalité

$$d\mathrm{Q} = -c\,d\mathrm{T} - \mathrm{A}p\,dv.$$

On a donc

$$d\mathrm{U} = c\,d\mathrm{T},$$

$$d\mathrm{S} = c\frac{d\mathrm{T}}{\mathrm{T}} + \mathrm{A}\frac{p\,dv}{\mathrm{T}}.$$

Il est facile d'intégrer ces relations. La chaleur spécifique sous volume constant d'un gaz parfait est une constante. La première relation

(1) J.-W. Gibbs. *Sur les densités de vapeur de l'acide hypoazotique, de l'acide formique, de l'acide acétique et du perchlorure de phosphore* (*American Journal of arts and sciences*, XVIII, 1879).

(2) R. Clausius. *Théorie mécanique de la chaleur*. Trad. Folie, vol. I, p. 414.

donne donc

$$U = U_0 + c(T - T_0), \tag{21}$$

U_0 étant l'énergie du gaz à la température T_0.

La loi de Mariotte et de Gay-Lussac donne

$$\frac{p}{T} = \frac{R}{v},$$

R étant une quantité constante pour un même gaz et variant d'un gaz à l'autre en raison inverse de la densité. Moyennant cette relation, l'expression de dS devient

$$dS = c\frac{dT}{T} + AR\frac{dv}{v};$$

elle s'intègre immédiatement et donne

$$S = S_0 + cl\left(\frac{T}{T_0}\right) + AR\,l\left(\frac{v}{v_0}\right), \tag{22}$$

l désignant un logarithme népérien et S_0 l'entropie du gaz réduit à occuper le volume v_0 à la température T_0.

Posons

$$\begin{cases} \Upsilon = U_0 - cT_0, \\ \Sigma = S_0 - cl.T_0 - AR\,l.v_0; \end{cases} \tag{23}$$

remarquons en outre que l'on peut écrire

$$R = \frac{k}{\Delta},$$

Δ étant la densité du gaz, et k une constante qui a la même valeur pour tous les gaz parfaits, et nous pourrons écrire

$$U = \Upsilon + cT, \tag{21 bis}$$

$$S = \Sigma + cl.T + \frac{Ak}{\Delta}l.v. \tag{22 bis}$$

En reportant ces expressions de U et de S dans les expressions de $\mathfrak{F}$

et de Φ, on trouve

$$\mathfrak{F} = \mathrm{E}(\Upsilon - \mathrm{T}\Sigma) + \mathrm{E}c\mathrm{T}(1 - l.\mathrm{T}) - \frac{k\mathrm{T}}{\Delta}\, l.v, \tag{24}$$

$$\Phi = \mathrm{E}(\Upsilon - \mathrm{T}\Sigma) + \mathrm{E}c\mathrm{T}(1 - l.\mathrm{T}) + \frac{k\mathrm{T}}{\Delta}(1 - l.v). \tag{24 bis}$$

Avant d'exposer l'usage que M. Gibbs a fait de ces formules pour démontrer une foule de théorèmes nouveaux sur la dissociation des composés gazeux, nous allons, par quelques exemples, montrer comment les principes exposés dans le présent chapitre permettent de résoudre simplement les problèmes de mécanique chimique qui avaient été auparavant traités par d'autres méthodes. Ce sera l'objet des deux chapitres suivants.

Dans le premier de ces chapitres, les propriétés du potentiel thermodynamique serviront à démontrer certaines propositions sur les courbes de tension de vapeur, proposition que M. Moutier a déduites de la considération des cycles non réversibles. Dans le second chapitre, ces mêmes propriétés serviront à étudier la vapeur émise par les solutions salines et à établir les importantes relations, découvertes par M. Kirchhoff, qui lient la chaleur de dilution à la tension de la vapeur émise par une dissolution.

M. Helmholtz a, le premier, appliqué la théorie du potentiel thermodynamique à l'étude de la vaporisation des dissolutions salines [1]; il a indiqué presque toutes les relations que l'on peut déduire de cette application, relations dont il a fait ensuite usage dans l'étude de certaines piles. Quant à l'application de la théorie du potentiel thermodynamique aux théorèmes de M. Moutier, nous ne croyons pas qu'elle ait jamais été tentée jusqu'ici. Mais, comme elle n'a pas pour but d'établir des théorèmes nouveaux, nous la laisserons dans la première partie de ce mémoire.

---

[1] Helmholtz. *Zur Thermodynamik chemischer Vorgänge* (*Sitzungsberichte der Akad. der Wissenschaften zu Berlin*, II, p. 825, 1882).

CHAPITRE II

APPLICATION DE LA THÉORIE DU POTENTIEL THERMODYNAMIQUE A LA VAPORISATION ET AUX PHÉNOMÈNES ANALOGUES.

§ I. — *Tension de transformation.*

L'eau liquide peut se vaporiser; inversement la vapeur d'eau peut se condenser. A une température déterminée, il existe en général une pression sous laquelle les deux phénomènes inverses peuvent se produire. Cette pression est une fonction de la température seule; elle a reçu le nom de tension de vapeur saturée à la température considérée.

L'existence d'une tension de vapeur saturée fonction de la température seule a servi de point de départ à de nombreuses études de thermodynamique; ces études ont porté principalement sur les phénomènes que peuvent présenter le liquide et la vapeur lorsque cette dernière est saturée. Parmi les relations que la théorie a permis d'établir dans ces conditions, il suffit de citer la relation qui lie la chaleur de vaporisation à la variation de volume spécifique produite par le changement d'état, et au coefficient angulaire de la courbe des tensions de vapeur.

Les études dont nous parlons ont fait connaître les phénomènes qui se produisent dans les conditions de température et de pression qui se produisent aux divers points de la courbe des tensions de vapeur saturée. Mais quelles sont les propriétés dont jouissent les points situés en dehors de la courbe? C'est ce que M. Moutier s'est proposé d'examiner.

En appliquant à un certain cycle non réversible le théorème de M. Clausius, M. Moutier a pu démontrer la proposition suivante [1] :

Pour tout point situé en dehors de la courbe, le changement d'état n'est possible que dans un seul sens. Pour tout point du plan situé à droite de la courbe des tensions de vapeur saturée, le seul changement d'état possible est celui qui a lieu avec absorption de chaleur. Pour tout point du plan situé à gauche de la courbe des tensions, le seul phénomène possible est celui qui a lieu avec dégagement de chaleur.

Cette proposition est entièrement générale. Beaucoup de transformations partagent avec la vaporisation le caractère d'être réversibles à une température déterminée sous une pression qui dépend de la température seule. Citons par exemple la fusion, la dissociation de certains corps solides, un grand nombre de transformations allotropiques. La proposition de M. Moutier s'applique à tous ces phénomènes.

En suivant le mode de raisonnement employé par M. Moutier, M. Gustave Robin [2] a obtenu une proposition corrélative de la précédente, et d'une égale généralité ; cette proposition peut s'énoncer ainsi :

Au-dessus d'une courbe de transformation, la seule transformation possible est celle qui a lieu avec diminution de volume. Au-dessous de la courbe de transformation, la seule transformation possible est celle qui a lieu avec augmentation de volume.

Cherchons si la théorie du potentiel thermodynamique, appliquée aux phénomènes dont la vaporisation est le type, permet de retrouver ces propositions.

---

(1) J. Moutier. *Sur la surfusion* (*Bulletin de la Société Philomathique*, 6e série, t. XIII, p. 5, 1876).
Sur le point de fusion (*Ibid.*, t. XIII, p. 11, 1876).
Sur l'évaporation (*Ibid.*, t. XIII, p. 49, 1876).
Sur les cycles non réversibles (*Ibid.*, t. XIII, p. 51, 1876).
Sur la chaleur d'évaporation (*Ibid.*, 7e série, t. I, p. 17, 1877).
Sur les transformations non réversibles (*Ibid.*, t. I, p. 39, 1877).
Sur les combinaisons chimiques produites avec absorption de chaleur (*Ib.*, t. I, p. 96, 1877).
Sur les transformations du soufre (*Ibid.*, t. II, p. 60, 1877).
Sur quelques transformations chimiques (*Ibid.*, t. III, p. 31, 1878).
Sur la fusion de la glace (*Ibid.*, t. III, p. 78, 1878).
Sur l'influence de la pression dans les phénomènes chimiques (*Ibid.*, t. III, p. 87, 1878).
Sur la chaleur de vaporisation (*Ibid.*, t. IV, p. 247, 1880).

(2) G. Robin. *Bulletin de la Société Philomathique*, 7e série, t. IV, p. 24.

Les phénomènes de changement d'état dont la vaporisation est le type présentent tous les caractères suivants :

Un même corps peut se présenter à une même température sous deux états différents. Les parties du corps qui se trouvent dans deux états différents ne se mélangent pas. Sous chacun de ces deux états, le corps est homogène et sa constitution est entièrement déterminée lorsqu'on connait sa température et la pression qu'il supporte.

Nous désignerons par les lettres A et B les deux états sous lesquels le corps peut se présenter. Le potentiel thermodynamique sous pression constante d'un kilogramme du corps, pris sous l'état A, sous la pression p, à la température T, sera une fonction des seules variables p et T que nous représenterons par le symbole $\Phi_A(p, T)$. De même, le potentiel thermodynamique d'un kilogramme du corps pris sous l'état B, sous la pression p, à la température T, sera $\Phi_B(p, T)$.

Supposons que le système que nous considérons renferme, sous la pression p et à la température T, m_A kilogrammes du premier corps et m_B kilogrammes du second corps. Le potentiel thermodynamique sous pression constante de ce système a pour valeur

$$\Phi = m_A \Phi_A(p, T) + m_B \Phi_B(p, T).$$

Si, dans ces conditions de température et de pression, un poids dm_B du corps considéré passe de l'état A à l'état B, ce potentiel augmente de

$$d\Phi = (\Phi_B - \Phi_A)\, dm_B.$$

Si $\Phi_B - \Phi_A$ est positif, cette transformation aurait pour effet de faire croître le potentiel; elle est donc impossible, tandis que la transformation inverse est possible, mais non réversible.

Si, au contraire, $\Phi_B - \Phi_A$ est négatif, la transformation considérée correspond à une diminution de potentiel; elle est donc possible, mais non réversible.

Pour que la transformation soit à la fois possible et réversible, il faut et il suffit qu'elle n'entraine aucune variation de potentiel; il faut et il suffit par conséquent que $\Phi_B - \Phi_A$ soit égal à 0. Tout revient donc à étudier la différence $\Phi_B - \Phi_A$.

Prenons deux axes de coordonnées; sur l'axe des abscisses portons les températures, sur l'axe des ordonnées, portons les pressions. L'équation

$$(25) \qquad \Phi_B(p, T) - \Phi_A(p, T) = 0$$

représente une courbe rapportée à ces deux axes de coordonnées; la pression qui, à une température déterminée, est représentée par l'ordonnée de cette courbe est une fonction de la température seule. Or, d'après ce qui précède, la transformation est réversible sur la courbe et n'est réversible que sur la courbe. Donc, *si, à une température déterminée, il existe une pression sous laquelle le phénomène est réversible, cette pression est une fonction de la température seule.*

La courbe partage le plan en deux régions; dans ces deux régions, la quantité $\Phi_B - \Phi_A$ a des signes contraires. Donc *la courbe partage le plan en deux régions dans chacune desquelles la transformation n'est possible que dans un seul sens, et ce sens est renversé lorsqu'on passe de l'une des régions à l'autre.*

Il s'agit de savoir quel signe a $\Phi_B - \Phi_A$ dans chacune des deux régions.

Soit, sous la pression p, T la température qui correspond à un point de la courbe. On a

$$\Phi_B(p, T) - \Phi_A(p, T) = 0.$$

On a par conséquent

$$\Phi_B(p, T + dT) - \Phi_A(p, T + dT) = \left(\frac{\partial \Phi_B}{\partial T} - \frac{\partial \Phi_A}{\partial T}\right) dT.$$

Mais, si l'on désigne par S_A l'entropie d'un kilogramme du corps pris sous l'état A, sous la pression p, à la température T, et par S_B l'entropie, dans les mêmes conditions de température et de pression, d'un kilogramme du corps pris sous l'état B, on a, en vertu de l'égalité (12),

$$\frac{\partial \Phi_A}{\partial T} = -ES_A,$$

$$\frac{\partial \Phi_B}{\partial T} = -ES_B,$$

et par conséquent

$$\Phi_B(p, T+dT) - \Phi_A(p, T+dT) = -E[S_B(p, T) - S_A(p, T)]\,dT.$$

Soit L la quantité de chaleur *absorbée* par un kilogramme du corps pour passer de l'état A à l'état B, sous la pression p, à la température T. La transformation étant réversible dans ces circonstances, on peut écrire

$$S_B(p, T) - S_A(p, T) = \frac{L}{T},$$

et par conséquent

$$\Phi_B(p, T+dT) - \Phi_A(p, T+dT) = -\frac{EL}{T}\,dT.$$

Le premier membre est donc de signe contraire à $L\,dT$. De là, on conclut immédiatement la proposition suivante :

En tout point situé à droite de la courbe des tensions de transformation, le seul phénomène possible est celui qui absorbe de la chaleur. En tout point situé à gauche de la courbe des tensions de transformation, le seul phénomène possible est celui qui dégage de la chaleur.

Si l'on désigne encore par p et T les coordonnées d'un point de la courbe de transformation, on aura

$$\Phi_B(p+dp, T) - \Phi_A(p+dp, T) = \left(\frac{\partial\Phi_B}{\partial p} - \frac{\partial\Phi_A}{\partial T}\right) dT.$$

Soient v_A et v_B les volumes spécifiques du corps pris à la pression p et à la température T sous les états A et B. En vertu de l'égalité (13) (p. 11), on aura

$$\frac{\partial\Phi_A}{\partial p} = v_A,$$

$$\frac{\partial\Phi_B}{\partial p} = v_B,$$

et par conséquent

$$\Phi_B(p+dp, T) - \Phi_A(p+dp, T) = (v_B - v_A)\,dp.$$

On en déduit de suite cette proposition :

En tout point situé au-dessus de la courbe des tensions de transformation, le seul phénomène possible est celui qui correspond à une diminution de volume. En tout point situé au-dessous de la courbe des tensions de transformation, le seul phénomène possible est celui qui correspond à une augmentation de volume.

La courbe des tensions de transformation est représentée par l'équation

$$\Phi_B(p, T) - \Phi_A(p, T) = 0.$$

On a donc en tout point de cette courbe

$$\left(\frac{\partial \Phi_B}{\partial T} - \frac{\partial \Phi_A}{\partial T}\right) dT + \left(\frac{\partial \Phi_B}{\partial p} - \frac{\partial \Phi_A}{\partial p}\right) dp = 0.$$

Mais on a vu que

$$\frac{\partial \Phi_B}{\partial T} - \frac{\partial \Phi_A}{\partial T} = -\frac{EL}{T},$$

$$\frac{\partial \Phi_B}{\partial p} - \frac{\partial \Phi_A}{\partial p} = v_B - v_A.$$

On voit donc que l'on doit avoir, en tous les points de la courbe, l'équation bien connue

$$L = AT(v_B - v_A)\frac{dp}{dT}. \tag{26}$$

Ainsi la théorie du potentiel thermodynamique permet d'établir, par une même méthode, d'une part cette équation, et d'autre part les deux théorèmes de M. Moutier et de M. G. Robin. Elle permet en même temps de démontrer cette proposition : la tension de transformation est fonction de la température seule, proposition que, jusqu'ici, on empruntait à l'expérience pour en faire le point de départ de la théorie.

§ II. — *Théorème du triple point.*

Le théorème de M. Moutier est très général. Il s'applique à toutes les transformations limitées par une tension qui dépend de la température seule. C'est en l'appliquant aux modifications allotropiques que M. Moutier est parvenu aux théorèmes dont nous allons nous occuper maintenant.

Parmi les transformations allotropiques, l'une des mieux étudiées est la transformation du phosphore blanc en phosphore rouge. MM. Troost et Hautefeuille avaient mesuré, outre la tension de vapeur du phosphore blanc, une autre tension à laquelle ils avaient donné le nom de *tension de transformation* de la vapeur de phosphore. M. Hittorf émit l'idée que cette dernière tension était la tension de vapeur saturée de phosphore rouge. Mais MM. Troost et Hautefeuille repoussèrent cette manière de voir, sans analogie avec les faits connus jusque-là en physique. « Le phénomène de la vaporisation d'un corps considéré sous deux états physiques différents, comme l'eau et la glace à zéro par exemple, est limité par une seule et même tension de vapeur, tandis que les corps susceptibles de se transformer et de se vaporiser présentent successivement deux tensions différentes correspondant, l'une au phénomène de vaporisation, l'autre à celui de transformation (¹). »

Un même corps pris sous deux états différents a-t-il vraiment à la même température la même tension de vapeur?

On doit à Regnault une série de *Recherches entreprises afin de décider si l'état solide ou liquide des corps exerce une influence sur la force élastique des vapeurs qu'ils émettent dans le vide à la même température* (²). L'étude de l'eau, de l'acide acétique monohydraté, de l'hydrocarbure de brôme, de la benzine, a conduit l'éminent physicien à la conclusion suivante : « On est donc conduit à admettre que les forces moléculaires qui déterminent la solidification d'une substance n'exercent pas d'influence sensible sur la tension de sa vapeur dans le vide; ou, plus exactement, si une influence de ce genre existe, les variations qu'elle produit sont tellement petites qu'elles n'ont pu être constatées d'une manière certaine dans mes expériences.

» ..... En résumé, mes expériences prouvent que le passage d'un corps de l'état solide à l'état liquide ne produit aucun changement appréciable dans la courbe des forces élastiques de sa vapeur; cette courbe conserve une parfaite régularité avant et après la transformation. »

Dès 1858, cette conclusion était attaquée, au nom de la thermody-

(¹) Troost et Hautefeuille, *Annales de l'École normale supérieure*, 2ᵉ série, t. II, p. 276.
(²) Regnault, *Mémoires de l'Académie des Sciences*, t. XXVI, p. 751.

namique, par M. G. Kirchhoff [1]. M. G. Kirchhoff montra que les tensions de vapeur de l'eau et de la glace pouvaient bien, à une même température, être égales entre elles, mais que, dans ce cas, les dérivées de ces deux tensions par rapport à la température avaient des valeurs différentes. Aussi, au lieu de se raccorder régulièrement, comme semblaient l'indiquer les expériences de Regnault, les deux courbes formaient, en se rejoignant, un point anguleux.

Plus tard, M. James Thomson [2] énonça la proposition suivante, qui avait été entrevue par Regnault : L'eau et la glace admettent des courbes de tensions de vapeur saturée différentes; ces deux courbes se coupent au point où elles coupent la courbe de fusion de la glace, qui constitue ainsi *un triple point*.

La question en était à ce point lorsque, dans une longue série de notes [3], M. J. Moutier entreprit de la résoudre par la thermodynamique. Il donna successivement plusieurs démonstrations de l'inégalité de tension des vapeurs émises par un même corps sous deux états différents. Au moyen de cycles isothermiques particuliers, il démontra le théorème du triple point, énoncé par James Thomson, et indiqua des règles qui permettent, dans tous les cas, de trouver la position relative des deux courbes de tensions de vapeur et de la courbe de transformation. Il put calculer la valeur approximative de la différence qui existe à 0° entre la tension de vapeur de l'eau liquide et la tension de vapeur de la glace, et montra que cette différence était beaucoup trop faible pour que les expériences de Regnault aient pu la mettre

---

(1) G. Kirchhoff (*Poggendorff's Annalen der Physik und Chemie*, CIII, 1858).

(2) James Thomson (*Philosophical Magazine*, 5e série, t. XLVII, p. 447. — *Journal de physique*, t. IV, p. 176).

(3) J. Moutier. *Recherches sur les vapeurs émises à la même température par un même corps sous deux états différents* (*Ann. de chimie et de physique*, 5e série, t. I, p. 343, 1874).

Sur les tensions de la vapeur d'eau à 0° (*Société Philomath.*, 6e série, t. XII, p. 38, 1875).

Sur les vapeurs émises à la même température par l'eau liquide et par la glace (*Ibid.*, t. XIII, p. 60, 1876).

Sur la vapeur d'eau (*Ibid.*, 7e série, t. I, p. 7, 1876).

Sur l'inégalité de tension des vapeurs émises à une même température par un même corps sous deux états différents (*Ibid.*, t. II, p. 247, 1878).

Sur une propriété du triple point (*Ibid.*, t. III, p. 233, 1879).

Sur l'appareil différentiel à tensions de vapeur (*Ibid.*, t. IV, p. 16, 1880).

Sur les tensions de vapeur de l'acide acétique (*Ibid.*, t. V, p. 31, 1880).

Sur les changements d'état non réversibles (*Revue scientifique*, 20 oct. 1880).

Sur quelques relations de la physique et de la chimie (*Encyclopédie chimique de Fremy*, *Introduction*, 2e partie).

Sur la transformation allotropique du phosphore (*Ibid.*, *Introduction*, supplément. — *Cours de physique*, vol. II).

en évidence. Enfin, appliquant ces résultats à l'étude de la transformation du phosphore blanc en phosphore rouge, il put rendre compte des moindres particularités signalées dans l'étude de cette transformation par MM. Troost et Hautefeuille d'une part, et par M. G. Lemoine d'autre part.

La théorie du potentiel thermodynamique fournit une démonstration très simple des propositions établies par M. Moutier. Le corps que l'on considère peut se présenter à la même température et à la même pression sous trois états différents; par exemple, l'état d'eau liquide, l'état de glace, l'état de vapeur d'eau; ou bien encore l'état de phosphore blanc, l'état de phosphore rouge, l'état de vapeur de phosphore. Désignons ces trois états par les indices (1), (2) et (3).

Soit $\Phi_1(p, T)$ le potentiel thermodynamique sous pression constante d'un kilogramme du corps considéré pris sous l'état (1), sous la pression p, à la température T. $\Phi_2(p, T)$ aura une signification analogue pour le corps pris sous l'état (2), et $\Phi_3(p, T)$ une signification analogue pour le corps pris sous l'état (3).

A chacune des combinaisons des trois états (1), (2), (3) deux à deux, on peut appliquer les théorèmes établis au paragraphe précédent. On aura trois courbes de tensions de transformation, et ce qu'il s'agit d'étudier c'est la distribution de ces trois courbes dans le plan.

La courbe des tensions de transformation relative au passage de l'état (2) à l'état (3) est représentée par une équation analogue à l'équation (25). Cette équation est la suivante :

$$\Phi_2(p, T) - \Phi_3(p, T) = 0.$$

De même, la courbe relative au passage de l'état (3) à l'état (1) est représentée par l'équation

$$\Phi_3(p, T) - \Phi_1(p, T) = 0.$$

Enfin la courbe relative au passage de l'état (1) à l'état (2) est représentée par l'équation

$$\Phi_1(p, T) - \Phi_2(p, T) = 0.$$

Ces trois équations

$$\left\{\begin{array}{l} \Phi_3(p, T) - \Phi_2(p, T) = 0, \\ \Phi_2(p, T) - \Phi_1(p, T) = 0, \\ \Phi_1(p, T) - \Phi_3(p, T) = 0, \end{array}\right.$$

jouissent d'une propriété remarquable. Si on les ajoute membre à membre, on trouve l'identité $0 = 0$. Elles représentent donc ce qu'on nomme en géométrie analytique *trois courbes en faisceau,* ce qui entraîne les conséquences suivantes :

Si deux de ces courbes ont un point commun, la troisième passe par ce point.

Si deux de ces courbes ont en un point un contact d'un certain ordre, la troisième a au même point, avec chacune des deux premières, un contact du même ordre.

Si deux de ces courbes se confondent dans une certaine région, la troisième se confond avec les deux premières dans la même région.

En appliquant ces théorèmes à l'étude particulière des vapeurs émises par l'eau liquide et par la glace, on démontre immédiatement les théorèmes découverts par M. G. Kirchhoff, M. J. Thomson et M. J. Moutier :

Les courbes de tensions des vapeurs émises par l'eau liquide et par la glace ne peuvent se confondre, car elles se confondraient avec la courbe de fusion, ce qui est évidemment impossible.

Les deux courbes de tensions des vapeurs émises par l'eau liquide et par la glace sont donc en général distinctes; elles ne peuvent se couper qu'en un point situé sur la ligne de fusion.

Elles ne sont pas tangentes entre elles en ce point, car elles seraient tangentes à la ligne de fusion, ce qui n'a évidemment pas lieu. Elles se raccordent donc en formant un point anguleux.

Pour déterminer la distribution dans le plan des trois courbes dont il s'agit, il suffit évidemment de déterminer leur distribution au voisinage du *triple point.*

Considérons une température T infiniment voisine de la température qui correspond au triple point. A cette température, la tension de transformation de l'état (2) à l'état (3) a une certaine valeur p_1;

la tension de transformation de l'état (3) à l'état (1) une certaine valeur p_2; enfin la tension de transformation de l'état (1) à l'état (2) une certaine valeur p_3; ces trois tensions, p_1, p_2, p_3, sont données par les équations suivantes :

$$\left\{\begin{array}{l} \Phi_2(p_1, T) - \Phi_3(p_1, T) = 0, \\ \Phi_3(p_2, T) - \Phi_1(p_2, T) = 0, \\ \Phi_1(p_3, T) - \Phi_2(p_3, T) = 0. \end{array}\right.$$

Si la température T était la température même du triple point, les valeurs de p_1, p_2, p_3, déduites de ces équations seraient identiques entre elles. Comme T diffère infiniment peu de la température du triple point, ces trois pressions, p_1, p_2, p_3, sont infiniment peu différentes. Aux équations précédentes on peut alors substituer les suivantes :

$$\left\{\begin{array}{l} \Phi_2(p_1, T) - \Phi_3(p_1, T) = 0. \\ \Phi_3(p_1,T)+(p_2-p_1)\dfrac{\partial\Phi_3(p_1,T)}{\partial p_1}-\Phi_1(p_1,T)-(p_2-p_1)\dfrac{\partial\Phi_1(p_1,T)}{\partial p_1}=0, \\ \Phi_1(p_1,T)+(p_3-p_1)\dfrac{\partial\Phi_1(p_1,T)}{\partial p_1}-\Phi_2(p_1,T)-(p_3-p_1)\dfrac{\partial\Phi_2(p_1,T)}{\partial p_1}=0. \end{array}\right.$$

En ajoutant membre à membre ces trois équations, on trouve

$$(p_2-p_1)\left[\frac{\partial\Phi_3(p_1,T)}{\partial p_1}-\frac{\partial\Phi_1(p_1,T)}{\partial p_1}\right]=(p_3-p_1)\left[\frac{\partial\Phi_2(p_1,T)}{\partial p_1}-\frac{\partial\Phi_1(p_1,T)}{\partial p_1}\right].$$

Si l'on remarque que T diffère infiniment peu de la température Θ du triple point, et que p_1 diffère infiniment peu de la valeur commune ϖ que prennent p_1, p_2, p_3, à la température du triple point, cette égalité pourra s'écrire

$$(p_2-p_1)\left[\frac{\partial\Phi_3(\varpi,\Theta)}{\partial\varpi}-\frac{\partial\Phi_1(\varpi,\Theta)}{\partial\varpi}\right]=(p_3-p_1)\left[\frac{\partial\Phi_2(\varpi,\Theta)}{\partial\varpi}-\frac{\partial\Phi_1(\varpi,\Theta)}{\partial\varpi}\right].$$

Soient v_1, v_2, v_3, les volumes spécifiques du corps considéré sous les trois états (1), (2), (3), dans les conditions de température et de pression qui correspondent au triple point. On aura, en vertu de l'égalité (13) (p. 11),

$$\left\{\begin{aligned} \frac{\partial \Phi_1(\varpi, \Theta)}{\partial \varpi} &= v_1, \\ \frac{\partial \Phi_2(\varpi, \Theta)}{\partial \varpi} &= v_2, \\ \frac{\partial \Phi_3(\varpi, \Theta)}{\partial \varpi} &= v_3. \end{aligned}\right.$$

En reportant ces valeurs dans l'égalité précédente et dans deux autres égalités qu'on obtiendrait d'une manière analogue, on arrive aux relations suivantes :

$$\left\{\begin{aligned} (p_2 - p_3)(v_2 - v_1) &= (p_3 - p_1)(v_3 - v_1), \\ (p_3 - p_2)(v_1 - v_2) &= (p_1 - p_3)(v_3 - v_2), \\ (p_1 - p_3)(v_3 - v_2) &= (p_2 - p_3)(v_1 - v_3). \end{aligned}\right.$$

Ces relations permettent de placer les trois courbes de transformation dont il s'agit.

Supposons v_1, v_2, v_3, rangés par ordre de grandeur, croissante ou décroissante. La plus grande variation de volume correspond, au voisinage du triple point, au passage de l'état (1) à l'état (3). Or, la deuxième des égalités précédentes nous montre que, dans ce cas, $(p_3 - p_2)$ et $(p_1 - p_3)$ ont des signes contraires. Si l'on remarque que la pression p_3 est la tension de transformation qui correspond au passage de l'état (1) à l'état (3), on arrive à la conclusion suivante :

Dans le faisceau, la courbe qui se trouve située entre les deux autres, pour un mobile qui s'élève le long d'une parallèle à l'axe des pressions, est relative à la modification qui entraîne le plus grand changement de volume.

Cette règle permet ordinairement de placer avec une grande facilité les trois courbes de transformation. Elle conduit d'ailleurs aux mêmes résultats que les règles qui ont été indiquées par M. Moutier.

§ III. — *Dissociation du carbonate de chaux.*

On voit, par ce qui précède, que la théorie du potentiel thermodynamique fournit des démonstrations fort simples et fort naturelles des propositions que M. Moutier a établies par la considération de cycles non réversibles. La théorie du potentiel thermodynamique va même plus loin que les théories précédentes, puisqu'elle démontre que les phénomènes analogues à la vaporisation sont limités par une tension qui dépend de la température seule. La théorie du potentiel permet même de démontrer cette proposition dans d'autres cas un peu plus complexes; tel est celui que nous présente la dissociation du carbonate de chaux.

Le carbonate de chaux se décompose partiellement à une température suffisamment élevée en chaux et acide carbonique; le carbonate de chaux, la chaux, l'acide carbonique forment trois corps, séparés les uns des autres, et séparément homogènes.

Soit $\Phi_1(p, T)$ le potentiel sous pression constante d'un kilogramme d'acide carbonique sous la pression p, à la température T; soit de même $\Phi_2(p, T)$ le potentiel d'un kilogramme de chaux, et $\Phi_3(p, T)$ le potentiel d'un kilogramme de carbonate de chaux. Si le système renferme m_1 kilogrammes d'acide carbonique, m_2 kilogrammes de chaux et m_3 kilogrammes de carbonate de chaux sous la pression p, à la température T, son potentiel thermodynamique sous pression constante aura pour valeur

$$\Phi = m_1\Phi_1(p, T) + m_2\Phi_2(p, T) + m_3\Phi_3(p, T).$$

Supposons que sous la pression p, à la température T, le système subisse une modification élémentaire. Les poids m_1, m_2, m_3 croîtront de dm_1, dm_2, dm_3, et le potentiel thermodynamique augmentera de

$$d\Phi = \Phi_1(p, T)\,dm_1 + \Phi_2(p, T)\,dm_2 + \Phi_3(p, T)\,dm_3.$$

Mais les quantités dm_1, dm_2, dm_3 ne sont pas indépendantes les unes des autres. Si l'on désigne par ϖ_1 le poids moléculaire de l'acide carbonique et par ϖ_2 le poids moléculaire de la chaux, on aura, en vertu des lois de la chimie

$$\frac{dm_1}{\varpi_1} = \frac{dm_2}{\varpi_2} = \frac{-dm_3}{\varpi_1 + \varpi_2}.$$

On pourra donc écrire

$$(\varpi_1 + \varpi_2)\,d\Phi = [(\varpi_1 + \varpi_2)\Phi_3(p, T) - \varpi_1\Phi_1(p, T) - \varpi_2\Phi_2(p, T)]\,dm_3.$$

De cette relation on déduit aisément qu'à une température déterminée le phénomène ne peut être réversible que sous une pression liée à la température par la relation

$$(\varpi_1 + \varpi_2)\,\Phi_3(p, T) - \varpi_1\Phi_1(p, T) - \varpi_2\Phi_2(p, T) = 0,$$

qui représente la courbe des tensions de dissociation. La tension de dissociation dépend donc uniquement de la température; elle est indépendante de toutes les autres circonstances, par exemple de la quantité de chaux que renferme le système. On sait que M. Debray a pris soin de démontrer expérimentalement que la présence d'un excès de chaux n'altérait pas la tension de dissociation du carbonate de chaux.

On verra plus loin comment la théorie du potentiel thermodynamique a permis à M. Gibbs d'aborder l'étude de phénomènes de dissociation beaucoup plus compliqués.

CHAPITRE III

VAPORISATION DES DISSOLUTIONS

§ I. — *Formule de Kirchhoff.*

Les dissolutions salines, les mélanges d'eau et d'un liquide non volatil comme l'acide sulfurique, émettent de la vapeur d'eau; la tension de cette vapeur est toujours moindre que la tension de vapeur de l'eau pure à la même température; elle est d'autant moindre que la dissolution est plus concentrée. M. Wüllner, qui a étudié ce phénomène avec beaucoup de soin, a montré qu'entre certaines limites la diminution que subit la tension de vapeur d'un liquide volatil lorsqu'on y dissout un sel est très sensiblement proportionnelle au poids de sel dissous dans l'unité de poids du dissolvant.

En 1858, M. Kirchhoff [1], ayant appliqué à ces phénomènes les propriétés de l'énergie interne, découvrit une relation qui permet de calculer la chaleur dégagée par l'addition d'une certaine quantité d'eau à une dissolution, lorsqu'on connaît les variations que la concentration et la température font subir à la tension de vapeur de cette dissolution. Cette relation est, sans contredit, l'une des conséquences les plus inattendues qui aient été déduites de la théorie mécanique de la chaleur.

Les expériences de M. Thomsen sur la chaleur dégagée par la dilution de l'acide sulfurique et les recherches de M. von Babo sur les tensions de la vapeur émise par les mélanges d'eau et d'acide

---

(1) G. Kirchhoff. *Ueber einen Satz der mechanischen Wärmetheorie und einige Anwendungen desselben* (*Poggendorff's Annalen der Physik und Chemie*, CIII, 1858. — *Kirchhoff's gesammelte Abhandlungen*, p. 454).

sulfurique, permirent à M. G. Kirchhoff [1] de montrer l'accord de cette formule avec l'expérience. M. J. Moutier [2] et M. Pauchon [3] ont également comparé la formule de M. G. Kirchhoff aux données expérimentales relatives à la dissolution des sels.

La démonstration que M. G. Kirchhoff avait donnée de la formule dont il s'agit a été simplifiée par M. J. Moutier [4] qui a notamment mis en lumière ce fait que la chaleur de dilution se présente, dans la formule de M. Kirchhoff, comme la différence de deux chaleurs de vaporisation.

M. Helmholtz [5] a montré que la théorie du potentiel thermodynamique s'appliquait aisément au problème de la vaporisation des dissolutions salines. Le but de M. Helmholtz était d'établir certaines formules qui devaient lui servir dans l'étude des courants produits par des différences de concentration entre deux piles opposées l'une à l'autre. Mais ces formules conduisent très aisément à l'équation de M. G. Kirchhoff.

Considérons un mélange homogène de deux substances quelconques, par exemple d'eau et d'acide sulfurique, ou bien d'eau et d'un sel dissous. L'état de ce mélange sera complètement défini si l'on connaît la pression p qu'il supporte, la température absolue T qui règne en tous ses points, et les poids m_1 et m_2 des deux substances qui entrent dans sa composition. Soit Φ le potentiel thermodynamique sous pression constante d'un semblable mélange; Φ sera une fonction des quatre variables p, T, m_1, m_2.

Supposons que l'on prenne un deuxième mélange ayant la même composition que le premier, soumis à la même pression, porté à la même température, mais ayant un poids total λ fois plus grand que celui du premier. On pourra évidemment le regarder comme l'équi-

---

(1) G. Kirchhoff. *Ueber die Spannung des Dampfes von Mischungen aus Wasser und Schwefelsäure* (*Poggendorff's Annalen der Physik und Chemie*, CIV, 1858. — *Kirchhoff's gesammelte Abhandlungen*, p. 485).

(2) J. Moutier. *Sur la chaleur de dissolution des sels* (*Annales de chimie et de physique*, 4e série, XXVIII, p. 515, 1873).

(3) J. Pauchon. *Sur le maximum de solubilité du sulfate de soude* (*Comptes rendus*, XCVII, p. 1555, 1883).

(4) J. Moutier (*Journal de physique*, I, p. 30, 1872. — *Journal de l'École polytechnique*, t. XXV, cahier LIV, p. 114, 1884).

(5) H. Helmholtz. *Zur Thermodynamik chemischer Vorgänge*. — *Versuche an Chlorzink-Kalomel Elementen* (*Sitzungsberichte der Akad. der Wissenschaften zu Berlin*, II, p. 825, 1882).

valent de λ systèmes identiques au premier. Son potentiel thermodynamique sous pression constante aura pour valeur $\lambda\Phi$.

Ce résultat peut s'énoncer de la manière suivante : lorsqu'on multiplie les deux variables m_1 et m_2 par un même facteur λ sans changer les valeurs des deux autres variables p et T, le potentiel thermodynamique sous pression constante est lui-même multiplié par λ. En d'autres termes, *le potentiel thermodynamique sous pression constante est une fonction homogène et du premier degré des deux variables m_1 et m_2*. Posons

$$\frac{\partial\Phi}{\partial m_1} = F_1, \quad \frac{\partial\Phi}{\partial m_2} = F_2. \tag{27}$$

La fonction Φ étant une fonction homogène et du premier degré des deux variables m_1 et m_2, on pourra écrire

$$\Phi = m_1 F_1 + m_2 F_2. \tag{27 bis}$$

Les fonctions F_1 et F_2 sont, d'après leur origine, des fonctions de p et de T, et aussi de m_1 et m_2 ; par rapport à m_1 et m_2, elles sont homogènes et de degré 0. En d'autres termes, elles ne dépendent que du rapport $\frac{m_1}{m_2}$. D'après les propriétés des fonctions homogènes, on a

$$\left\{\begin{aligned} m_1 \frac{\partial F_1}{\partial m_1} + m_2 \frac{\partial F_1}{\partial m_2} = 0, \\ m_1 \frac{\partial F_2}{\partial m_1} + m_2 \frac{\partial F_2}{\partial m_2} = 0. \end{aligned}\right. \tag{28}$$

De plus, la définition des fonctions F_1 et F_2 donne la relation

$$\frac{\partial F_1}{\partial m_2} = \frac{\partial F_2}{\partial m_1}, \tag{29}$$

ce qui permet de substituer aux égalités précédentes les égalités

$$\left\{\begin{aligned} m_1 \frac{\partial F_1}{\partial m_1} + m_2 \frac{\partial F_2}{\partial m_1} = 0, \\ m_1 \frac{\partial F_1}{\partial m_2} + m_2 \frac{\partial F_2}{\partial m_2} = 0. \end{aligned}\right. \tag{30}$$

Les fonctions F_1 et F_2 sont des fonctions de p, de T, et du rapport $\frac{m_2}{m_1}$.

Si l'on désigne ce rapport par h, et si l'on pose

$$F_1 = \varphi_1(h), \quad F_2 = \varphi_2(h),$$

les égalités (27) et (30) deviendront

$$(31) \quad \left\{ \begin{array}{l} \Phi = m_1 [\varphi_1(h) + h\, \varphi_2(h)], \\ \dfrac{d\varphi_1}{dh} + h \dfrac{d\varphi_2}{dh} = 0. \end{array} \right.$$

Ces diverses égalités sont de pures identités algébriques. Elles ne reposent que sur une seule hypothèse, celle de l'homogénéité du mélange.

A ces égalités vient se joindre la proposition suivante :

La fonction F_1 *croît lorsqu'on fait croître* m_1, *et décroît lorsqu'on fait croître* m_2. *Au contraire la fonction* F_2 *décroît lorsqu'on fait croître* m_1, *et croît lorsqu'on fait croître* m_2.

On peut démontrer cette proposition de la manière suivante :

Soit un premier mélange qui renferme un poids $m_1 + dm_1$ du premier corps, et un poids m_2 du second corps. Son potentiel a pour valeur

$$\Phi(m_1 + dm_1, m_2),$$

ce qui peut s'écrire, en négligeant les infiniment petits d'ordre supérieur au deuxième,

$$\Phi(m_1, m_2) + \frac{\partial \Phi(m_1, m_2)}{\partial m_1} dm_1 + \frac{\partial^2 \Phi(m_1, m_2)}{\partial m_1^2} dm_1^2,$$

ou bien, en vertu des égalités (27),

$$\Phi(m_1, m_2) + F(m_1, m_2)\, dm_1 + \frac{\partial F(m_1, m_2)}{\partial m_1} dm_1^2.$$

Soit ensuite un second mélange qui renferme un poids $m_1 - dm_1$ du premier corps, et un poids m_2 du second corps. Son potentiel aura pour valeur

$$\Phi(m_1, m_2) - F(m_1, m_2)\, dm_1 + \frac{\partial F(m_1, m_2)}{\partial m_1} dm_1^2.$$

L'ensemble de ces deux mélanges forme donc un système non homogène dont le potentiel a pour valeur

$$2\Phi(m_1, m_2) + 2\frac{\partial F(m_1, m_2)}{\partial m_1} dm_1^2.$$

Ce système n'est pas en équilibre. Une certaine quantité du premier corps va se diffuser du premier mélange au second, et l'équilibre ne sera établi qu'au moment où le système sera formé par un mélange homogène renfermant un poids $2m_1$ du premier corps, et un poids $2m_2$ du second. Le potentiel du système dans ce nouvel état aura pour valeur

$$\Phi(2m_1, 2m_2)$$

ce qui peut s'écrire

$$2\Phi(m_1, m_2),$$

puisque Φ est une fonction homogène et du premier degré de m_1 et de m_2. La modification considérée a donc eu pour effet de faire croître le potentiel thermodynamique du système de

$$-2\frac{\partial F(m_1, m_2)}{\partial m_1} dm_1^2.$$

Mais cette modification est possible, mais non réversible. Elle a donc pour effet de faire décroître le potentiel thermodynamique du système. Par conséquent, on doit avoir l'inégalité

$$(32) \qquad \frac{\partial F_1(m_1, m_2)}{\partial m_1} > 0.$$

On démontrerait de même l'inégalité

$$\frac{\partial F_2(m_1, m_2)}{\partial m_2} > 0.$$

Par conséquent, la fonction F_1 croît en même temps que m_1 et la fonction F_2 en même temps que m_2.

Les égalités (28) ou (30) donnent alors immédiatement

$$(33) \qquad \frac{\partial F_1(m_1, m_2)}{\partial m_2} = \frac{\partial F_2(m_1, m_2)}{\partial m_1} < 0.$$

Aussi la fonction F_1 décroît lorsque m_2 croît, et la fonction F_2 décroît lorsque m_1 croît.

Aux inégalités (32) et (33) on peut substituer les suivantes :

$$\frac{d\varphi_1(h)}{dh} < 0, \quad \frac{d\varphi_2(h)}{dh} > 0. \tag{34}$$

La fonction $\varphi_2(h)$ croît en même temps que h; la fonction $\varphi_1(h)$ décroît lorsque h croît.

Les relations qui viennent d'être démontrées peuvent être employées pour l'étude de la vaporisation des solutions salines.

Supposons qu'une dissolution renferme un poids m_1 d'eau ou d'un dissolvant volatil, et un poids m_2 de sel ou d'une substance dissoute non volatile. D'après l'égalité (27 *bis*), son potentiel thermodynamique aura pour valeur

$$m_1 F_1 + m_2 F_2,$$

F_1 et F_2 étant deux fonctions de la pression p, de la température T, et de la concentration $h = \frac{m_2}{m_1}$ de la dissolution.

Supposons en outre que la dissolution soit surmontée d'un poids μ de vapeur d'eau à la même pression et à la même température. Si l'on désigne par Ψ le potentiel thermodynamique sous pression constante d'un kilogramme de vapeur d'eau à la pression p, à la température T, le potentiel thermodynamique sous pression constante du système aura pour valeur

$$\Phi = m_1 F_1 + m_2 F_2 + \mu \Psi.$$

Supposons qu'un poids d'eau dm_1 se vaporise, sous la pression p, à la température T; durant cette modification, la quantité Ψ ne variera pas; m_1 décroîtra de dm_1 et μ croîtra de dm_1; si l'on tient compte de la signification des quantités F_1 et F_2, donnée par les égalités (27), on trouvera aisément que Φ a augmenté de

$$d\Phi = (\Psi - F_1)\, dm_1.$$

Si $\Psi - F_1$ est négatif, la vaporisation d'une petite quantité d'eau fait décroître la valeur du potentiel thermodynamique; l'eau peut alors se vaporiser, mais la vapeur ne peut se condenser.

Si, au contraire, $\Psi - F_1$ est positif, la vaporisation d'une petite quantité d'eau aurait pour effet de faire croître la valeur du potentiel thermodynamique. Dans ce cas, la vapeur peut se condenser, mais l'eau ne peut se vaporiser.

La condition d'équilibre est donnée par l'égalité

$$(35) \qquad \Psi - F_1 = 0.$$

Dans cette égalité, Ψ dépend uniquement de la pression p et de la température T; F_1 dépend non seulement de ces deux variables, mais encore de la concentration $h = \frac{m_2}{m_1}$ de la dissolution. Par conséquent, *la tension que possèdent les vapeurs émises par une solution saline, lorsque l'équilibre est établi, dépend uniquement de la température et de la composition de la dissolution.*

A chaque composition de la dissolution, c'est-à-dire à chaque valeur du rapport h, correspond une courbe des tensions de vapeur saturée de la dissolution. On peut se proposer de déterminer comment varie cette courbe lorsqu'on fait varier la valeur de la quantité h.

Les courbes relatives à deux dissolutions de concentration différente ne peuvent se couper.

Que l'on suppose, en effet, que deux telles courbes, correspondant à des valeurs différentes h et h' de la concentration, puissent se couper en un point de coordonnées p et T. Soit $\varphi_1(h, p, T)$ la valeur de la fonction F_1 pour la première dissolution, sous la pression p, à la température T. Le point de coordonnées p et T étant situé sur la courbe des tensions de vapeur saturée de la première dissolution, on aurait, en vertu de l'égalité (35),

$$\Psi(p, T) - \varphi_1(h, p, T) = 0.$$

Soit de même $\varphi_1(h', p, T)$ la valeur de F_1 pour la seconde dissolution, sous la pression p, à la température T. Le point de coordonnées p et T étant également situé sur la courbe des tensions de vapeur saturée de la seconde dissolution, on aurait

$$\Psi(p, T) - \varphi_1(h', p, T) = 0.$$

De ces deux égalités on déduirait

$$\varphi_1(h, p, T) = \varphi_1(h', p, T).$$

Cette égalité est impossible, car, si on fait croître h en laissant p et T constants, φ_1 ira sans cesse en diminuant, en vertu de l'une des inégalités (34), et ne pourra par conséquent reprendre la *même* valeur pour deux valeurs distinctes de h.

Les deux courbes ne peuvent donc se couper.

Il en résulte que si l'on fait varier d'une manière continue la concentration h de la dissolution, la courbe des tensions de vapeur de la dissolution se déplace et se déforme d'une manière continue, en avançant toujours dans le même sens, car, si à partir d'une certaine valeur de h elle se mettait à rétrograder, elle ne pourrait manquer de rencontrer certaines de ses anciennes positions, ce qui est impossible.

Par conséquent, si la courbe des tensions de vapeur saturée d'une dissolution de concentration h est à gauche ou à droite de la courbe des tensions de vapeur saturée de l'eau pure, la courbe des tensions de vapeur saturée d'une dissolution de concentration h', supérieure à h, sera à gauche ou à droite de la courbe des tensions de vapeur de la première dissolution. Pour fixer la disposition relative de ces courbes, il suffit de fixer la situation par rapport à la courbe des tensions de l'eau pure de la courbe des tensions d'une dissolution infiniment diluée.

Que l'on envisage une dissolution dont la concentration h est provisoirement indéterminée; la température étant maintenue constante, que l'on fasse croître la concentration de dh; la tension de vapeur saturée augmentera de $\frac{\partial p}{\partial h}\,dh$. En vertu de l'équation (35), nous devrons avoir

$$\frac{\partial \Psi}{\partial p}\frac{\partial p}{\partial h} - \frac{\partial \varphi_1}{\partial h} - \frac{\partial \varphi_1}{\partial p}\frac{\partial p}{\partial h} = 0,$$

ou bien

$$\frac{\partial p}{\partial h} = \frac{\dfrac{\partial \varphi_1}{\partial h}}{\dfrac{\partial \Psi}{\partial p} - \dfrac{\partial \varphi_1}{\partial p}}.$$

Soit v le volume spécifique de la vapeur d'eau sous la pression p, à la température T; en vertu de l'égalité (13) (p. 11), nous aurons

$$\frac{\partial \Psi}{\partial p} = v.$$

L'égalité précédente deviendra alors

$$(36) \qquad \frac{\partial p}{\partial h} = \frac{\frac{\partial \varphi_1}{\partial h}}{v - \frac{\partial \varphi_1}{\partial p}}.$$

Cette égalité est entièrement générale. Elle ne suppose rien sur la valeur de h. Que devient-elle si l'on envisage une solution infiniment diluée, c'est-à-dire si l'on fait tendre h vers 0?

Dans ce cas, φ_1 tend vers le potentiel thermodynamique sous pression constante d'un kilogramme d'eau pure sous la pression p, à la température T; si nous désignons cette quantité par Φ, $\frac{\partial \varphi_1}{\partial p}$ tend vers $\frac{\partial \Phi}{\partial p}$. Mais, en vertu de l'égalité (13) (p. 11), si l'on désigne par w le volume spécifique de l'eau pure sous la pression p, à la température T, $\frac{\partial \Phi}{\partial p}$ aura pour valeur w. Donc, pour une solution infiniment diluée, l'égalité (36) peut s'écrire

$$\frac{\partial p}{\partial h} = \frac{\frac{\partial \varphi_1}{\partial h}}{v - w}.$$

Or, d'après l'une des inégalités (34), $\frac{\partial \varphi_1}{\partial h}$ est négatif; $v - w$ est positif; par conséquent, $\frac{\partial p}{\partial h}$ est négatif. A une température donnée, la tension de vapeur saturée d'une solution infiniment diluée est inférieure à celle de l'eau pure, et est d'autant plus faible que la concentration est plus grande. Il en résulte immédiatement, d'après ce qui précède, qu'*à une température déterminée, la tension de vapeur saturée d'une solution saline est d'autant plus faible que la dissolution est plus concentrée.*

L'égalité (36) peut être remplacée par une égalité approchée qui est fort utile dans l'étude des vapeurs émises par les dissolutions.

La faible compressibilité des liquides conduit à supposer que les propriétés des dissolutions sont sensiblement indépendantes de la pression; $\frac{\partial \varphi_1}{\partial p}$ aurait alors une valeur négligeable devant v. Cette prévision est confirmée par la valeur w, très faible par rapport à v, que prend $\frac{\partial \varphi_1}{\partial p}$ lorsque h tend vers 0. Si l'on convient de négliger $\frac{\partial \varphi_1}{\partial p}$ devant v, l'égalité (36) peut s'écrire simplement

$$\frac{\partial p}{\partial h} = \frac{1}{v} \frac{\partial \varphi_1}{\partial h}. \tag{37}$$

Cette égalité peut servir à établir la formule de M. G. Kirchhoff.

La quantité de chaleur dégagée dans une modification quelconque d'un système soumis à la pression p a pour valeur

$$dQ = -(dU + Ap\,dv).$$

Si la modification est produite sous pression constante, dQ peut s'écrire

$$dQ = -d(U + Apv).$$

Mais l'égalité (17) (p. 12) donne

$$E(U + Apv) = \Phi - T\frac{\partial \Phi}{\partial T}.$$

La quantité de chaleur dégagée dans une transformation quelconque peut donc s'écrire, d'une manière générale,

$$dQ = -Ad\left(\Phi - T\frac{\partial \Phi}{\partial T}\right). \tag{38}$$

Soit une dissolution qui renferme un poids m_1 d'eau et un poids m_2 de sel, à une température T, sous une pression p égale à la tension de vapeur saturée de cette solution. Le potentiel thermodynamique de cette dissolution a pour valeur

$$\Phi = m_1[\varphi_1(h) + h\varphi_2(h)],$$

à la température T.

Si, sous la pression p, à la température T, on ajoute un poids d'eau dm_1 à cette dissolution, le système dégagera une quantité de chaleur qui, en vertu de l'égalité (38), aura pour valeur

$$dQ = -A\left(\frac{\partial \Phi}{\partial m_1} - T\frac{\partial^2 \Phi}{\partial m_1\,\partial T}\right) dm_1,$$

ou bien

$$\frac{dQ}{dm_1} = -A\left(\varphi_1 - T\frac{\partial \varphi_1}{\partial T}\right).$$

La chaleur de dilution ne dépend donc que de la quantité φ_1 et de la dérivée de cette quantité par rapport à la température. Or, la relation (37) donne

$$\frac{d\varphi_1}{\partial h} = v\frac{\partial p}{\partial h}.$$

Par conséquent, on peut calculer la quantité $\frac{\partial}{\partial h}\left(\frac{dQ}{dm_1}\right)$. Ce calcul donne

$$(39) \qquad \frac{\partial}{\partial h}\left(\frac{dQ}{dm_1}\right) = -A\left[v\frac{\partial p}{\partial h} - T\frac{\partial}{\partial T}\left(v\frac{\partial p}{\partial h}\right)\right].$$

Une intégration par rapport à h permettrait alors de déduire de cette égalité l'expression de $\frac{dQ}{dm_1}$. Cette intégration peut s'effectuer immédiatement si l'on admet que la vapeur suit la loi de Mariotte et de Gay-Lussac. On a alors, en effet, en désignant par R une constante,

$$pv = RT,$$

et, par conséquent,

$$v\frac{\partial p}{\partial h} = RT\frac{\partial}{\partial h}\, l\, p,$$

l désignant un logarithme népérien. L'égalité (39) devient alors

$$\frac{\partial}{\partial h}\left(\frac{dQ}{dm_1}\right) = \frac{\partial}{\partial h}\left[ART^2\frac{\partial}{\partial T}\, l\, p\right].$$

L'intégration de cette expression est immédiate. Si l'on désigne par P la valeur de p qui correspond à $h = 0$, c'est-à-dire la tension de vapeur saturée de l'eau pure à la température T, et si l'on remarque que dQ s'annule en même temps que h, puisque l'addition d'une certaine quantité d'eau pure à une autre quantité d'eau pure n'entraîne aucun phénomène thermique, on aura

$$(40) \qquad dQ = ART^2\frac{\partial}{\partial T}\, l\left(\frac{p}{P}\right) dm_1.$$

Telle est la formule, due à M. Kirchhoff, qui permet de calculer la chaleur dégagée lorsqu'on ajoute un poids d'eau dm, à une dissolution saline sous une pression égale à la tension de vapeur saturée de la dissolution.

Ces exemples montrent que l'on peut aisément démontrer au moyen de la théorie du potentiel thermodynamique les principaux théorèmes que les autres méthodes de la théorie mécanique de la chaleur avaient permis d'établir. Mais ce qui montre mieux la puissance du nouvel instrument créé par M. Gibbs et par M. Helmholtz, c'est le nombre et l'importance des résultats nouveaux que ces deux physiciens ont obtenus par l'emploi de cet instrument. L'exposé de ces résultats fera l'objet des chapitres suivants.

CHAPITRE IV

THÉORIE DE M. GIBBS. DISSOCIATION AU SEIN DES SYSTÈMES GAZEUX HOMOGÈNES

§ I. — *Potentiel d'un mélange gazeux homogène.*

Les premiers phénomènes de dissociation qui aient été étudiés par Henri Sainte-Claire-Deville, tels que la dissociation de la vapeur d'eau, se rapportaient à des composés gazeux dont les éléments étaient également gazeux. Les débats soulevés par la question des densités de vapeur variables avec la température ont attiré l'attention des physiciens sur ce genre de phénomènes. Malheureusement les lois de ce genre de phénomènes de dissociation sont encore assez peu connues.

Si les lois expérimentales des phénomènes de dissociation des composés gazeux sont encore mal connues, la théorie de ces phénomènes est au contraire assez avancée, grâce aux recherches de M. J.-W. Gibbs (1). La théorie proposée par M. Gibbs fournit seulement, il est vrai, des formules approchées, puisque, pour établir ces formules, on commence par appliquer aux gaz que l'on étudie les lois limites qui caractérisent l'état de gaz parfait. Toutefois, ces formules suffisent à relier entre eux tous les faits observés jusqu'à ce jour.

La proposition qui sert de point de départ à la théorie de M. Gibbs peut s'énoncer de la manière suivante :

Le potentiel thermodynamique, soit sous volume constant, soit sous pression constante, d'un mélange homogène de plusieurs gaz

(1) J.-W. Gibbs. *Sur les densités de vapeur de l'acide hypoazotique, de l'acide formique, de l'acide acétique et du perchlorure de phosphore* (*American Journal of arts and sciences*, XVIII, 1879).

parfaits est égal à la somme des potentiels thermodynamiques que posséderait chacun de ces gaz s'il occupait seul, à la même température, le volume entier du mélange.

Soient U l'énergie interne, S l'entropie, p la pression, T la température et v le volume du mélange gazeux. Le potentiel thermodynamique sous volume constant de ce mélange a pour valeur

$$\mathfrak{F} = \mathrm{E}(\mathrm{U} - \mathrm{TS}),$$

et le potentiel thermodynamique sous pression constante a pour valeur

$$\Phi = \mathrm{E}(\mathrm{U} - \mathrm{TS}) + pv.$$

Supposons, pour abréger les démonstrations, que le mélange soit composé seulement de deux gaz.

Soient U_1 l'énergie interne, S_1 l'entropie, p_1 la pression du premier gaz occupant seul à la température T un volume égal à v. Les deux potentiels thermodynamiques du premier gaz, occupant seul le volume v à la température T, ont pour valeur

$$\mathfrak{F}_1 = \mathrm{E}(\mathrm{U}_1 - \mathrm{TS}_1),$$
$$\Phi_1 = \mathrm{E}(\mathrm{U}_1 - \mathrm{TS}_1) + p_1 v.$$

Soient de même U_2 l'énergie interne, S_2 l'entropie, p_2 la pression du second gaz occupant seul, à la température T, un volume égal à v. Les deux potentiels thermodynamiques du second gaz, occupant seul le volume v, à la température T, ont pour valeur

$$\mathfrak{F}_2 = \mathrm{E}(\mathrm{U}_2 - \mathrm{TS}_2),$$
$$\Phi_2 = \mathrm{E}(\mathrm{U}_2 - \mathrm{TS}_2) + p_2 v.$$

D'après la loi du mélange des gaz, la pression du mélange gazeux est égale à la somme des pressions qu'exerceraient les deux gaz si chacun d'eux occupait seul, à la même température, le volume entier du mélange

$$p = p_1 + p_2.$$

Par conséquent, pour que l'on ait

$$\mathfrak{F} = \mathfrak{F}_1 + \mathfrak{F}_2,$$
$$\Phi = \Phi_1 + \Phi_2,$$

il suffit que l'on ait

$$U = U_1 + U_2,$$
$$S = S_1 + S_2.$$

La proposition précédente sera donc démontrée, si l'on démontre les deux théorèmes suivants :

1° *L'énergie interne d'un mélange homogène de deux gaz parfaits est égale à la somme des énergies internes que posséderaient les deux gaz si chacun d'eux occupait seul, à la même température, le volume entier du mélange.*

2° *L'entropie d'un mélange homogène de deux gaz parfaits est égale à la somme des entropies que posséderaient les deux gaz si chacun d'eux occupait seul, à la même température, le volume entier du mélange.*

La première proposition se trouve implicitement contenue dans l'un des mémoires de M. Kirchhoff [1], qui en fait usage, sans l'énoncer, pour calculer l'énergie d'un mélange de gaz et de vapeur d'eau. Cette proposition a été explicitement énoncée par M. Carl Neumann [2]. Il est facile de la déduire des propriétés connues des mélanges gazeux.

D'après les formules (21) ou (21 *bis*) (p. 15), l'énergie d'un gaz parfait ne dépend que de sa température et nullement du volume qu'il occupe. Pour démontrer la proposition en question, il suffit de démontrer que l'énergie d'un mélange gazeux est égale à la somme des énergies des gaz composants pris isolément, à la même température, sous des volumes quelconques.

Que l'on prenne ces deux gaz à la même température, à la même pression, en deux récipients différents; l'énergie du système ainsi constitué est incontestablement la somme des énergies des deux gaz pris isolément. Que l'on mette alors ces deux récipients en communication l'un avec l'autre; les deux gaz se mélangent par diffusion, et l'on admet que ce mélange ne produit ni dégagement ni absorption de chaleur; or, la force vive du système est nulle à la fin de l'opération comme au commencement; les forces extérieures n'ont effectué aucun

---

(1) G. Kirchhoff. *Ueber einen Satz der mechanische Wärmetheorie* (*Poggendorff's Annalen der Physik und Chemie*, CIII, 1858. — *Gesammelte Abhandlungen*, p. 469).

(2) C. Neumann. *Mechanische Theorie der Wärme*, p. 188. Leipzig, 1875.

travail; il résulte donc de l'équation (1) (p. 2) que l'énergie du système n'a pas varié pendant le mélange; elle est encore égale à la somme des énergies des deux gaz composants pris à la même température.

L'entropie d'un mélange de deux gaz est-elle égale à la somme des entropies des deux gaz pris isolément à la même température et sous le même volume?

Que l'on considère un mélange de deux gaz contenant un poids m_1 du premier gaz et un poids m_2 du second gaz; ce mélange occupe le volume v, sous la pression p, à la température T. On lui fait subir une modification réversible élémentaire qui, sans altérer sa composition, fait prendre aux trois variables v, p et T de nouvelles valeurs $v + dv$, $p + dp$, $T + dT$. Si l'on désigne par γ la chaleur spécifique sous volume constant du mélange, la quantité de chaleur dégagée dans cette transformation aura pour valeur

$$dQ = -(m_1 + m_2)\gamma\, dT - Ap\, dv.$$

La modification étant réversible, l'entropie aura augmenté de

$$dS = -\frac{dQ}{T} = (m_1 + m_2)\gamma \frac{dT}{T} + A\frac{p\, dv}{T}.$$

Que l'on prenne maintenant le poids m_1 du premier gaz sous le volume v, à la température T; sa pression aura une certaine valeur p_1; si l'on fait croître son volume de dv, sa température de dT, et si l'on désigne par c_1 sa chaleur spécifique sous volume constant, l'accroissement subi par son entropie aura pour valeur

$$dS_1 = m_1 c_1 \frac{dT}{T} + Ap_1 \frac{dv}{T}.$$

Que l'on prenne de même le poids m_2 du second gaz sous le volume v, à la température T; sa pression aura une certaine valeur p_2; si l'on fait croître son volume de dv, sa température de dT, et si l'on désigne par c_2 sa chaleur spécifique sous volume constant, l'accroissement subi par son entropie aura pour valeur

$$dS_2 = m_2 c_2 \frac{dT}{T} + Ap_2 \frac{dv}{T}.$$

D'après la loi du mélange des gaz, on a

$$p = p_1 + p_2.$$

D'autre part, si l'on se reporte à l'une des égalités (27) ou (27 *bis*), on voit que

$$(m_1 + m_2)\gamma = \frac{dU}{dT},$$

$$m_1 c_1 = \frac{dU_1}{dT},$$

$$m_2 c_2 = \frac{dU_2}{dT}.$$

L'égalité démontrée

$$U = U_1 + U_2$$

permet donc d'écrire

$$(m_1 + m_2)\gamma = m_1 c_1 + m_2 c_2.$$

On a donc

$$dS = dS_1 + dS_2.$$

La variation qu'éprouve l'entropie d'un mélange gazeux dans une modification qui fait varier son volume et sa température sans altérer sa composition est la somme des variations qu'éprouvent, par le fait de la même variation de volume et de la même variation de température, les entropies des deux gaz mélangés, chacun d'eux étant supposé répandu à *chaque température* dans un volume égal à celui que le mélange occupe à cette température.

Il en résulte que l'entropie d'un mélange gazeux ne peut différer de la somme des entropies des gaz composants, pris isolément sous le même volume et à la même température que par une quantité indépendante de ce volume et de cette température. Si l'on admet en outre que cette quantité est indépendante de la composition du mélange, elle se réduira à une simple constante que l'on pourra supprimer. On sera assuré alors que l'entropie d'un mélange gazeux est la somme des entropies des gaz mélangés occupant isolément, à la même température, le volume entier du mélange. D'après ce qui précède, les deux potentiels thermodynamiques du mélange seront soumis à une loi analogue.

Cette loi, qui dérive ainsi directement de la loi du mélange des gaz, est le point de départ de la théorie donnée par M. Gibbs pour la dissociation au sein des mélanges gazeux homogènes.

Le potentiel thermodynamique sous volume constant d'un semblable mélange étant égal à la somme des potentiels des gaz mélangés, son expression se déduira aisément de l'expression du potentiel thermodynamique d'un gaz parfait. Ce potentiel une fois calculé, il suffira, pour trouver la condition d'équilibre du mélange, d'exprimer qu'une dissociation élémentaire ou qu'une combinaison infiniment petite, effectuée sans changement de volume ni de température, laisse à ce potentiel une valeur constante. La condition d'équilibre ainsi obtenue permet de discuter complètement la question de la dissociation des composés gazeux.

Les gaz que la nature nous présente s'éloignent tous plus ou moins de l'état parfait. Néanmoins, les lois limites qui définissent l'état parfait suffisent, dans la plupart des cas, à rendre compte de l'allure générale des phénomènes physiques présentés par les gaz naturels; les causes par l'effet desquelles ces gaz s'écartent de l'état parfait jouent le plus souvent, dans l'explication de ces phénomènes, le rôle d'actions perturbatrices.

On pouvait penser que ces causes joueraient, dans l'explication des phénomènes chimiques, un rôle plus important. En réalité, il n'en est rien. La théorie de M. Gibbs, fondée uniquement sur les lois relatives aux gaz parfaits, paraît rendre compte d'une manière très satisfaisante de l'allure générale des phénomènes chimiques présentés par les substances gazeuses. Les causes par l'effet desquelles ces substances s'écartent de l'état parfait semblent apporter seulement aux lois de la dissociation des perturbations du même ordre que celles qu'elles apportent à la loi de Mariotte ou à la loi du mélange des gaz.

§ II. — *Combinaisons formées sans condensation.*

Parmi les combinaisons gazeuses formées sans condensation, il n'en est qu'une, l'acide iodhydrique, dont la dissociation ait fait l'objet d'études expérimentales suivies. Ces études sont dues à M. P. Hautefeuille, et surtout à M. G. Lemoine.

L'acide iodhydrique se décompose partiellement en iode et hydrogène. Supposons qu'un récipient de volume invariable V renferme un poids m_1 d'hydrogène, un poids m_2 de vapeur d'iode, et un poids m_3 d'acide iodhydrique.

Le potentiel thermodynamique sous volume constant de ce mélange est la somme des potentiels thermodynamiques des trois gaz, chacun d'eux étant supposé seul répandu dans le volume V, à la température T.

D'après la formule (24) (p. 16), m_1 kilogrammes d'hydrogène, portés à la température T, sous une pression telle que le volume d'un kilogramme d'hydrogène ait une valeur v_1, ont pour potentiel thermodynamique sous volume constant

$$\mathfrak{F}_1 = m_1\left[E(\Upsilon_1 - T\Sigma_1) + Ec_1 T(1 - lT) - \frac{kT}{\Delta_1} lv_1\right].$$

Dans le cas actuel, m_1 kilogrammes d'hydrogène occupent le volume V. On a donc $v = \frac{V}{m_1}$, et

$$\mathfrak{F}_1 = m_1\left[E(\Upsilon_1 - T\Sigma_1) + Ec_1 T(1 - lT) + \frac{kT}{\Delta_1} l\frac{m_1}{V}\right].$$

Le potentiel de la vapeur d'iode et le potentiel de l'acide iodhydrique s'expriment d'une manière analogue. Le potentiel thermodynamique sous volume constant du mélange considéré a donc pour valeur

$$(41)\quad \left\{\begin{aligned} \mathfrak{F} = {} & m_1\left[E(\Upsilon_1 - T\Sigma_1) + Ec_1 T(1 - lT) + \frac{kT}{\Delta_1} l\frac{m_1}{V}\right] \\ & + m_2\left[E(\Upsilon_2 - T\Sigma_2) + Ec_2 T(1 - lT) + \frac{kT}{\Delta_2} l\frac{m_2}{V}\right] \\ & + m_3\left[E(\Upsilon_3 - T\Sigma_3) + Ec_3 T(1 - lT) + \frac{kT}{\Delta_3} l\frac{m_3}{V}\right]. \end{aligned}\right.$$

La température T et le volume V étant maintenus constants, qu'une petite quantité d'acide iodhydrique se forme ou se décompose, les poids m_1, m_2, m_3, augmenteront de dm_1, dm_2, dm_3 et la fonction $\mathfrak{F}$ augmentera de $d\mathfrak{F}$.

Si l'on remarque que

$$\frac{d}{dm_1}\left(\frac{m_1 kT}{\Delta_1} l\frac{m_1}{V}\right) = \frac{kT}{\Delta_1} l\frac{m_1}{V} + \frac{kT}{\Delta_1},$$

on verra aisément que

$$
\begin{aligned}
d\mathfrak{F} = & \mathrm{E}(\Upsilon_1 - \mathrm{T}\Sigma_1)\,dm_1 + \mathrm{E}(\Upsilon_2 - \mathrm{T}\Sigma_2)\,dm_2 + \mathrm{E}(\Upsilon_3 - \mathrm{T}\Sigma_3)\,dm_3 \\
& + \mathrm{ET}(1 - l\mathrm{T})(c_1\,dm_1 + c_2\,dm_2 + c_3\,dm_3) \\
& + k\mathrm{T}\left(\frac{dm_1}{\Delta_1}\,l\,\frac{m_1}{\mathrm{V}} + \frac{dm_2}{\Delta_2}\,l\,\frac{m_2}{\mathrm{V}} + \frac{dm_3}{\Delta_3}\,l\,\frac{m_3}{\mathrm{V}}\right) \\
& + k\mathrm{T}\left(\frac{dm_1}{\Delta_1} + \frac{dm_2}{\Delta_2} + \frac{dm_3}{\Delta_3}\right).
\end{aligned}
$$

Les trois variations dm_1, dm_2, dm_3 ne sont pas arbitraires. Deux d'entre elles peuvent s'exprimer au moyen de la troisième, dm_3 par exemple. Soit, en effet, ϖ_1 le poids moléculaire de l'hydrogène; soit ϖ_2 le poids moléculaire de l'iode; le poids moléculaire de l'acide iodhydrique sera $\varpi_1 + \varpi_2$, et l'on aura

$$
\frac{dm_3}{\varpi_1 + \varpi_2} = -\frac{dm_1}{\varpi_1} = -\frac{dm_2}{\varpi_2}.
$$

Si l'on pose alors

$$
\frac{k}{\mathrm{E}} = \mathrm{K},
$$

l'égalité précédente pourra s'écrire

$$
(42)\quad \left\{
\begin{aligned}
& \frac{\varpi_1 + \varpi_2}{\mathrm{E}}\,\frac{d\mathfrak{F}}{dm_3} \\
& = (\Upsilon_3 - \mathrm{T}\Sigma_3)(\varpi_1 + \varpi_2) - (\Upsilon_1 - \mathrm{T}\Sigma_1)\,\varpi_1 - (\Upsilon_2 - \mathrm{T}\Sigma_2)\,\varpi_2 \\
& \quad + \mathrm{T}(1 - l\mathrm{T})\left[(\varpi_1 + \varpi_2)\,c_3 - \varpi_1 c_1 - \varpi_2 c_2\right] \\
& \quad + \mathrm{KT}\left[\frac{(\varpi_1 + \varpi_2)}{\Delta_3}\,l\,\frac{m_3}{\mathrm{V}} - \frac{\varpi_1}{\Delta_1}\,l\,\frac{m_1}{\mathrm{V}} - \frac{\varpi_2}{\Delta_2}\,l\,\frac{m_2}{\mathrm{V}}\right] \\
& \quad + \mathrm{KT}\left[\frac{(\varpi_1 + \varpi_2)}{\Delta_3} - \frac{\varpi_1}{\Delta_1} - \frac{\varpi_2}{\Delta_2}\right].
\end{aligned}
\right.
$$

Cette égalité ne suppose pas que la combinaison ait lieu sans condensation.

Si la combinaison a lieu sans condensation, on peut simplifier notablement cette égalité.

Dans le cas d'une combinaison à volumes égaux, sans condensation, on a

$$
\frac{\varpi_1}{\Delta_1} = \frac{\varpi_2}{\Delta_2} = \frac{\varpi_1 + \varpi_2}{2\Delta_3}.
$$

Dans le second membre de l'égalité (42), cette relation fait disparaître le dernier terme; elle permet de donner à l'avant-dernier la forme suivante :

$$\frac{kT(\varpi_1+\varpi_2)}{2\Delta_3}\left(2l\frac{m_3}{V}-l\frac{m_1}{V}-l\frac{m_2}{V}\right),$$

ou bien

$$\frac{kT(\varpi_1+\varpi_2)}{2\Delta_3}\,l\left(\frac{m_3^2}{m_1.m_2}\right).$$

D'après la loi de Dulong et Petit, qui est fort exactement vérifiée par les gaz les plus voisins de l'état parfait, le produit de la chaleur spécifique d'un gaz parfait par sa densité a la même valeur pour tous les gaz. On a donc

$$c_1\Delta_1=c_2\Delta_2=c_3\Delta_3,$$

ou bien

$$\varpi_1 c_1=\varpi_2 c_2=\frac{\varpi_1+\varpi_2}{2}c_3.$$

Cette relation fait encore disparaître un terme au second membre de l'égalité (42); si l'on pose enfin

$$(43)\quad\left\{\begin{aligned}M&=\frac{\Delta_3}{K}[\Upsilon_3(\varpi_1+\varpi_2)-\Upsilon_1\varpi_1-\Upsilon_2\varpi_2],\\ N&=\frac{\Delta_3}{K}[\Sigma_3(\varpi_1+\varpi_2)-\Sigma_1\varpi_1-\Sigma_2\varpi_2],\end{aligned}\right.$$

M et N étant deux constantes, l'égalité (42) prendra la forme très simple

$$(44)\qquad \frac{(\varpi_1+\varpi_2)\Delta_3}{EKT}\frac{d\mathfrak{F}}{dm_3}=l\left(\frac{m_3^2}{m_1.m_2}\right)+\frac{M}{T}-N.$$

Le facteur $\frac{(\varpi_1+\varpi_2)\Delta_3}{EKT}$ est un facteur constant et positif; $\frac{d\mathfrak{F}}{dm_3}$ a donc, en toutes circonstances, le signe du second membre.

Cela posé, il est facile de voir que l'égalité

$$(45)\qquad l\left(\frac{m_3^2}{m_1.m_2}\right)+\frac{M}{T}-N=0.$$

représente la condition suffisante pour que l'état du système soit un état d'équilibre stable.

Supposons, en effet, que le système renferme une quantité d'acide iodhydrique plus considérable que celle qui correspond à cet état; m_3 aura une valeur supérieure à celle pour laquelle l'égalité (45) est vérifiée, tandis que m_1 et m_2 ont des valeurs inférieures à celles pour lesquelles l'égalité (45) est vérifiée. Il en résulte que le premier membre de l'égalité (45) est positif. $\frac{d\mathfrak{F}}{dm_3}$ est alors positif, et le seul phénomène possible est la dissociation de l'acide iodhydrique. Si, au contraire, le système renferme moins d'acide iodhydrique qu'il n'en faudrait pour que l'égalité (45) soit vérifiée, le seul phénomène possible est la combinaison de l'hydrogène avec la vapeur d'iode. Par conséquent, si, parmi les états possibles du système, il existe un état pour lequel l'égalité (45) soit vérifiée, cet état est un état d'équilibre stable.

Les variables m_1, m_2, m_3, qui figurent dans l'égalité (45), ne sont pas indépendantes. Si l'on désigne par μ_1 le poids total d'hydrogène, libre ou combiné, et par μ_2 le poids total de vapeur d'iode, libre ou combinée, que le système renferme, poids qui sont en quelque sorte les constantes caractéristiques du système, on devra avoir

$$(46)\qquad \begin{cases} m_1 + \dfrac{\varpi_1}{\varpi_1 + \varpi_2}\, m_3 = \mu_1, \\[2ex] m_2 + \dfrac{\varpi_2}{\varpi_1 + \varpi_2}\, m_3 = \mu_2. \end{cases}$$

L'ensemble des égalités (45) et (46) définit les valeurs de m_1, m_2, m_3, pour lesquelles le système est en équilibre.

Que l'on considère un système déterminé à une température déterminée; que l'on conçoive tout d'abord ce système comme renfermant uniquement de l'iode libre et de l'hydrogène libre; m_1 et m_2 ont alors pour valeurs μ_1 et μ_2, tandis que m_3 a la valeur 0; $l\left(\frac{m_3^2}{m_1 . m_2}\right)$ est négatif et infiniment grand. Au fur et à mesure que la proportion d'acide iodhydrique que ce système renferme va en augmentant, m_3 va en croissant, tandis que m_1 et m_2 vont en diminuant; $l\left(\frac{m_3^2}{m_1 . m_2}\right)$ va sans cesse en augmentant. Au moment où le système renferme tout l'acide iodhydrique concevable, l'une au moins des deux quantités

m_1 et m_2 est devenue égale à 0; $l\left(\frac{m_3^2}{m_1 . m_2}\right)$ est infiniment grand et positif. Donc, lorsque la quantité d'acide iodhydrique que le système renferme varie, en croissant sans cesse, depuis 0 jusqu'à la plus grande valeur qui soit compatible avec la constitution du système, $l\left(\frac{m_3^2}{m_1 . m_2}\right)$ varie, en croissant sans cesse, de $-\infty$ à $+\infty$. Il existe, par conséquent, une et une seule composition du système pour laquelle cette quantité devient égale à $N - \frac{M}{T}$. Ainsi, *à une température déterminée, pour un système déterminé, il existe toujours un et un seul état d'équilibre stable. Cet état,* qui correspond à une composition déterminée par les équations (45) et (46), *ne peut correspondre ni à une décomposition complète ni à une combinaison intégrale.*

Si, sans rien changer aux autres paramètres qui définissent le système, on multiplie les deux quantités μ_1 et μ_2 par un même facteur λ, les valeurs de m_1, m_2, m_3, déduites des égalités (45) et (46), seront aussi multipliées par ce facteur λ. Ce résultat peut s'énoncer ainsi :

Dans les systèmes semblables, l'équilibre s'établit d'une manière semblable.

Les égalités (45) et (46) sont entièrement indépendantes du volume total occupé par le mélange, ou, ce qui revient au même, de la pression supportée par ce mélange. *L'état d'équilibre du système est donc indépendant, dans les combinaisons formées sans condensation, de la pression supportée par le système.*

Il reste à étudier comment varie l'état d'équilibre du système lorsqu'on fait varier le rapport $\frac{\mu_2}{\mu_1}$ et la température T.

Soit un premier système renfermant un poids total μ_1 d'hydrogène et un poids total μ_2 de vapeur d'iode à la température T; au moment de l'équilibre, il renferme des poids m_1, m_2, m_3 d'hydrogène, d'iode et d'acide iodhydrique, et ces poids vérifient l'égalité (45)

$$l\left(\frac{m_3^2}{m_1 . m_2}\right) = N - \frac{M}{T}.$$

Soit un second système renfermant le même poids total μ_1 d'hydrogène, mais un poids total plus considérable, $\mu_2 + \mu'_2$ de vapeur d'iode. Au moment où ce système renfermera un poids m_3 d'acide iodhydrique, il renfermera un poids m_1 d'hydrogène; mais il renfermera un poids $m_2 + \mu'_2$ de vapeur d'iode, supérieur au poids m_2. Or, on a

$$l\left(\frac{m_3^2}{m_1 . m_2}\right) > l\left(\frac{m_3^2}{m_1 (m_2 + \mu'_2)}\right);$$

on aura donc

$$l\left(\frac{m_3^2}{m_1 (m_2 + \mu'_2)}\right) < \mathrm{N} - \frac{\mathrm{M}}{\mathrm{T}}.$$

Cette inégalité signifie qu'au moment où le second système renferme la quantité m_3 d'acide iodhydrique que le premier système renferme au moment de l'équilibre, l'acide iodhydrique pourra encore se former dans ce second système. Par conséquent, *si deux systèmes renferment le même poids total de l'un des gaz composants, et un poids total différent de l'autre composant, celui qui renferme une plus grande proportion de ce dernier composant renfermera, au moment de l'équilibre, un poids plus considérable du composé.*

Les formules précédentes ne peuvent évidemment être applicables qu'entre des limites de température plus ou moins étendues. Mais on peut toujours, pour les discuter, faire croître la température du zéro absolu jusqu'au delà de toute limite, quitte à n'accepter, parmi les résultats obtenus, que ceux qui sont compris entre les limites de température considérées.

L'égalité (45) permet de discuter l'influence exercée par la température sur la composition que le système présente au moment de l'équilibre, pourvu que l'on détermine le signe de la constante M.

La constante M est définie par l'une des égalités (43) (p. 51). D'après cette définition,

$$\mathrm{M} = \frac{\mathrm{A}_3}{\mathrm{K}} [\Upsilon_3 (\varpi_1 + \varpi_2) - \Upsilon_1 \varpi_1 - \Upsilon_2 \varpi_2],$$

Υ_1, Υ_2, Υ_3, étant liés aux énergies Υ'_1, Υ'_2, Υ'_3, d'un kilogramme d'hydrogène, de vapeur d'iode et d'acide iodhydrique à une température *arbitraire* T_0, par les relations (23) (p. 15)

$$\begin{aligned}
\Upsilon_1 &= \Upsilon'_1 - c_1 T_0,\\
\Upsilon_2 &= \Upsilon'_2 - c_2 T_0,\\
\Upsilon_3 &= \Upsilon'_3 - c_3 T_0.
\end{aligned}$$

Soit un système renfermant des poids arbitraires $\mathfrak{M}_1$, $\mathfrak{M}_2$, $\mathfrak{M}_3$ de ces trois gaz, sous une pression arbitraire p_0, à la température T_0. L'énergie interne de ce système aura pour valeur

$$U = \mathfrak{M}_1 \Upsilon'_1 + \mathfrak{M}_2 \Upsilon'_2 + \mathfrak{M}_3 \Upsilon'_3.$$

Si une combinaison infiniment petite se produit à température constante et sous volume constant, le système dégagera une quantité de chaleur $L d\mathfrak{M}_3$, L étant par définition la *chaleur de combinaison* de l'acide iodhydrique à la température T_0, sous la pression p_0, dans un système renfermant des poids $\mathfrak{M}_1$, $\mathfrak{M}_2$, $\mathfrak{M}_3$ des deux composants et du composé.

Cette quantité $L d\mathfrak{M}_3$ doit être égale à la variation changée de signe de l'énergie, puisque la modification, produite sous volume constant, n'entraîne aucun travail extérieur.

Or, on a

$$dU = \Upsilon'_3\, d\mathfrak{M}_3 + \Upsilon'_1\, d\mathfrak{M}_1 + \Upsilon'_2\, d\mathfrak{M}_2.$$

Mais les trois quantités $d\mathfrak{M}_1$, $d\mathfrak{M}_2$, $d\mathfrak{M}_3$ sont liées par les relations

$$\frac{d\mathfrak{M}_1}{\varpi_1} = \frac{d\mathfrak{M}_2}{\varpi_2} = \frac{d\mathfrak{M}_3}{\varpi_1 + \varpi_2}.$$

On a donc

$$(\varpi_1 + \varpi_2)\, dU = [(\varpi_1 + \varpi_2)\Upsilon'_3 - \varpi_1 \Upsilon'_1 - \varpi_2 \Upsilon'_2]\, d\mathfrak{M}_3,$$

ou bien

$$\begin{aligned}
(\varpi_1 + \varpi_2)\, L &= -[(\varpi_1 + \varpi_2)\Upsilon'_3 - \varpi_1 \Upsilon'_1 - \varpi_2 \Upsilon'_2]\\
&= -[(\varpi_1 + \varpi_2)\Upsilon_3 - \varpi_1 \Upsilon_1 - \varpi_2 \Upsilon_2]\\
&\quad - [(\varpi_1 + \varpi_2)\, c_3 - \varpi_1 c_1 - \varpi_2 c_2]\, T_0.
\end{aligned}$$

Mais

$$\varpi_1 c_1 + \varpi_2 c_2 - (\varpi_1 + \varpi_2)\, c_3 = 0.$$

On a donc

$$(\varpi_1 + \varpi_2)\, L = -[(\varpi_1 + \varpi_2)\Upsilon_3 - \varpi_1 \Upsilon_1 - \varpi_2 \Upsilon_2].$$

Si l'on fait usage de la valeur de M, cette égalité devient

$$(47) \qquad L = -\frac{KM}{(\varpi_1 + \varpi_2)\Delta_2}.$$

Cette égalité renferme une conséquence importante.

Le second membre est indépendant des variables p_0, T_0, $\mathfrak{M}_1$, $\mathfrak{M}_2$, $\mathfrak{M}_3$. Or, les valeurs de ces variables sont entièrement arbitraires. Donc, *la chaleur de combinaison sous volume constant d'un composé gazeux formé sans condensation est une quantité indépendante de la température, de la pression et de la composition du mélange au sein duquel s'effectue la combinaison.* Cette proposition pourrait se déduire en comparant une formule déduite par M. Kirchhoff (1) des propriétés de l'énergie, à la formule que donne la loi de Dulong et Petit.

Si, dans l'égalité (45), on remplace M par sa valeur déduite de l'égalité (47), l'égalité (45) devient

$$(48) \qquad l\left(\frac{m_3^2}{m_1 . m_2}\right) = (\varpi_1 + \varpi_2)\frac{\Delta_2}{K}\frac{L}{T} + N.$$

Deux cas sont à distinguer :

1° *Le composé est formé avec dégagement de chaleur ;* L est positif. Dans ce cas, lorsque la température T varie, en croissant sans cesse, de 0 à $+\infty$, le second membre de l'égalité (48) varie, en décroissant sans cesse, de $+\infty$ à N; $\frac{m_3^2}{m_1 . m_2}$ varie, en décroissant sans cesse, de $+\infty$ à une certaine valeur finie et positive. Par conséquent, la combinaison, au zéro absolu, est complète. Au fur et à mesure que l'on élève la température, la fraction de gaz dissocié augmente. Lorsque la température croît au delà de toute limite, l'état du système tend vers une certaine limite qui ne correspond pas à la décomposition totale.

2° *Le composé est formé avec absorption de chaleur ;* L est négatif. Dans ce cas, la dissociation est complète au zéro absolu ; au

(1) G. Kirchhoff (*Poggendorff's Annalen der Physik und Chemie*, CIII, p. 203, 1858. — *Kirchhoff's gesammelte Abhandlungen*, p. 481. — C. Neumann. *Mechanische Theorie der Wärme*, p. 178).

fur et à mesure que la température croît, la quantité du composé formé va en croissant; lorsque la température croît au delà de toute limite, le système tend vers un état limite qui ne correspond pas à la combinaison intégrale.

Une dernière proposition mérite d'être notée. Elle est relative à l'introduction dans le système d'un gaz étranger sans action chimique. Le potentiel de ce gaz s'ajoutera simplement, dans l'expression du potentiel thermodynamique du système, aux termes que cette expression renfermerait en l'absence du gaz étranger. Une combinaison infiniment petite, effectuée sous volume constant et à température constante, laissera invariable ce terme, qui, par conséquent, n'aura aucune influence sur la condition d'équilibre. Ainsi, *l'addition d'un gaz étranger sans action chimique ne modifie en rien l'état d'équilibre du système.*

Tels sont les principaux résultats que l'on peut déduire de la théorie de M. Gibbs en ce qui concerne la dissociation des combinaisons gazeuses formées sans condensation. Il est intéressant de les comparer aux résultats que M. G. Lemoine a obtenus en étudiant expérimentalement la dissociation de l'acide iodhydrique. Dans les conditions de température où ont été faites les observations de M. Lemoine, l'acide iodhydrique et surtout la vapeur d'iode s'écartent trop de l'état de gaz parfait pour que l'on puisse espérer un accord rigoureux entre les données de ces observations et les conséquences de la théorie précédente; un accord approximatif doit être considéré comme satisfaisant.

A une température déterminée, il existe pour chaque système un état d'équilibre stable, correspondant à une composition déterminée du mélange; on peut définir cette composition par la valeur $\frac{m_1}{\mu_1}$ du rapport du poids d'hydrogène libre que renferme le mélange au moment de l'expérience au poids total d'hydrogène, libre ou combiné, que le système contient. D'après la théorie de M. Gibbs, ce rapport doit avoir, à une température donnée, une valeur indépendante de la pression; voici les valeurs de ce rapport obtenues par M. Lemoine [1] en chauffant sous différentes pressions, à la température d'ébullition

[1] G. Lemoine. *Études sur les équilibres chimiques* (*Encyclopédie chimique de Fremy. Introduction*, t. II).

du soufre, un mélange en proportions équivalentes d'iode et d'hydrogène.

PRESSION	RAPPORT $\frac{m_1}{\mu_1}$
4atm.,5	0,24
2 ,3	0,25
0 ,9	0,26
0 ,2	0,29

Dans cette série d'expériences, tandis que la pression a varié d'une valeur à une autre valeur vingt-deux fois plus faible, le rapport $\frac{m_1}{\mu_1}$ a varié seulement de $\frac{1}{5}$ de sa valeur.

L'influence exercée sur la composition du système au moment de l'équilibre par l'introduction d'un excès d'hydrogène concorde également d'une manière satisfaisante avec les résultats de la théorie de M. Gibbs. Si, dans un système qui renferme $1 + \theta$ équivalents d'hydrogène pour un équivalent d'iode, on désigne par r le rapport du poids d'hydrogène libre que le système renferme au moment de l'équilibre au poids total d'hydrogène qu'il contient, ce rapport étant calculé par la formule de M. Gibbs, et par r' la valeur expérimentalement trouvée pour le même rapport, on a [1]

θ	r	r'	Δ
0	0,240	0,240	base du calcul.
0,2755	0,342	0,350	— 0,008
0,898	0,518	0,547	— 0,029
2,876	0,750	0,774	— 0,024

D'après les expériences de M. Lemoine, la quantité d'acide iodhydrique formée au moment de l'équilibre dans un système donné diminue lorsque la température s'élève. Si l'hydrogène, l'iode, l'acide iodhydrique étaient à l'état de gaz parfaits, si la théorie précédente

(1) G. Lemoine, Études sur les équilibres chimiques.

leur était rigoureusement applicable, il faudrait en conclure que l'acide iodhydrique est formé avec dégagement de chaleur. Cette prévision de la théorie est-elle confirmée par l'expérience malgré les écarts que la vapeur d'iode présente par rapport aux lois qui régissent les gaz parfaits, et notamment par rapport à la loi de Dulong et Petit? Il serait difficile de donner à cette question une réponse catégorique. Le signe de la quantité de chaleur mise en jeu dans la formation de l'acide iodhydrique n'est pas connu avec une entière certitude. M. Berthelot admet aujourd'hui que l'hydrogène et l'iode, en se combinant à l'état gazeux, absorbent $0^{cal},8$ par équivalent d'acide iodhydrique formé. Mais ce nombre n'est pas un résultat immédiat de l'expérience; il a été obtenu en faisant la différence de quantités de chaleur déterminées expérimentalement. Il présente donc une certaine incertitude accrue encore par ce fait que, d'après d'anciennes déterminations, dues également à M. Berthelot, l'hydrogène et l'iode, en se combinant à l'état gazeux, dégageraient $1^{cal},4$.

§ III. — *Combinaisons formées avec condensation.*

L'étude expérimentale de la dissociation des combinaisons gazeuses formées par l'union d'éléments gazeux avec condensation est moins avancée encore que l'étude des combinaisons formées sans condensation. C'est cependant à l'étude des combinaisons formées avec condensation que se relie la question si controversée des variations des densités de vapeur.

La théorie de M. Gibbs s'applique aussi bien aux combinaisons formées avec condensation qu'aux combinaisons formées sans condensation.

L'égalité (42)

$$\begin{aligned}\frac{\varpi_1+\varpi_2}{E}\frac{d\mathfrak{F}}{dm_3} = {} & (\Upsilon_3-T\Sigma_3)(\varpi_1+\varpi_2)-(\Upsilon_1-T\Sigma_1)\varpi_1-(\Upsilon_2-T\Sigma_2)\varpi_2 \\ & + T(1-lT)[(\varpi_1+\varpi_2)e_3-\varpi_1 e_1-\varpi_2 e_2] \\ & + KT\left[\frac{\varpi_1+\varpi_2}{\Delta_3}\, l\,\frac{m_3}{V}-\frac{\varpi_1}{\Delta_1}\, l\,\frac{m_1}{V}-\frac{\varpi_2}{\Delta_2}\, l\,\frac{m_2}{V}\right] \\ & + KT\left[\frac{\varpi_1+\varpi_2}{\Delta_3}-\frac{\varpi_1}{\Delta_1}-\frac{\varpi_2}{\Delta_2}\right],\end{aligned}$$

s'applique également à ces deux classes de combinaisons. Seules, les relations qui servent à la simplifier diffèrent selon que l'on s'adresse à l'une ou à l'autre de ces deux classes.

Soient u_1 et u_2 les deux gaz composants qui se combinent entre eux pour donner un volume w du composé. La quantité

$$\frac{u_1 + u_2 - w}{u_1 + u_2} = \psi,$$

sera la *fraction de condensation*. ϖ_1 et ϖ_2 sont les poids des volumes u_1 et u_2 des gaz composants; $\varpi_1 + \varpi_2$ est le poids du volume w du composé. On a donc, en désignant par λ une constante positive,

$$\frac{\varpi_1 + \varpi_2}{w\Delta_3} = \frac{\varpi_1}{u_1\Delta_1} = \frac{\varpi_2}{u_2\Delta_2} = \lambda.$$

Cette relation donne aux deux derniers termes de l'égalité (42) la forme suivante :

$$\mathrm{KT}\lambda\,(u_1 + u_2)\,l\,\mathrm{V}^{\psi} + \mathrm{KT}\lambda\,l\left(\frac{m_3^{w}}{m_1^{u_1}\,m_2^{u_2}}\right) - \mathrm{KT}\lambda\,\psi\,(u_1 + u_2).$$

D'autre part, la loi de Dulong et Petit donne

$$c_1\Delta_1 = c_2\Delta_2 = c_3\Delta_3,$$

ce qui peut s'écrire

$$\frac{c_1\varpi_1}{u_1} = \frac{c_2\varpi_2}{u_2} = \frac{c_3\,(\varpi_1 + \varpi_2)}{w},$$

ou bien

$$c_1\varpi_1 + c_2\varpi_2 - c_3\,(\varpi_1 + \varpi_2) = \frac{c_3\,\psi\,(u_1 + u_2)\,(\varpi_1 + \varpi_2)}{w}.$$

On aura alors, en désignant par A, M, N, P quatre constantes,

$$(49)\quad\left\{\begin{aligned}
\mathrm{A} &= \frac{\varpi_1 + \varpi_2}{\mathrm{EK}\lambda},\\
\mathrm{M} &= \frac{(\varpi_1 + \varpi_2)\,\Upsilon_3 - \varpi_1\Upsilon_1 - \varpi_2\Upsilon_2}{\mathrm{K}\lambda},\\
\mathrm{N} &= \psi(u_1 + u_2) + \frac{\varpi_1\Sigma_1 + \varpi_2\Sigma_2 - (\varpi_1 + \varpi_2)\Sigma_3}{\mathrm{K}\lambda} + \frac{c_3\psi(\varpi_1 + \varpi_2)(u_1 + u_2)}{w\mathrm{K}\lambda},\\
\mathrm{P} &= \frac{\psi c_3\,(\varpi_1 + \varpi_2)\,(u_1 + u_2)}{w\mathrm{K}\lambda},
\end{aligned}\right.$$

et l'égalité (42) deviendra

$$\frac{A}{T}\frac{d\mathfrak{F}}{dm_3} = l\left[V^{\psi(n_1+n_2)} \cdot \frac{m_3^{\varpi}}{m_1^{n_1}\, m_2^{n_2}}\right] + \frac{M}{T} + Pl.T - N.$$

A étant une constante positive, $\frac{d\mathfrak{F}}{dm_3}$ a le signe du second membre. On voit alors aisément, comme dans le cas précédent, que la condition d'équilibre stable du système est représentée par les égalités

$$(50)\quad \left\{\begin{aligned} & l\left[V^{\psi(n_1+n_2)} \cdot \frac{m_3^{\varpi}}{m_1^{n_1} . m_2^{n_2}}\right] + \frac{M}{T} + Pl.T - N = 0, \\ & m_1 + \frac{\varpi_1}{\varpi_1 + \varpi_2}\, m_3 = \mu_1, \\ & m_2 + \frac{\varpi_2}{\varpi_1 + \varpi_2}\, m_3 = \mu_2. \end{aligned}\right.$$

Supposons que le volume V occupé par le système soit maintenu constant ainsi que la température T, et faisons croître le poids m_3 du composé formé depuis 0 jusqu'à la plus grande valeur qui se puisse concevoir, c'est à dire jusqu'à ce qu'une des deux quantités m_1 ou m_2 devienne égale à 0. La quantité

$$V^{\psi(n_1+n_2)} \cdot \frac{m_3^{\varpi}}{m_1^{n_1}\, m_2^{n_2}}$$

partira de 0 et variera d'une manière continue, en croissant sans cesse, jusqu'à $+\infty$. La quantité

$$l\left[V^{\psi(n_1+n_2)} \cdot \frac{m_3^{\varpi}}{m_1^{n_1} . m_2^{n_2}}\right]$$

variera alors d'une manière continue, en croissant sans cesse, de $-\infty$ à $+\infty$. Elle passera donc une et une seule fois par la valeur

$$-\left(\frac{M}{T} + Pl.T - N\right).$$

Il y a donc pour chaque système, à chaque température, un et un seul état d'équilibre stable, qui ne peut correspondre ni à une décomposition complète, ni à une combinaison intégrale.

Si l'on multiplie par un même nombre λ les quantités μ_1, μ_2 et V, sans changer la valeur de la température T, les valeurs de m_1, m_2, m_3 qui vérifient les équations (50) sont aussi multipliées par ce même nombre λ. Ainsi, *dans des systèmes semblables, l'équilibre s'établit d'une manière semblable.*

Dans le cas des combinaisons formées sans condensation, le volume V occupé par le système ne figurait pas dans les équations d'équilibre. La composition du système au moment de l'équilibre était indépendante de la pression supportée par le système. Il n'en est plus de même dans le cas des combinaisons formées avec condensation. Du moment que ψ diffère de 0, V figure nécessairement dans les équations d'équilibre, et la composition finale du système ne peut plus être indépendante de la pression.

La fraction de condensation ψ est positive dans toutes les combinaisons connues, en sorte que $V^{\psi(n_1+n_2)}$ croît en même temps que V. D'ailleurs, si la température du système est maintenue constante, la valeur de

$$V^{\psi(n_1+n_2)} \cdot \frac{m_3^{\varpi}}{m_1^{n_1} \cdot m_2^{n_2}}$$

doit, pour l'équilibre, rester constante. Par conséquent, lorsqu'on augmente le volume occupé par le système en maintenant la température constante, $\frac{m_3^{\varpi}}{m_1^{n_1}\, m_2^{n_2}}$ doit décroître, ce qui ne peut se produire que par une nouvelle dissociation. Ainsi, *à une température déterminée, en augmentant le volume occupé par un système parvenu à l'état d'équilibre, ou en diminuant la pression qu'il supporte, on rend possible la dissociation d'une nouvelle quantité du gaz composé que renferme le système.*

On démontrerait, comme on l'a fait pour les combinaisons formées sans condensation, que *si deux systèmes, occupant le même volume, à la même température, renferment le même poids total de l'un des gaz composants et un poids total différent de l'autre composant, celui qui renferme une plus grande proportion de ce dernier composant renfermera, au moment de l'équilibre, un poids plus considérable du composé.*

On démontrerait aussi, comme dans le cas précédent, que *l'addition d'un gaz inerte ne trouble en rien la composition que le système présente lorsque l'équilibre est établi.*

L'influence exercée par les variations de température sur l'état d'équilibre du système présente certaines particularités qui méritent d'être étudiées d'une manière spéciale.

D'après la première des trois égalités (50), l'influence exercée par la température sur l'état d'équilibre du système dépend du signe des quantités M et P.

D'après sa définition (égalités 49), la quantité P est toujours positive. Le sens des variations que la quantité

$$N - \frac{M}{T} - Pl.T$$

éprouve lorsqu'on fait varier la température de 0 à $+\infty$, dépend du signe de la quantité M.

Si la quantité M est négative, cette fonction de la température décroît de $+\infty$ à $-\infty$ lorsque T croît de 0 à $+\infty$. Il en résulte que, T croissant de 0 à $+\infty$, la quantité

$$V^{\psi(n_1+n_2)} \cdot \frac{m_3^{\varpi}}{m_1^{n_1} \cdot m_2^{n_2}},$$

décroît de $+\infty$ à 0. La combinaison, d'après cette formule, serait intégrale au 0 absolu; elle se dissocierait de plus en plus au fur et à mesure que la température croîtrait, et, la température croissant au delà de toute limite, la dissociation tendrait à devenir complète.

Si, au contraire, la quantité M est positive, la quantité

$$N - \frac{M}{T} - Pl.T$$

partira, pour $T = 0$, de $-\infty$, croîtra jusqu'au moment où T atteindra la valeur $\frac{M}{P}$, atteindra alors un maximum et décroîtra de nouveau jusqu'à $-\infty$ lorsque T continuera à croître au delà de toute limite. La dissociation sera complète au 0 absolu; la quantité du composé formée ira d'abord en croissant avec la température, passera par un maximum, puis décroîtra de nouveau et tendra vers 0 lorsque la température croîtra au delà de toute limite.

Est-il possible de connaître le signe de M?

La quantité M est définie par l'une des égalités (49) (p. 60)

$$M = \frac{(\varpi_1 + \varpi_2)\,\Upsilon_3 - \varpi_1\Upsilon_1 - \varpi_2\Upsilon_2}{K\lambda}.$$

Si l'on désigne par $L\,d\mathfrak{M}_3$ la quantité de chaleur dégagée par la formation d'un poids $d\mathfrak{M}_3$ du composé, dans un système qui renferme à la température T_0, sous un volume arbitraire V, des poids arbitraires $\mathfrak{M}_1$, $\mathfrak{M}_2$, $\mathfrak{M}_3$ des trois gaz réagissants, on aura, par un calcul semblable à celui qui a été fait à propos des combinaisons formées sans condensation

$$\begin{aligned}(\varpi_1 + \varpi_2)\,L = &- [(\varpi_1 + \varpi_2)\,\Upsilon_3 - \varpi_1\Upsilon_1 - \varpi_2\Upsilon_2]\\ &- [(\varpi_1 + \varpi_2)\,c_3 - \varpi_1 c_1 - \varpi_2 c_2]\,T_0,\end{aligned}$$

et, par conséquent,

$$(51)\quad (\varpi_1 + \varpi_2)\,L + [(\varpi_1 + \varpi_2)\,c_3 - \varpi_1 c_1 - \varpi_2 c_2]\,T_0 = - K\lambda M.$$

Les quantités $\mathfrak{M}_1$, $\mathfrak{M}_2$, $\mathfrak{M}_3$ sont arbitraires, le volume V est arbitraire. Cette égalité ne renfermant aucune de ces quatre variables, L ne saurait en dépendre. Donc, *la chaleur de combinaison est, à une température déterminée, indépendante de la pression sous laquelle s'effectue la combinaison et de la composition du mélange au sein duquel elle prend naissance.*

La température T_0 est arbitraire. Soit T'_0 une autre valeur de la température et soit L' la chaleur de combinaison à cette température T'_0. Dans l'égalité (51), on pourra à L et à T_0 substituer L' et T'_0, ce qui exige que l'on ait

$$(52)\quad (\varpi_1 + \varpi_2)\,(L' - L) = [\varpi_1 c_1 + \varpi_2 c_2 - (\varpi_1 + \varpi_2)\,c_3]\,(T'_0 - T_0).$$

Cette égalité marque de quelle manière la chaleur de combinaison varie avec la température. Elle a été démontrée pour la première fois par M. Kirchhoff [1].

On a vu plus haut que la loi de Dulong et Petit permettait d'écrire

$$\varpi_1 c_1 + \varpi_2 c_2 - (\varpi_1 + \varpi_2)\,c_3 = \frac{c_3\,\psi\,(u_1 + u_2)\,(\varpi_1 + \varpi_2)}{\eta};$$

[1] G. Kirchhoff (*Poggendorff's Annalen der Physik und Chemie*, CIII, p. 203, 1858. — *Gesammelte Abhandlungen*, p. 481. — C. Neumann. *Mechanische Theorie der Wärme*, p. 178).

cette relation permet de donner aux égalités (51) et (52) la forme suivante :

$$(51\ bis)\qquad K\lambda M = -L + \frac{c_2\psi(u_1+u_2)(\varpi_1+\varpi_2)}{w}T_0,$$

$$(52\ bis)\qquad L' - L = \frac{c_2\psi(u_1+u_2)}{w}(T'_0 - T_0).$$

La seconde égalité marque que la chaleur dégagée par la combinaison L croît en même temps que la température.

La première montre que si L est négatif, M sera certainement positif. Donc, *si à une température, arbitraire d'ailleurs, une combinaison se forme avec absorption de chaleur, le composé, entièrement dissocié au 0 absolu, présentera pour une température donnée un maximum de stabilité, et tendra de nouveau à être entièrement dissocié lorsque la température croîtra au delà de toute limite.*

L'ozone se forme avec condensation et absorption de chaleur. L'ozone doit donc présenter un maximum de stabilité. L'existence de ce maximum est rendue très probable par les expériences de MM. Troost et Hautefeuille (¹) qui ont obtenu de l'ozone à des températures de 1300° à 1400° C.

§ IV. — *Variations des densités de vapeur.*

Supposons que l'on prenne la densité de vapeur d'une combinaison formée avec condensation et partiellement dissociée; la densité de vapeur trouvée sera d'autant plus faible que la dissociation sera plus complète. Si la pression sous laquelle est prise cette densité de vapeur est maintenue constante, la densité de vapeur sera une fonction de la température seule. Les formules précédentes permettent de trouver la relation qui existe entre la densité de vapeur et la température.

L'équation d'équilibre est la suivante :

$$(50)\qquad l\left[V^{\psi(u_1+u_2)}\frac{m_3^{w}}{m_1^{\varpi_1}.m_2^{\varpi_2}}\right] = N - PlT - \frac{M}{T}.$$

(¹) Troost et Hautefeuille. *Comptes rendus de l'Académie des Sciences*, LXXXIV, p. 946, 1877.

Soient δ_1, δ_2, δ_3 les densités des trois gaz par rapport à l'air, sous une pression égale à l'unité et à la température absolue T_0; soit, dans les mêmes conditions, a le poids du mètre cube d'air; soient enfin p_1, p_2, p_3 les pressions qu'à la température T les trois gaz exercent dans le mélange. Les trois gaz étant supposés parfaits, on aura

$$\left\{\begin{aligned} m_1 &= \frac{aVT_0}{T} p_1 \delta_1, \\ m_2 &= \frac{aVT_0}{T} p_2 \delta_2, \\ m_3 &= \frac{aVT_0}{T} p_3 \delta_3. \end{aligned}\right.$$

Si l'on pose alors

$$\left\{\begin{aligned} P' &= P + \psi(u_1 + u_2), \\ N' &= N + \psi(u_1 + u_2)\, laT_0 - l\left(\frac{\delta_3^{w}}{\delta_1^{u_1}\delta_2^{u_2}}\right), \end{aligned}\right.$$

P' et N' étant deux nouvelles constantes, dont la première est positive, l'équation d'équilibre deviendra

$$l\left(\frac{p_3^{w}}{p_1^{u_1}p_2^{u_2}}\right) = N' - P' lT - \frac{M}{T}.$$

Si l'on suppose, pour simplifier, que les deux gaz composants soient en proportions équivalentes, on aura

$$\frac{p_1}{p_2} = \frac{u_1}{u_2}.$$

D'autre part, la pression totale Π, qui est supposée constante, est donnée par l'égalité

$$\Pi = p_1 + p_2 + p_3.$$

Ces deux relations entre les trois variables p_1, p_2, p_3 permettent de ne conserver dans l'équation d'équilibre que la variable p_1. Si l'on pose en effet

$$N'' = N' + l\left[u_1^{(w-u_2)} u_2^{u_2}\right],$$

l'équation d'équilibre deviendra

$$l\frac{[u_1\Pi - (u_1 + u_2)p_1]^{w}}{p_1^{(u_1+u_2)}} = N'' - P' lT - \frac{M}{T}.$$

D'autre part, si l'on désigne par Δ la densité du mélange par rapport à l'air, sous la pression Π, à la température T, on a

$$\Delta = \frac{p_1 \delta_1 + p_2 \delta_2 + p_3 \delta_3}{\Pi},$$

ou bien

$$\Delta = \delta_3 + \frac{(\delta_1 - \delta_3)\, u_1 + (\delta_2 - \delta_3)\, u_2}{u_1 \Pi}\, p_1.$$

De cette égalité, on tire

$$p_1 = \Pi\, (\Delta \Theta + H),$$

Θ et H étant deux constantes définies par les égalités suivantes :

$$\left\{ \begin{aligned} \Theta &= \frac{u_1}{(\delta_1 - \delta_3)\, u_1 + (\delta_2 - \delta_3)\, u_2}, \\ H &= \frac{-u_1 \delta_3}{(\delta_1 - \delta_3)\, u_1 + (\delta_2 - \delta_3)\, u_2}. \end{aligned} \right.$$

Si l'on désigne par θ et η deux autres constantes définies par les égalités

$$\left\{ \begin{aligned} \eta &= u_1 - (u_1 + u_2)\, H, \\ \theta &= -(u_1 + u_2)\, \Theta, \end{aligned} \right.$$

on pourra donner à l'équation d'équilibre la forme suivante :

$$(53) \quad l \left[\frac{1}{\Pi^{(u_1 + u_2 - w)}} \cdot \frac{(\theta \Delta + \eta)^{w}}{(\Theta \Delta + H)^{(u_1 + u_2)}} \right] = -\frac{M}{T} - P' l T + N'.$$

Telle est la relation qui lie la densité Δ à la pression Π et à la température T.

Il est parfois plus commode de poser

$$G(T) = N' - P' l T - \frac{M}{T},$$

et d'écrire l'équation précédente sous cette forme

$$(53\,bis) \quad \Pi^{(u_1 + u_2 - w)}\, (\Theta \Delta + H)^{(u_1 + u_2)} - (\theta \Delta + \eta)^{w}\, e^{G(T)} = 0.$$

Si l'on donne à la pression Π une valeur déterminée, si l'on choisit deux axes de coordonnées rectangulaires, et si l'on porte les températures T en abscisses et les densités Δ en ordonnées, cette équation (53 *bis*) représente une courbe dont on peut déterminer la forme générale.

Le seul cas qui corresponde aux expériences qui ont été faites sur les densités de vapeur des composés dissociables est le cas où M est négatif. On peut donc limiter la discussion à ce cas. Dans cette discussion, on fera croître la température absolue depuis 0 jusqu'à $+\infty$, en se réservant de conserver seulement la portion de courbe comprise entre certaines limites de température.

Pour $T = 0$, la combinaison est complète; Δ part de la valeur δ_1; T croissant, la dissociation augmente sans cesse; la densité décroît; T croissant au delà de toute limite, la dissociation tend à devenir complète, la densité Δ tend vers une valeur limite δ qui est la densité du mélange en proportions équivalentes des deux gaz composants. La courbe part donc d'un point situé à une hauteur δ_1 sur l'axe des densités, et s'abaisse sans cesse vers une asymptote parallèle à l'axe des températures et menée à une distance δ de cet axe.

En différentiant n fois par rapport à T l'égalité (53 *bis*), on peut démontrer que toutes les dérivées de Δ par rapport à T s'annulent pour $T = 0$, et pour $T = +\infty$. Par conséquent, pour $T = 0$, la courbe admet une tangente parallèle à l'axe des températures, et l'ordre du contact de la courbe et de la tangente est *infini*. De même l'ordre du contact que la courbe a, à l'infini, avec son asymptote, est *infini*.

Au point de vue physique, ces résultats géométriques ont la signification suivante :

Aux basses températures, la courbe est presque confondue avec la droite $\Delta = \delta_1$; la densité garde une valeur sensiblement indépendante de la température; cette densité est celle de la combinaison non dissociée. Ce n'est qu'à partir d'une température suffisante T_0 que les variations de la densité commencent à devenir sensibles. La courbe s'abaisse alors, en s'infléchissant, pour se rapprocher de l'asymptote $\Delta = \delta$. A partir d'une certaine température T_1, la courbe est presque confondue avec l'asymptote; les variations de la densité redeviennent presque insensibles; la densité garde une valeur à peu près constante et égale à celle qui correspond à la dissociation totale. La courbe qui représente les variations de la densité avec la température a une forme telle que AMB (*fig. 1*).

Fig. 1.

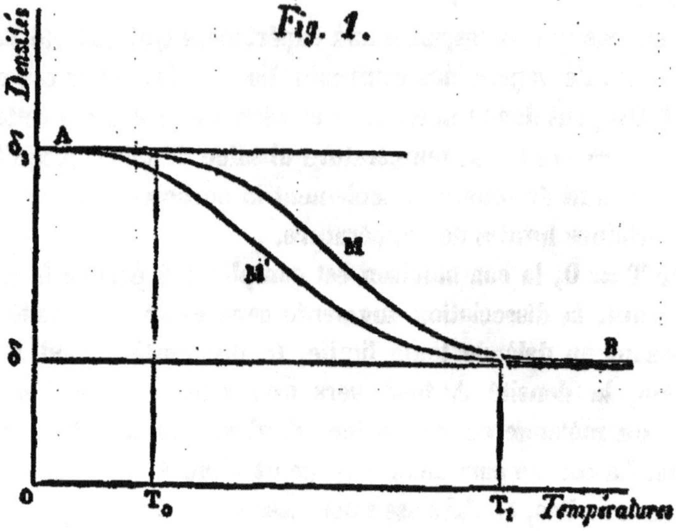

A chaque valeur de la pression Π correspond une courbe analogue; d'après ce qu'on a vu de l'influence de la pression sur la dissociation des combinaisons formées avec condensation, on est assuré que les courbes qui correspondent à des pressions de plus en plus faibles sont situées les unes au-dessous des autres. Si la courbe AMB correspond à une valeur Π de la pression, la courbe qui correspond à une valeur Π' inférieure à Π de la pression aura une forme telle que AM'B.

On a étudié, au point de vue expérimental, les densités de vapeur d'un certain nombre de combinaisons qui se dissocient de plus en plus au fur et à mesure que la température s'élève. M. Wurtz a étudié la densité de vapeur du bromhydrate d'amylène; M. Friedel, la densité de vapeur de la combinaison formée par l'acide chlorhydrique et l'oxyde de méthyle; MM. Cahours, Wurtz, Troost et Hautefeuille ont déterminé, dans des conditions très variées, la densité de vapeur du perchlorure de phosphore. Les courbes par lesquelles on peut représenter les résultats de ces diverses expériences présentent toujours une forme semblable à celle des courbes de la figure (1), pourvu, bien entendu, que l'on prenne seulement la partie de cette dernière qui correspond aux températures pour lesquelles les gaz considérés ne s'écartent pas trop de l'état parfait.

Pour le perchlorure de phosphore, M. Gibbs [1] a poussé la comparaison plus loin. Il a comparé les résultats obtenus par les divers expérimentateurs aux valeurs numériques déduites de la théorie. Voici quels sont les éléments de cette comparaison ; on a laissé de côté, dans le tableau suivant, les cas où la densité du perchlorure de phosphore a été déterminée en présence d'un excès de chlore ou d'un excès de sesquichlorure.

TEMPÉRATURE	PRESSION en millimètres	DENSITÉ calculée	DENSITÉ observée	OBSERVATEUR
+ 336° C.	760	3,610	3,656	Cahours.
327	754	3,614	3,630	—
300	765	3,637	3,654	—
289	760 ?	3,636	3,69	—
288	763	3,659	3,67	—
274	755	3,701	3,84	—
250	751	3,862	3,991	—
230	746	4,159	4,302	—
222	753	4,344	4,85	Mitscherlich.
208	760 ?	4,752	4,73	Cahours.
200	758	5,018	4,851	—
190	758	5,308	4,987	—
178,5	227,2	5,053	5,150	Troost et Hautefeuille.
175,5	253,7	5,223	5,235	—
167,6	221,8	5,456	5,415	—
154,7	221	5,926	5,619	—
150,1	225	6,086	5,896	—
148,6	244	6,199	5,964	—
145	391	6,45	6,55	Würtz
145	311	6,37	6,70	—
145	307	6,36	6,33	—
144,7	247	6,287	6,14	Troost et Hautefeuille.
137	281	6,53	6,48	Würtz
137	269	6,51	6,54	—
137	243	6,48	6,46	—
137	234	6,47	6,42	—
137	148	6,31	6,47	—
129	191	6,59	6,18	—
129	170	6,56	6,03	—
129	165	6,55	6,31	—

(1) J.-W. Gibbs, *Sur les densités de vapeur de l'acide hypoazotique, de l'acide formique, de l'acide acétique et du perchlorure de phosphore* (*American Journal of arts and sciences*, XVIII, 1879).

Si l'on observe d'une part combien il est difficile de déterminer avec précision des densités de vapeur dans ces conditions; d'autre part, combien les chlorures de phosphore sont éloignés de l'état de gaz parfait, on ne pourra manquer de considérer la concordance que présentent ces résultats comme largement satisfaisante.

Nul ne doute plus aujourd'hui que les variations que subit la densité de vapeur du brombydrate d'amylène ou de perchlorure de phosphore ne doivent s'expliquer par une dissociation de ces substances. Les avis des physiciens sont au contraire partagés sur la cause qu'il convient d'attribuer aux variations de la densité de vapeur de certaines autres substances, telles que l'acide acétique, l'acide formique, l'acide hypoazotique, le soufre et l'iode. Doit-on regarder ces variations de densité comme dues aux causes qui éloignent en général les gaz de l'état parfait? Doit-on au contraire les regarder comme l'effet de la dissociation graduelle d'un polymère formé à basse température? C'est une question que l'on ne saurait aujourd'hui résoudre d'une manière entièrement rationnelle. On peut remarquer toutefois que les phénomènes observés dans l'étude de ces densités variables sont exactement ceux que l'on devrait observer, d'après la théorie de M. Gibbs, si cette variation de densité était due à une dissociation. Les courbes qui représentent les variations que ces densités subissent lorsque la température s'élève rappellent entièrement, pour le soufre et surtout pour l'iode, les courbes de la figure 1. Pour l'acide hypoazotique, l'acide acétique et l'acide formique, M. Gibbs a déduit de ses formules des valeurs de la densité de vapeur très voisines de celles que l'expérience a déterminées. La théorie de M. Gibbs paraît donc favorable à l'opinion des physiciens qui cherchent dans une dissociation l'origine des variations que subit la densité des vapeurs en question.

CHAPITRE V

THÉORIE DE M. GIBBS (*suite*). DISSOCIATION AU SEIN DES SYSTÈMES HÉTÉROGÈNES.

§ I. — *Dissociation du carbamate d'ammoniaque et des composés analogues.*

Les phénomènes de dissociation appartiennent à plusieurs types différents.

Le premier de ces types est celui qui a été étudié au chapitre précédent. Le composé et ses éléments sont gazeux; la dissociation se produit au sein d'un système gazeux homogène. C'est à ce type que se rattachent les premiers phénomènes découverts par Henri Sainte-Claire-Deville. Le second type est présenté par le carbonate de chaux. Le composé est solide ainsi qu'un de ses éléments, l'autre élément est gazeux. Les trois corps se séparent entièrement les uns des autres. Ce genre de dissociation, que l'on pourrait nommer dissociation au sein d'un système parfaitement hétérogène, est celui qui a été le mieux étudié au point de vue expérimental.

La chimie nous présente encore deux autres catégories importantes de phénomènes de dissociation. La première catégorie comprend les phénomènes de dissociation présentés par les corps solides dont les composants sont gazeux; tel est le carbamate d'ammoniaque. La seconde catégorie comprend les phénomènes de dissociation présentés par les corps gazeux dont un des éléments est solide ou liquide, et l'autre élément gazeux; tel est l'acide sélénhydrique. Ce sont ces deux catégories de phénomènes de dissociation qui vont être étudiées dans ce chapitre.

L'acide carbonique sec, mis en présence du gaz ammoniac également sec, donne un composé solide, blanc, formé par l'union d'une molécule d'acide carbonique et de deux molécules de gaz ammoniac. Chauffé, ce solide donne des vapeurs que, d'après l'ensemble de leurs propriétés, les chimistes ont envisagées comme un mélange d'acide carbonique et de gaz ammoniac. Le carbamate d'ammoniaque serait donc un corps solide non volatil que la chaleur dissocierait en ses éléments gazeux.

Un mélange d'un volume d'acide carbonique et de deux volumes de gaz ammoniac forme un corps d'une constitution chimique parfaitement déterminée. Le potentiel thermodynamique sous pression constante d'un kilogramme de ce corps dépend uniquement de la température et de la pression; c'est une fonction de p et de T que l'on peut représenter par $\Phi_2(p, T)$. Soit $\Phi_1(p, T)$ le potentiel thermodynamique sous pression constante d'un kilogramme de carbamate d'ammoniaque. Un système renfermant un poids m_1 de carbamate d'ammoniaque solide surmonté d'un poids m_2 du mélange gazeux considéré aura pour potentiel thermodynamique sous pression constante la quantité

$$\Phi = m_1\Phi_1(p, T) + m_2\Phi_2(p, T).$$

Un système qui renfermerait un poids m_1 d'un solide volatil dont le potentiel thermodynamique aurait pour valeur, par kilogramme, $\Phi_1(p. T)$ et un poids m_2 de la vapeur de ce solide, cette vapeur ayant pour potentiel thermodynamique, par kilogramme, $\Phi_2(p, T)$, admettrait pour potentiel thermodynamique sous pression constante la même quantité Φ. Il en résulte que les phénomènes présentés par la dissociation, dans le vide, du carbamate d'ammoniaque, seront exactement les mêmes que la vaporisation, dans le vide, d'un solide volatil. La seule étude de ces phénomènes ne saurait donc décider si le carbamate d'ammoniaque se vaporise ou se dissocie.

Si l'acide carbonique et le gaz ammoniac pouvaient être regardés comme très voisins de l'état de gaz parfait, l'étude des phénomènes présentés par le carbamate d'ammoniaque lorsqu'on le chauffe en présence d'une atmosphère d'acide carbonique ou de gaz ammoniac permettrait, ainsi qu'on va le voir, de décider d'une manière certaine si le carbamate d'ammoniaque se volatilise ou se dissocie; malheureusement, l'acide carbonique et l'ammoniaque ne peuvent être envisagés comme des gaz parfaits; le critérium dont il s'agit ne peut donc plus être regardé comme apportant la certitude, mais seulement une probabilité plus ou moins forte en faveur de l'une des deux opinions.

Considérons en premier lieu un solide qui *se vaporise* dans une atmosphère renfermant un gaz parfait, distinct de la vapeur, et sans action chimique sur cette vapeur. Supposons en outre que la vapeur puisse être assimilée à un gaz parfait. Dans ces conditions, la pression exercée par l'atmosphère gazeuse est la somme de la pression p qu'exercerait le poids m_2 de vapeur qui surmonte le solide, si cette vapeur occupait seule le volume laissé libre par le solide, et de la pression ϖ qu'exercerait le poids μ de gaz étranger qui existe dans le système si ce gaz occupait seul le volume en question. De plus, le potentiel sous pression constante du mélange de gaz et de vapeur est aussi la somme des potentiels sous pression constante que posséderaient le gaz et la vapeur dans les conditions qui viennent d'être définies.

Soit $\Phi_2(p, T)$ le potentiel d'un kilogramme de vapeur à la pression p et à la température T; soit $\Psi(\varpi, T)$ le potentiel d'un kilogramme du gaz étranger sous la pression ϖ, à la température T. Le potentiel du mélange gazeux sera

$$m_2\Phi_2(p, T) + \mu\Psi(\varpi, T).$$

Quant au solide, il sera soumis à la pression $p + \varpi$. Le potentiel thermodynamique sous la pression constante $p + \varpi$ du système pourra donc s'écrire

$$\Phi = m_1\Phi_1(p + \varpi, T) + m_2\Phi_2(p, T) + \mu\Phi(\varpi, T).$$

Supposons que le volume occupé par le mélange gazeux augmente infiniment peu. La pression ϖ du gaz étranger diminue de dp. Pour que la pression totale demeure constante, il faut que la pression partielle p de la vapeur augmente de la même quantité $d\varpi$. Pour cela, un certain poids du solide se vaporise; m_2 augmente de dm_2, et m_1 diminue de la même quantité. Φ augmente de

$$d\Phi = [\Phi_2(p, T) - \Phi_1(p + \varpi, T)]\, dm_2 + \left[m_2 \frac{\partial \Phi_2(p, T)}{\partial p} - \mu \frac{\partial \Psi(\varpi, T)}{\partial \varpi}\right] dp.$$

$\dfrac{\partial \Phi_2(p, T)}{\partial p}$ étant le volume spécifique de la vapeur sous la pression p, à la température T, $m_2 \dfrac{\partial \Phi_2(p, T)}{\partial p}$ est le volume occupé par un poids m_2 de vapeur sous la pression p, à la température T; de même, $\mu \dfrac{\partial \Psi(\varpi, T)}{\partial \varpi}$ est le volume occupé par le poids μ de gaz étranger sous la pression ϖ, à la température T; or, ces deux volumes sont égaux entre eux et égaux au volume du mélange; on a donc

$$m \frac{\partial \Phi_1(p, T)}{\partial p} - \mu \frac{\partial \Psi(\varpi, T)}{\partial \varpi} = 0,$$

et, par conséquent,

$$d\Phi = [\Phi_2(p, T) - \Phi_1(p + \varpi, T)]\, dm_2.$$

De là, on déduit aisément que la tension p de la vapeur saturée est, à la température T, donnée par l'égalité

$$\Phi_1(p + \varpi, T) = \Phi_2(p, T).$$

Envisageons un second système où le gaz étranger ait une pression $\varpi + d\varpi$. La vapeur aura dans ce système, au moment de l'équilibre, une tension $p + dp$ donnée par l'égalité

$$\Phi_1(p + dp + \varpi + d\varpi, T) = \Phi_2(p + dp, T).$$

De ces deux égalités, on déduit

$$\left[\frac{\partial \Phi_1(p + \varpi, T)}{\partial p} - \frac{\partial \Phi_2(p, T)}{\partial p}\right] \frac{dp}{d\varpi} + \frac{\partial \Phi_1(p + \varpi, T)}{\partial \varpi} = 0.$$

Soit v_1 le volume spécifique du solide sous la pression $p + \varpi$, à la température T; soit v_2 le volume spécifique de la vapeur sous la pression p, à la température T. L'égalité (13) (p. 11) donne

$$\frac{\partial \Phi_1(p + \varpi, T)}{\partial p} = \frac{\partial \Phi_1(p + \varpi, T)}{\partial \varpi} = v_1,$$

$$\frac{\partial \Phi_2(p, T)}{\partial p} = v_2,$$

et, par conséquent, l'égalité précédente devient

$$\frac{dp}{d\varpi} = \frac{v_1}{v_2 - v_1}.$$

Dans les circonstances ordinaires, le volume spécifique du solide v_1 est négligeable en présence du volume spécifique v_2 de la vapeur. On peut donc écrire

$$\frac{dp}{d\varpi} = 0.$$

La tension de la vapeur émise par un solide ou un liquide dans un gaz étranger, sans action chimique sur la vapeur, est égale à la tension de la vapeur que ce corps émettrait dans le vide, pourvu que le gaz étranger et la vapeur puissent être traités comme des gaz parfaits; dans ces conditions, *la tension de l'atmosphère gazeuse qui surmonte le solide ou le liquide est égale à la somme de la tension de la vapeur que ce corps émettrait dans le vide à la même température, et de la tension qu'exercerait le gaz étranger s'il occupait seul, à la même température, le volume laissé au mélange gazeux.*

Si le carbamate d'ammoniaque se vaporisait sans se dissocier, si la vapeur de carbamate d'ammoniaque, l'acide carbonique et l'ammoniaque se comportaient comme des gaz parfaits, il serait facile de prévoir ce qui doit arriver lorsqu'on introduit une certaine quantité d'acide carbonique ou d'ammoniaque dans l'atmosphère où le carbamate se vaporise; la tension de l'atmosphère gazeuse après cette opération serait la somme de la tension de vapeur du carbamate d'ammoniaque dans le vide à la température considérée et de la pression du gaz introduit. L'expérience montre que la tension du mélange gazeux est notablement inférieure à la somme des deux tensions en question. En faut-il conclure que le carbamate d'ammoniaque se dissocie en passant à l'état gazeux? En faut-il conclure simplement que la vapeur de carbamate d'ammoniaque, l'acide carbonique, l'ammoniaque s'écartent notablement des lois relatives aux gaz parfaits? Il serait fort difficile de donner des arguments sans réplique en faveur de l'une ou de l'autre de ces deux opinions.

Toutefois, la première prendra un haut degré de probabilité si la différence entre la tension observée et la somme des tensions du gaz introduit et de la vapeur saturée dans le vide a précisément la valeur que lui assigne la théorie dans l'hypothèse où la vapeur émise par le carbamate d'ammoniaque est un simple mélange d'acide carbonique et de gaz ammoniac, ces deux derniers gaz étant supposés assimilables à des gaz parfaits. Or, il est possible de démontrer qu'il en est ainsi.

M. Hortsmann a déterminé expérimentalement les valeurs de la tension des vapeurs émises par le carbamate d'ammoniaque dans une atmosphère d'acide carbonique ou d'ammoniaque; d'autre part, il a déterminé théoriquement les valeurs des mêmes tensions dans l'hypothèse de la dissociation du carbamate d'ammoniaque [1], et il a trouvé entre les deux séries de nombres un accord très satisfaisant. La méthode de M. Gibbs permet de donner la démonstration de la formule théorique proposée par M. Hortsmann.

Un système renferme un poids m_1 de carbamate d'ammoniaque, un poids m_2 d'acide carbonique, un poids m_3 d'ammoniaque. Ces deux derniers sont supposés assimilables à des gaz parfaits. Soit p_2 la pression partielle de l'acide carbonique dans le mélange gazeux; soit p_3 la pression partielle du gaz ammoniac. Le carbamate d'ammoniaque supporte une pression égale à $p_2 + p_3$. Si l'on représente par $\Phi_1(p_2 + p_3, T)$ le potentiel sous pression constante d'un kilogramme de carbamate d'ammoniaque sous la pression $p_2 + p_3$, à la température T; par $\Phi_2(p_2, T)$ le potentiel d'un kilogramme d'acide carbonique sous la pression p_2, à la température T; enfin, par $\Phi_3(p_3, T)$ le potentiel d'un kilogramme de gaz ammoniac sous la pression p_3, à la température T, le potentiel thermodynamique sous pression constante du système aura pour valeur

$$\Phi = m_1\Phi_1(p_2 + p_3, T) + m_2\Phi_2(p_2, T) + m_3\Phi_3(p_3, T).$$

Une petite quantité de carbamate d'ammoniaque se dissocie; le volume augmente en même temps de façon que la pression totale du gaz reste égale à $p_2 + p_3$; m_1 augmente de dm_1, m_2 de dm_2, m_3 de dm_3; p_2 augmente de dp_2; p_3 diminue de la même quantité. Φ aug-

[1] Hortsmann. *Annalen der Chemie und Pharmacie*, CLXXXVII, 1877.

monte de

$$d\Phi = \Phi_1(p_2 + p_3, T)\,dm_1 + \Phi_2(p_2, T)\,dm_2 + \Phi_3(p_3, T)\,dm_3$$
$$+ \left[m_2 \frac{\partial \Phi_2(p_2, T)}{\partial p_2} - m_3 \frac{\partial \Phi_3(p_3, T)}{\partial p_3} \right] dp_2.$$

En raisonnant comme on l'a fait dans l'étude de la loi du mélange des gaz et des vapeurs, on verra aisément que le coefficient de dp_2 est égal à 0.

Le carbamate d'ammoniaque est formé par la combinaison d'une molécule d'acide carbonique et de deux molécules d'ammoniaque. Afin d'obtenir une formule qui puisse s'appliquer à des composés ayant une autre constitution, on peut désigner par une lettre, a, le nombre de molécules d'ammoniaque qui entrent dans la constitution d'une molécule de carbamate d'ammoniaque. On aura alors, en désignant par ϖ_2 et ϖ_3 les poids moléculaires de l'acide carbonique et du gaz ammoniac,

$$\frac{dm_1}{\varpi_2 + a\varpi_3} = -\frac{dm_2}{\varpi_2} = -\frac{dm_3}{a\varpi_3},$$

et, par conséquent,

$$(\varpi_2 + a\varpi_3)\,d\Phi$$
$$= [(\varpi_2 + a\varpi_3)\,\Phi_1(p_2 + p_3, T) - \varpi_2\Phi_2(p_2, T) - a\varpi_3\Phi_3(p_3, T)]\,dm_1.$$

De cette expression de $d\Phi$, on déduit aisément la condition d'équilibre

$$(\varpi_2 + a\varpi_3)\,\Phi_1(p_2 + p_3, T) - \varpi_2\Phi_2(p_2, T) - a\varpi_3\Phi_3(p_3, T) = 0.$$

Soient v_1, v_2, v_3, les volumes spécifiques à la température T du carbamate d'ammoniaque sous la pression $p_2 + p_3$, de l'acide carbonique sous la pression p_2 et de l'ammoniaque sous la pression p_3. Nous aurons, d'après l'égalité (13),

$$\frac{\partial \Phi_1(p_2 + p_3, T)}{\partial p_2} = \frac{\partial \Phi_1(p_2 + p_3, T)}{\partial p_3} = v_1,$$
$$\frac{\partial \Phi_2(p_2, T)}{\partial p_2} = v_2, \quad \frac{\partial \Phi_3(p_3, T)}{\partial p_3} = v_3.$$

Or v_1 est négligeable devant v_2 et v_3. On peut donc, dans la condition d'équilibre, regarder le premier terme comme indépendant de p_2 et de p_s, et poser simplement

$$\Phi_1(p_s + p_s, T) = f_1(T).$$

D'autre part, l'égalité (24 *bis*) (p. 16) donne

$$\Phi_2(p_2, T) = E(\Upsilon_2 - T\Sigma_2) + Ec_2T(1 - lT) + \frac{kT}{\Delta_2}(1 - lv_2),$$

$$\Phi_3(p_3, T) = E(\Upsilon_3 - T\Sigma_3) + Ec_3T(1 - lT) + \frac{kT}{\Delta_3}(1 - lv_3).$$

Si l'on pose

$$f_2(T) = E(\Upsilon_2 - T\Sigma_2) + Ec_2T(1 - lT) + \frac{kT}{\Delta_2},$$

$$f_3(T) = E(\Upsilon_3 - T\Sigma_3) + Ec_3T(1 - lT) + \frac{kT}{\Delta_3},$$

la condition d'équilibre deviendra

$$0 = (\varpi_1 + a\varpi_2)f_1(T) - \varpi_2 f_2(T) - a\varpi_3 f_3(T) - kT\left(\frac{\varpi_2}{\Delta_2}l\frac{m_2}{V} + \frac{a\varpi_3}{\Delta_3}l\frac{m_3}{V}\right),$$

V étant le volume occupé par le système.

On peut d'ailleurs, en désignant par λ une constante positive, écrire

$$\frac{\varpi_2}{\Delta_2} = \frac{\varpi_3}{\Delta_3} = \lambda.$$

Si l'on pose alors, pour abréger,

$$G(T) = \frac{1}{k\lambda T}[(\varpi_1 + a\varpi_2)f_1(T) - \varpi_2 f_2(T) - a\varpi_3 f_3(T)],$$

l'équation d'équilibre deviendra

$$l\left(\frac{m_2 . m_3^a}{V^{a+1}}\right) = G(T).$$

Soit a le poids du mètre cube d'air sous la pression p_0, à la température T_0. On aura

$$\left\{\begin{array}{l} m_2 = a\dfrac{p_2}{p_0}.\dfrac{T_0}{T}V\Delta_2, \\ m_3 = a\dfrac{p_3}{p_0}\dfrac{T_0}{T}V\Delta_3, \end{array}\right.$$

et, par conséquent,

$$\frac{m_1 m_2^\alpha}{V^{\alpha+1}} = \frac{a^{\alpha+1} T_0^{\alpha+1}}{p_0^{\alpha+1} T^{\alpha+1}} \Delta_1 \Delta_2^\alpha p_1 p_2^\alpha.$$

La condition d'équilibre peut donc s'écrire

$$(54) \qquad p_1 p_2^\alpha = \frac{1}{\Delta_1 \Delta_2^\alpha} \frac{p_0^{\alpha+1}}{a^{\alpha+1} T_0^{\alpha+1}} T^{\alpha+1} e^{G(T)}.$$

Lorsque la température est maintenue constante, le second membre est une constante, et l'on a alors une relation très simple entre les pressions des deux gaz composants; cette relation est la suivante :

$$(55) \qquad p_1 p_2^\alpha = \text{const.}$$

Telle est la loi énoncée pour la première fois par M. Hortsmann.

Cette loi conduit en premier lieu à la conséquence suivante : *quelque grande que soit l'une des deux pressions p_1 ou p_2, l'équilibre ne saurait s'établir si l'autre pression est maintenue égale à 0.* Un exemple de cette loi nous est fourni par la dissociation de l'oxyde rouge de mercure.

L'oxyde rouge de mercure se décompose en deux corps gazeux : l'oxygène et la vapeur de mercure. M. Myers, qui a fait de nombreuses expériences sur cette dissociation, a cru pouvoir en conclure que jusque vers 440° la dissociation de l'oxyde de mercure est limitée par une tension du mélange gazeux qui est, par exemple, de 2 millimètres à 250°, de 8 millimètres à 350°; mais, à partir de 440°, il n'y aurait plus de tension de dissociation; la décomposition serait continue et deviendrait totale après un temps suffisamment long. M. Debray a fait observer que, dans l'appareil de M. Myers, au-dessus de 400°, le mercure allait se condenser sur certaines parois froides; la tension de la vapeur de mercure était alors ramenée sans cesse à une valeur très faible, et l'équilibre ne pouvait plus s'établir, quelque grande que fût la pression de l'oxygène.

La loi de M. Hortsmann peut être aisément comparée à l'expérience. C'est pour le carbamate d'ammoniaque que la comparaison a été effectuée en premier lieu par M. Horstmann [1] d'abord, par M. Isambert [2] ensuite. Dans le cas du carbamate d'ammoniaque, $\alpha = 2$. La relation (55) devient

$$p_1 p_2^2 = \text{const.} \tag{56}$$

Supposons tout d'abord *l'acide carbonique en excès*. L'excès d'acide carbonique, occupant seul le volume du mélange, exercerait une pression ϖ. L'acide carbonique provenant de la dissociation exercerait seul une pression égale à la moitié de la pression p_2 exercée par le gaz ammoniac. On a donc

$$p_1 = \varpi + \frac{1}{2} p_2$$

La tension totale des gaz provenant de la dissociation du carbamate d'ammoniaque est la somme de la pression p_2 du gaz ammoniac provenant de la dissociation, et de la pression $\frac{1}{2} p_2$ de l'acide carbonique provenant également de la dissociation. Elle a donc pour valeur

$$p = \frac{3}{2} p_2.$$

L'équation (56) peut alors s'écrire

$$\frac{4}{9} p^2 \left(\varpi + \frac{1}{3} p\right) = \text{const.}$$

Si l'on donne à ϖ la valeur 0, p prend la valeur P, qui est la tension de dissociation du carbamate d'ammoniaque dans le vide, à la température considérée. L'équation précédente devient alors

$$p^2 \left(\varpi + \frac{1}{3} p\right) = \frac{P^3}{3}.$$

---

[1] Horstmann. *Annalen der Chemie und Pharmacie*, CLXXXVII, 1877.
[2] Isambert. *Comptes rendus de l'Académie des Sciences*, XCIII, p. 731, 1881; — XCVII, p. 1212, 1883.

Au moyen de cette équation, M. Hortsmann a calculé les valeurs de $\frac{p}{P}$ qui correspondent à des valeurs données de $\frac{\varpi}{P}$. Il a comparé les nombres ainsi obtenus aux nombres trouvés expérimentalement par M. Naumann et par lui-même.

Voici le tableau qui permet de comparer les résultats de ce calcul aux résultats de l'expérience.

Acide carbonique en excès.

$\frac{\varpi}{P}$	$\frac{p}{P}$ observé	$\frac{p}{P}$ calculé	Δ
0,32	0,71	0,68	+ 0,03
0,93	0,51	0,53	− 0,02
1,59	0,45	0,43	+ 0,02
2,22	0,42	0,38	+ 0,04
2,79	0,36	0,34	+ 0,02
3,2.	0,32	0,31	+ 0,01
3,30	0,33	0,31	+ 0,02
3,93	0,32	0,28	+ 0,04
4,37	0,29	0,27	+ 0,02
5,10	0,26	0,25	+ 0,01
5,43	0,24	0,24	0,00
5,99	0,25	0,23	+ 0,02
6,14	0,23	0,22	+ 0,01
7,52	0,18	0,20	− 0,02

M. Hortsmann a examiné de même le cas où le gaz ammoniac est en excès. Si l'on désigne par ϖ la pression qu'exercerait l'excès de gaz ammoniac s'il occupait seul le volume du mélange, et si l'on conserve à p et P leurs significations précédentes, on aura l'équation

$$p\left(\varpi + \frac{2}{3}p\right)^2 = \frac{4}{9}P^3.$$

Cette équation permet, lorsqu'on connaît $\frac{\varpi}{P}$, de calculer $\frac{p}{P}$ et de comparer les valeurs de $\frac{p}{P}$ déduites de ce calcul aux valeurs déduites des observations. Le tableau suivant résume cette comparaison.

Gaz ammoniac en excès.

$\frac{\pi}{p}$	$\frac{p}{P}$ OBSERVÉ	$\frac{p}{P}$ CALCULÉ	Δ
0,30	0,67	0,67	0,00
0,54	0,61	0,54	+ 0,07
0,86	0,45	0,36	+ 0,09
0,92	0,39	0,34	+ 0,05
1,00	0,34	0,30	+ 0,04
1,24	0,20	0,23	− 0,03
1,41	0,22	0,19	+ 0,03
1,44	0,30	0,18	+ 0,12
1,68	0,27	0,14	+ 0,13
1,78	0,10	0,13	− 0,03
2,15	0,20	0,09	+ 0,11
2,33	0,17	0,07	+ 0,10
2,36	0,03	0,07	− 0,04
2,84	0,18	0,05	+ 0,13
2,89	0,03	0,05	− 0,02
3,31	0,03	0,04	− 0,01
3,43	0,14	0,04	+ 0,10
3,47	0,07	0,04	− 0,03
4,15	0,02	0,03	− 0,01
4,43	0,10	0,03	+ 0,07
4,61	0,02	0,03	− 0,01
5,24	0,03	0,03	0,00
6,42	0,02	0,02	0,00
6,71	0,08	0,02	+ 0,06

La concordance de la formule avec l'expérience, dans le cas où l'ammoniaque est en excès, est beaucoup moins satisfaisante que dans le cas où l'acide carbonique est en excès.

M. Isambert a obtenu une concordance beaucoup plus parfaite. Cinq tubes, divisés en centièmes de millimètre cube et renfermant du carbamate d'ammoniaque, étaient rangés à côté l'un de l'autre dans une étuve. Le premier ne renfermait aucun excès d'acide carbonique ni de gaz ammoniac. Il donnait la tension de dissociation du carbamate d'ammoniaque dans le vide aux diverses températures. Ses indications sont rangées dans le tableau suivant sous le numéro I. Les quatre autres tubes renfermaient un excès de l'un des deux gaz composants. Le second avait reçu un excès d'acide carbonique occupant dans les conditions normales $12^{cc},9$; le troisième avait reçu $6^{cc},1$ d'acide carbonique; le quatrième 6^{cc} d'ammoniac gazeux; le cinquième $11^{cc},4$ du même gaz. Au moyen des indications de ces tubes et de la formule de M. Hortsmann, on pouvait calculer la tension de dissociation du carbamate d'ammoniaque dans le vide, à la température considérée. Les tensions calculées ainsi au moyen des indications des quatre derniers tubes sont inscrites sous les numéros II, III, IV, V.

TEMPÉRATURE	I	II	III	IV	V
°	mm.	mm.	mm.	mm.	mm.
34,0	169,8	170,4	161,5	168,8	181,3
37,2	211,0	210,8	204,6	205,9	215,5
39,1	234,1	234,4	223,5	229,4	236,0
41,8	269,4	271,7	267,7	265,3	274,5
42,5	288,3	280,2	281,2	280,2	291,9
43,9	313,8	314,5	311,8	313,5	318,4
46,9	375,7	373,3	372,0	375,6	378,3
50,1	453,8	452,9	452,2	454,1	455,0
52,6	520,2	524,5	522,3	523,8	520,2

Les tensions calculées au moyen des indications des quatre derniers tubes sont très sensiblement égales, dans la plupart des cas, aux tensions lues directement sur le premier. On peut donc regarder, d'après les observations de M. Isambert, la loi de M. Hortsmann comme vérifiée par l'expérience dans le cas du carbamate d'ammoniaque.

Le carbamate d'ammoniaque est formé par l'union d'une *molécule* d'acide carbonique et de deux molécules d'ammoniaque. On a alors $\alpha = 2$. La relation

$$p_1 p_2^{\alpha} = \text{const.}$$

est-elle encore vérifiée par l'expérience lorsqu'on étudie des combinaisons pour lesquelles la valeur de α diffère de 2? M. Isambert a étudié plusieurs combinaisons formées par l'union à volumes égaux de leurs éléments. Dans ce cas, α est égal à 1, et la relation de M. Hortsmann prend la forme très simple

$$p_1 p_2 = \text{const.} \tag{57}$$

D'après les recherches de M. Isambert, le bisulfhydrate d'ammoniaque [1], le bromhydrate d'hydrogène phosphoré [2] se dissocient en suivant très exactement la loi représentée par la formule (57).

Le cyanhydrate d'ammoniaque est formé également par l'union à volumes égaux d'acide cyanhydrique et d'ammoniaque. La dissociation de ce composé a été étudiée avec beaucoup de soin par M. Isambert [3].

Lorsque ce composé se dissocie en présence d'un excès d'acide cyanhydrique, celui-ci se condense à l'état liquide, dissout une partie du cyanhydrate d'ammoniaque, et les conditions supposées par la théorie précédente ne sont plus réalisées. Elles le sont au contraire lorsque le cyanhydrate d'ammoniaque se dissocie en présence d'un excès de gaz ammoniac.

Dans ce cas, si l'on désigne par ϖ la tension qu'exercerait l'excès de gaz ammoniac s'il occupait seul le volume du mélange gazeux, par p la tension totale du mélange gazeux au moment où l'équilibre est établi, il est facile de voir que l'acide cyanhydrique a dans ce mélange une tension $p_2 = \frac{p - \varpi}{2}$. L'observation des quantités p et ϖ permet donc de déterminer *expérimentalement* la tension de l'acide cyanhydrique dans le mélange.

La tension de l'ammoniaque dans ce mélange est $p_2 + \varpi$. La relation (57) peut donc s'écrire

$$p_2 (p_2 + \varpi) = \text{const.}$$

Dans le cas où $\varpi = 0$, p_2 devient la moitié de la tension de dissociation P du carbamate d'ammoniaque dans le vide à la température considérée. On a donc

$$p_2 (p_2 + \varpi) = \frac{P^2}{4},$$

relation qui permet de *calculer* la valeur de p_2. On peut comparer la

(1) Isambert. *Comptes rendus*, XCIII, p. 919, 1881; — XCIV, p. 958, 1882; — XCV, p. 1355, 1882.

(2) Isambert. *Comptes rendus*, XCVI, p. 643, 1883.

(3) Isambert. *Comptes rendus*, XCIV, p. 958, 1882. — *Annales de chimie et de physique*, 5e série, t. XXVIII, p. 332, 1883.

valeur de p_1 ainsi calculée à la valeur observée. Le résultat de cette comparaison est présenté par le tableau suivant :

Dissociation du cyanhydrate d'ammoniaque
(Gaz ammoniac en excès).

TEMPÉRATURE	TENSION dans le vide P	TENSION de l'excès d'ammoniac ϖ	TENSION totale p	TENSION de HCy observée p_1	TENSION de HCy calculée p'_1	DIFFÉRENCE $\Delta = p_1 - p'_1$
°	mm.	mm.	mm.	mm.	mm.	mm.
7,3	175	314,2	358	21,2	22,7	— 1,5
7,4	176,7	327,7	363,2	18,7	21,3	— 2,6
9,2	190,0	317,0	369,8	20,4	27,8	— 1,4
9,3	200	329	370,0	25,0	28,0	— 3,0
9,4	202	323,2	373,4	25,1	26,9	— 1,8
9,4	204,9	324,0	376,4	26,2	29,6	— 3,4
10,2	214	316,0	378,4	31,2	32,8	— 1,6
11	227,4	323,0	393,8	35,1	35,8	— 0,7
11,2	232,9	311,2	390,0	39,4	38,7	+ 0,7
11,2	234	320,0	395,0	37,5	38,2	— 0,7
11,4	235,4	314,0	394,4	40,2	38,8	+ 1,2
12	246,2	309,2	397,8	44,3	42,9	+ 1,3
14,3	265,3	308,8	413,2	52,2	49,1	+ 3,1
14,4	266,3	307,2	412,2	52,5	49,8	+ 2,7
15,5	296,0	294,8	425,8	65,4	61,8	+ 3,6
15,7	300,9	295,1	420,1	65,5	63,2	+ 2,3
15,7	300,5	299,8	432,2	66,2	62,6	+ 4,4
17	322,4	287,3	441,1	76,9	72,2	+ 4,7
17,2	326,2	286	442,9	78,4	74,0	+ 4,4

Les exemples qui viennent d'être cités montrent l'importance de la loi que M. Hortsmann a découverte au moyen de la théorie mécanique de la chaleur, et l'accord que cette loi présente avec l'expérience. Il ne faut pas oublier toutefois que cette loi est une loi limite, rigoureusement applicable aux seuls gaz parfaits.

§ II. — *Dissociation de l'acide sélénhydrique et des composés analogues.*

L'acide sélénhydrique se dissocie en hydrogène gazeux et en sélénium liquide. Les lois que suit cette dissociation ont été étudiées par M. Ditte.

Soit T la température; le système renferme un poids m_1 d'acide sélénhydrique gazeux dont la pression partielle, dans le mélange gazeux, est p_1; soit $\Phi_1(p_1, T)$ le potentiel sous pression constante d'un kilogramme d'acide sélénhydrique à la pression p_1 et à la température T. Le système renferme un poids m_2 d'hydrogène dont la pression partielle est p_2; soit $\Phi_2(p_2, T)$ le potentiel sous pression constante d'un kilogramme d'hydrogène à la pression p_2, à la température T. Le système renferme un poids m_3 de sélénium, qui supporte la pression $p_1 + p_2$; soit $\Phi_3(p_1 + p_2, T)$ le potentiel d'un kilogramme de sélénium sous la pression $p_1 + p_2$, à la température T. Si l'on admet que les gaz réagissants puissent être envisagés comme des gaz parfaits, le potentiel du système sera

$$\Phi = m_1\Phi_1(p_1, T) + m_2\Phi_2(p_2, T) + m_3\Phi_3(p_1 + p_2, T).$$

Supposons qu'une molécule d'acide sélénhydrique soit formée par α molécules d'hydrogène et β molécules de sélénium. Soient ϖ_2 et ϖ_3 les poids moléculaires de l'hydrogène et du sélénium. Un raisonnement analogue à celui qui a servi à établir la loi de dissociation du carbamate d'ammoniaque donnera l'équation d'équilibre suivante :

$$(\alpha\varpi_2 + \beta\varpi_3)\Phi_1(p_1, T) - \alpha\varpi_2\Phi_2(p_2, T) - \beta\varpi_3\Phi_3(p_1 + p_2, T) = 0.$$

Cette condition d'équilibre se transforme comme l'équation d'équilibre du carbamate d'ammoniaque.

$\Phi_3(p_1 + p_2, T)$ peut être regardé comme sensiblement indépendant de p_1 et de p_2, ce qui permet de poser simplement

$$\Phi_3(p_1 + p_2, T) = f_3(T).$$

L'égalité (24 *bis*) donne

$$\Phi_1 = E(\Upsilon_1 - T\Sigma_1) + Ec_1 T(1 - lT) + \frac{kT}{\Delta_1}\left(1 + l\frac{m_1}{V}\right),$$

$$\Phi_2 = E(\Upsilon_2 - T\Sigma_2) + Ec_2 T(1 - lT) + \frac{kT}{\Delta_2}\left(1 + l\frac{m_2}{V}\right).$$

Si l'on pose

$$f_1(T) = E(\Upsilon_1 - T\Sigma_1) + Ec_1 T(1 - lT) + \frac{kT}{\Delta_1},$$

$$f_2(T) = E(\Upsilon_2 - T\Sigma_2) + Ec_2 T(1 - lT) + \frac{kT}{\Delta_2},$$

et si l'on remarque que

$$\frac{\alpha\varpi_2 + \beta\varpi_3}{\Delta_1} = \frac{\varpi_2}{\Delta_2} = \lambda,$$

λ étant une constante positive, l'équation d'équilibre devient

$$(58)\quad l\left[V^{1-\alpha}\frac{m_2^\alpha}{m_1}\right] = \frac{1}{KT\lambda}[(\alpha\varpi_2 + \beta\varpi_3)f_1(T) - \alpha\varpi_2 f_2(T) - \beta\varpi_3 f_3(T)].$$

Il est aisé de voir qu'à chaque température correspond un et un seul état d'équilibre. Cet état d'équilibre ne correspond ni à une combinaison totale ni à une décomposition complète.

Supposons la température maintenue constante. Le second membre sera une constante, et l'égalité (58) pourra s'écrire

$$V^{1-\alpha}\frac{m_2^\alpha}{m_1} = \text{const.}$$

Mais on peut, en conservant les notations du paragraphe précédent, écrire

$$\left\{\begin{aligned} m_1 &= a\frac{p_1}{p_0}\frac{T_0}{T}V\Delta_1,\\ m_2 &= a\frac{p_2}{p_0}\frac{T_0}{T}V\Delta_2. \end{aligned}\right.$$

L'égalité précédente devient alors simplement

$$(59)\qquad \frac{p_2^\alpha}{p_1} = \text{const.}$$

Trois cas sont à distinguer :

1° $\alpha = 1$. Le volume du composé est égal au volume du composant gazeux. C'est le cas de l'acide sélénhydrique et de l'acide tellurhydrique dont la molécule occupe deux volumes et renferme deux volumes d'hydrogène. Dans ce cas, la relation (59) devient

$$(60)\qquad \frac{p_2}{p_1} = \text{const.}$$

A une température déterminée, le rapport qui existe entre la pression partielle de l'hydrogène dans le mélange gazeux et la pression partielle du gaz non dissocié est une quantité indépendante de la pression totale supportée par le système. M. Ditte est arrivé à cette loi par l'étude expérimentale de la dissociation de l'acide sélénhydrique.

2° $\alpha > 1$. Le volume du composé est inférieur au volume du composant gazeux. Ce cas est présenté par la dissociation du sesquichlorure de silicium en tétrachlorure de silicium et en silicium. Dans ce cas, d'après la formule

$$2Si^2Cl^6 = 3SiCl^4 + Si,$$

α est égal à $\frac{3}{2}$. Lorsque α surpasse 1, l'égalité (59), mise sous la forme

$$\frac{p_2}{p_1} \cdot p_2^{\alpha-1} = \text{const.},$$

met en évidence le résultat suivant :

A une température déterminée, le rapport qui existe entre la pression partielle du composant gazeux et la pression partielle du composé est d'autant plus grand que la première pression est elle-même plus grande.

3° $\alpha < 1$. Dans ce cas, la formule (59), mise sous la forme

$$\frac{p_2}{p_1} \cdot \frac{1}{p_2^{1-\alpha}} = \text{const.},$$

conduit à la conséquence suivante :

A une température déterminée, le rapport qui existe entre la pression partielle du composant gazeux et la pression partielle du composé est d'autant plus petit que la première pression est plus grande.

Supposons maintenant le volume V du système maintenu constant, et voyons, d'après la formule (58), comment la composition du mélange gazeux varie lorsqu'on fait varier la température.

Le second membre renferme deux fonctions de la température, f_1 (T), f_2 (T), dont la forme est connue, et une fonction de la température f_3 (T) dont la forme nous est inconnue jusqu'ici. Cherchons s'il est possible de déterminer cette forme, au moins d'une manière approchée.

La fonction $f_2(T)$ n'entre au second membre que par le rapport $\frac{f_2(T)}{T}$. Nous avons, en général

$$\frac{d}{dT}\frac{f_2(T)}{T} = \frac{1}{T^2}\left[T\frac{df_2(T)}{dT} - f_2(T)\right].$$

Si l'on remplace dans cette égalité $f_2(T)$ par $\Phi_2(p_1 + p_2, T)$, et si l'on remarque que, d'après l'égalité (17) (p. 12),

$$\Phi_2 - T\frac{\partial \Phi_2}{\partial T} = E[U_2 + A(p_1 + p_2)v_2],$$

on aura

$$\frac{d}{dT}\frac{f_2(T)}{T} = -\frac{E}{T^2}[U_2 + A(p_1 + p_2)v_2].$$

Si l'on désigne par C_2 la chaleur spécifique du corps sous la pression $p_1 + p_2$, on aura

$$\frac{\partial}{\partial T}[U_2 + A(p_1 + p_2)v_2] = C_2.$$

Si l'on regarde la chaleur spécifique C_2 comme constante, si l'on désigne par $(U_2)_0$ et $(v_2)_0$ l'énergie et le volume d'un kilogramme du corps à la température T_0 sous la pression $p_1 + p_2$, on aura

$$U_2 + A(p_1 + p_2)v_2 = C_2(T - T_0) + (U_2)_0 + A(p_1 + p_2)(v_2)_0$$

et par conséquent

$$\frac{1}{E}\frac{d}{dT}\frac{f_2(T)}{T} = -\frac{C_2}{T} - \frac{(U_2)_0 + A(p_1 + p_2)(v_2)_0 - C_2T_0}{T^2}.$$

Si l'on pose

$$\Upsilon_2 = (U_2)_0 + A(p_1 + p_2)(v_2)_0 - C_2T_0,$$

et si l'on désigne par $\mathfrak{B}$ une constante, on aura

$$\frac{f_2(T)}{T} = \frac{E\Upsilon_2}{T} - EC_2\, l\, T + \mathfrak{B}.$$

Le second membre est maintenant une fonction connue de la température. Si l'on pose, pour abréger,

$$
\left\{
\begin{aligned}
M &= \frac{E}{k\lambda}[\alpha\varpi_2 \Upsilon_2 + \beta\varpi_3 \Upsilon_3 - (\alpha\varpi_2 + \beta\varpi_3)\Upsilon_1],\\
P &= -\frac{E}{k\lambda}[\alpha\varpi_2 c_2 + \beta\varpi_3 C_3 - (\alpha\varpi_2 + \beta\varpi_3) C_1],\\
N &= \frac{1}{k\lambda}\left[E(\alpha\varpi_2+\beta\varpi_3)\left(\Sigma_1 - c_1 - \frac{k}{\Delta_1}\right) - E\alpha\varpi_2\left(\Sigma_2 - c_2 - \frac{k}{\Delta_2}\right) - p_3 b\right],
\end{aligned}
\right.
$$

l'équation d'équilibre deviendra

$$
(61)\qquad l\left[V^{1-\alpha}\frac{m_2^{\alpha}}{m_1}\right] = N - PlT - \frac{M}{T}.
$$

Le second membre est une fonction de la température qui a déjà été discutée en étudiant la dissociation, au sein des systèmes homogènes, des combinaisons formées avec condensation. On savait alors que P était certainement positif. Dans le cas actuel, quel est le signe de P?

D'après la loi de Dulong et Petit, le composé et le composant gazeux ont, à volumes égaux, la même capacité calorifique. On a donc

$$
\varpi_2 c_2 = (\alpha\varpi_2 + \beta\varpi_3)\, c_1,
$$

et par conséquent

$$
P = -\frac{E[(\alpha - 1)\varpi_2 c_2 + \beta\varpi_3 C_3]}{k\lambda}.
$$

Le signe de P est incertain si α est inférieur à 1. Mais si α est égal ou supérieur à 1, P est certainement négatif. Désormais, nous nous bornerons aux cas où α est égal ou supérieur à 1, et nous supposerons par conséquent que P soit négatif.

Si P est négatif, deux cas sont à distinguer suivant le signe de M.

Si M est positif, lorsque T croîtra de 0 à $+\infty$, le second membre de l'égalité (61) ira en décroissant sans cesse de $-\infty$ à $+\infty$. Il en résulte, d'après la formule (61), que le composé ne serait nullement dissocié au 0 absolu; que la quantité de ce composé irait en décroissant lorsque la température croîtrait, et que celle-ci croissant au delà de toute limite, le composé gazeux tendrait à se détruire en totalité.

Si au contraire M est négatif, lorsque T croîtra de 0 à $+\infty$, le second membre de l'égalité (61) partira de $+\infty$, décroîtra jusqu'au moment où T atteindra la valeur $\frac{M}{P}$, puis croîtra de nouveau au delà de toute limite. La combinaison serait alors complètement dissociée au 0 absolu; puis le poids du composant gazeux mis en liberté irait en diminuant jusqu'à une température $\frac{M}{P}$ indépendante des diverses conditions qui peuvent varier d'un système à un autre, passerait par un minimum pour cette valeur de la température, et croîtrait de nouveau jusqu'à la dissociation complète du composé, tandis que la température croîtrait au delà de toute limite.

Est-il possible de connaître *à priori* le signe de M? M est défini par l'égalité

$$M = \frac{E}{k\lambda}[\alpha\varpi_2 \Upsilon_2 + \beta\varpi_3 \Upsilon_3 - (\alpha\varpi_2 + \beta\varpi_3)\Upsilon_1].$$

Si dans cette expression on remplace Υ_1, Υ_2, Υ_3 par leurs valeurs; si l'on remarque en outre qu'en regardant Φ_3 comme indépendant de la pression on a implicitement convenu de négliger les termes de l'ordre de v_3, et que, par conséquent, on peut, dans l'expression de Υ_3, supprimer le terme $A(p_1 + p_2)v_3$, on verra sans peine que

$$M = \frac{E}{k\lambda}[\alpha\varpi_2 (U_2)_0 + \beta\varpi_3 (U_3)_0 - (\alpha\varpi_2 + \beta\varpi_3)(U_1)_0],$$
$$-\frac{E}{k\lambda}[\alpha\varpi_2 c_2 + \beta\varpi_3 C_3 - (\alpha\varpi_2 + \beta\varpi_3)c_1]T_0.$$

Désignons par $L\,dm_1$ la quantité de chaleur dégagée à la température T_0 par la formation d'un poids dm_1 du composé, sous volume constant, et dans un système où le composé et le composant gazeux exercent des pressions p_1 et p_2; nous aurons

$$(\alpha\varpi_2 + \beta\varpi_3)L = \alpha\varpi_2 (U_2)_0 + \beta\varpi_3 (U_3)_0 - (\alpha\varpi_2 + \beta\varpi_3)(U_1)_0.$$

La formule précédente peut donc s'écrire

$$(62)\quad M = \frac{E}{k\lambda}\{(\alpha\varpi_2 + \beta\varpi_3)L - T_0[\alpha\varpi_2 c_2 + \beta\varpi_3 C_3 - (\alpha\varpi_2 + \beta\varpi_3)c_1]\}.$$

Si l'on admet que C_3 est sensiblement indépendant des pressions supportées par le solide, on voit qu'*à une température déterminée* T_0, *la chaleur de combinaison* L *est indépendante de la pression et de la composition de l'atmosphère gazeuse.*

La température T_0 est arbitraire. L'égalité (62) doit subsister si l'on remplace T_0 par une autre température T'_0 et la chaleur de combinaison L à la température T_0 par la chaleur de combinaison L' à la température T'_0. On a donc entre la chaleur de combinaison et la température la relation

$$(63)\quad (\alpha\varpi_1 + \beta\varpi_2)\,L' = (\alpha\varpi_1 + \beta\varpi_2)\,L + [\alpha\varpi_1\,c_1 + \beta\varpi_2\,C_2 - (\alpha\varpi_1 + \beta\varpi_2)\,c_3]\,(T'_0 - T_0).$$

Cette égalité est indépendante de la valeur de α.

Supposons maintenant α égal ou supérieur à l'unité; l'égalité (62) peut s'écrire, en vertu de la loi de Dulong et Petit,

$$M = \frac{E}{k\lambda}\left\{(\alpha\varpi_1 + \beta\varpi_2)\,L - [(\alpha - 1)\,\varpi_1\,c_1 + \beta\varpi_2\,C_2]\,T_0\right\}.$$

Le coefficient de T_0 est certainement positif. Si L est positif, il est impossible de prévoir le signe de M. Mais, si L est négatif, M sera certainement négatif.

Donc, si l'on envisage une combinaison pour laquelle α est égal ou supérieur à l'unité, et si de plus cette combinaison est, à une température arbitraire, formée avec *absorption* de chaleur, lorsqu'on la chauffera en vase clos, on observera les faits suivants : *la quantité du composé gazeux qui existe dans le système part de* 0 *et croît avec la température jusqu'à ce que cette dernière atteigne une valeur déterminée* θ; *à ce moment, le poids du composé formé cesse de croître et passe par un maximum; puis la température continuant à croître au delà de toute limite, le poids du composé décroît continuellement et tend vers* 0. *La quantité* θ *est, pour une combinaison déterminée, une quantité absolument déterminée.*

Ces conséquences de la théorie sont-elles conformes aux résultats de l'expérience?

M. Ditte a étudié la dissociation de l'acide sélénhydrique (1). Pour

(1) A. Ditte, *Recherches sur la volatilisation apparente du sélénium et du tellure* (*Annales scientifiques de l'École normale supérieure*, 2e série, t. I, p. 233, 1872).

l'acide sélénhydrique, $s = 1$; de plus, d'après les expériences de M. Hautefeuille, ce corps est formé avec absorption de chaleur. L'énoncé précédent doit donc s'appliquer à l'acide sélénhydrique. En effet, si l'on chauffe en vase clos du sélénium et de l'hydrogène pendant un temps suffisamment long, et si, au bout de ce temps, on détermine, par un refroidissement brusque, la quantité d'acide sélénhydrique formé, ce qui permet de calculer le nombre de centièmes de la pression totale qui est représenté par la pression partielle de l'acide sélénhydrique, on trouve les résultats suivants :

TEMPÉRATURE	DURÉE de l'expérience	PROPORTION d'acide sélénhydrique 0/0
°	heures.	
155	260	0,0
208	214	0,0
235	194	0,8
270 à 275	170	12,0
305	169	22,3
325	150	28,8
350	69	37,8
[illegible]	74	37,0
440	69	51,2
440	165	51,7
500	16	60,7
520	22	63,0
550	2	48,1
560	3	48,6
560	3	47,0
580	42	46,7
580	42	47,3
600	42	46,4
600	2	46,0
600	3	45,3
600	5	44,3
620	3	42,0
620	3	42,3
620	4	42,7
640	2	43,2
640	5	43,1

L'état d'équilibre ne s'établit qu'au bout d'un temps extrêmement considérable, ce qui produit quelques irrégularités; mais on voit nettement que la proportion d'acide sélénhydrique formée part de 0, commence par croître avec la température, passe par un maximum à une température voisine de 500°, puis diminue lorsque la température continue à croître.

Lorsqu'au lieu de déterminer la proportion d'acide sélénhydrique formée à une certaine température par l'action du sélénium sur l'hydrogène, on détermine la proportion d'acide sélénhydrique qui reste dans un système qui renfermait d'abord un excès de cet acide et qu'on a ensuite maintenu longtemps à la température que l'on considère, les résultats trouvés ne concordent avec les précédents qu'à partir de 300°. Au-dessous de cette température, on trouve que le système renferme une proportion d'acide sélénhydrique supérieure à celle qui se formerait directement, et d'autant plus grande que la température est plus basse. C'est ce que marquent les résultats des expériences de M. Ditte, résultats contenus dans le tableau suivant :

TEMPÉRATURES	DURÉE de l'expérience	PROPORTION d'acide sélénhydrique 0/0
°	heures	
155	214	37,0
203	168	27,7
255	5	47,1
245 à 255	24	28,1
245 à 255	27	27,3
245 à 255	72	24,6
270 à 275	170	20,2
270 à 275	170	20,3
305	120	22,6
325	140	28,9
350	18	37,9
350	30	37,0
440	20	51,2
440	29	51,7

Ces derniers résultats semblent contredire à la fois les premiers et les conséquences de la théorie. Il est aisé d'expliquer ce désaccord.

Admettons qu'à la température de 255° la proportion d'acide sélénhydrique qui correspond à l'état d'équilibre soit de 6,8 0/0 comme semble l'indiquer la première série d'expériences. La thermodynamique nous apprend que, dans un système renfermant plus de 0,8 0/0 d'acide sélénhydrique, à la température de 255°, l'acide sélénhydrique ne peut plus se *former*; mais elle ne démontre pas que l'acide sélenhydrique déjà formé se détruira *nécessairement*; cet acide peut subsister en totalité ou en partie sans qu'il en résulte aucune contradiction avec la théorie. Les expériences de la seconde série nous apprennent donc simplement que, aux basses températures, dans des conditions où il lui est impossible de prendre naissance, l'acide sélénhydrique peut néanmoins subsister.

On comprend ainsi comment, en chauffant de l'acide sélénhydrique, on rencontre tout d'abord un minimum de stabilité, puis, à une température plus élevée, le maximum de stabilité indiqué par la théorie.

L'acide tellurhydrique, le sesquichlorure de silicium, le protochlorure de platine se forment avec absorption de chaleur. Pour le sesquichlorure de silicium, α est supérieur à 1; pour l'acide tellurhydrique et le protochlorure de platine, α est égal à 1. Ces composés doivent donc présenter des phénomènes analogues à ceux que présente l'acide sélénhydrique.

L'étude de la dissociation de ces composés n'a pas été poussée jusqu'à des températures assez élevées pour mettre en évidence le maximum de stabilité indiqué par la théorie. Elle a seulement permis de reconnaître l'existence d'un minimum de stabilité semblable à celui que présente l'acide sélénhydrique, et susceptible d'une explication analogue.

Le sesquichlorure de silicium (1) commence à se décomposer vers 350°; à 700°, il passe par un minimum de stabilité. Il est de nouveau très stable à 1200°; on peut l'obtenir à cette température en faisant passer du bichlorure de silicium sur du silicium. Le protochlorure de platine (2) présente des phénomènes analogues.

L'acide tellurhydrique (3) présente des particularités analogues,

---

(1) Troost et Hautefeuille. *Comptes rendus de l'Académie des Sciences*, LXXIII, p. 443, et 563, 1871; — LXXXIV, p. 946, 1877.

(2) Troost et Hautefeuille. *Comptes rendus de l'Académie des Sciences*, LXXXIV, p. 946, 1877.

(3) A. Ditte. *Annales scientifiques de l'École normale supérieure*, 2e série, I, p. 293, 1872.

donnant lieu, comme les précédentes, à des phénomènes de volatilisation apparente.

Les phénomènes que présente l'acide sélénhydrique aux températures inférieures à 400° ont des analogues dans les autres classes de dissociation.

La dissociation de l'ozone, qui se produit dans un système gazeux homogène, doit, d'après la théorie du potentiel thermodynamique, suivre, lorsque la température varie, une marche analogue à celle que suit la dissociation de l'acide sélénhydrique. Les phénomènes présentés par l'ozone jusqu'à 1000° sont analogues à ceux que présente l'acide sélénhydrique jusqu'à 400°. L'ozone, dilué dans l'oxygène, peut, à la température ordinaire, se conserver, comme l'acide sélénhydrique dilué dans l'hydrogène, d'autant plus facilement que la température est plus basse. Mais l'ozone ne se forme pas aux basses températures, tandis qu'il peut se former à des températures voisines de 1000° (1).

La dissociation de l'oxyde d'argent appartient à la même classe que la dissociation du carbonate de chaux; mais l'oxyde d'argent est formé avec absorption de chaleur; sa tension de dissociation doit donc diminuer lorsque la température croît. En effet, l'oxyde d'argent se décompose à une température peu élevée, et à cette température l'argent est inoxydable, tandis qu'on peut obtenir de l'oxyde d'argent à une température très élevée (2). Cependant, à la température ordinaire, l'oxyde d'argent peut être conservé sans décomposition.

Ainsi, un certain nombre de corps présentent, lorsqu'on fait varier la température, un minimum de stabilité qui n'est pas prévu par la thermodynamique. Le désaccord apparent qui semble exister entre les résultats de l'expérience et les résultats de la théorie disparaît si l'on remarque que la théorie du potentiel thermodynamique et, plus généralement, toutes les théories fondées sur les propriétés des cycles non réversibles, en démontrant qu'une modification est impossible dans des conditions déterminées, ne démontrent pas que, dans ces conditions, la modification inverse se produit nécessairement.

L'étude de la dissociation de l'acide sélénhydrique donne lieu à une

(1) Troost et Hautefeuille. *Comptes rendus de l'Acad. des Sciences*, LXXXIV, p. 946, 1877.
(2) *Id.*, *ibid.*

dernière remarque. Le sélénium est volatil. Dans la théorie précédente, on n'a tenu aucun compte de l'existence des vapeurs qu'il émet. Est-il permis de négliger la présence de ces vapeurs?

Il est aisé de démontrer que si l'on suppose, comme on l'a déjà fait pour l'hydrogène et l'acide sélénhydrique, ces vapeurs assimilables à un gaz parfait, on peut, sans aucune erreur, en négliger la présence.

Soit p_3 la tension que ces vapeurs exercent dans le mélange gazeux. Supposons que le mélange gazeux renferme un poids μ de ces vapeurs et que $\Psi(p_3, T)$ soit le potentiel thermodynamique sous pression constante d'un kilogramme de vapeur de sélénium, sous la pression p_3, à la température T. Si le sélénium en vapeur est assimilable à un gaz parfait, le potentiel thermodynamique du système a pour expression

$$\Phi = m_1\Phi_1(p_1,T) + m_2\Phi_2(p_2,T) + \mu\Psi(p_3,T) + m_3\Phi_3(p_1+p_2+p_3,T).$$

Dans ce système, on peut supposer qu'un poids dm_1 d'acide sélénhydrique prenne naissance, sous la pression constante $p_1 + p_2 + p_3$, soit aux dépens du sélénium liquide, soit aux dépens du sélénium en vapeurs.

Dans le premier cas, on est conduit à l'équation d'équilibre

$$(\alpha\varpi_2 + \beta\varpi_3)\Phi_1(p_1,T) - \alpha\varpi_2\Phi_2(p_2,T) - \beta\varpi_3\Phi_3(p_1+p_2+p_3,T) = 0.$$

Dans le second cas, on est conduit à l'équation d'équilibre

$$(\alpha\varpi_2 + \beta\varpi_3)\Phi_1(p_1,T) - \alpha\varpi_2\Phi_2(p_2,T) - \beta\varpi_3\Psi(p_3,T) = 0.$$

Mais il faut y joindre l'égalité

$$\Psi(p_3,T) = \Phi_3(p_1+p_2+p_3,T),$$

qui exprime que les vapeurs de sélénium sont saturées, en sorte qu'on retrouve la même condition d'équilibre que dans le premier cas.

D'autre part, on a admis que l'on pouvait négliger l'influence que la pression exerce sur la valeur de Φ_3. On peut donc remplacer $\Phi_3(p_1+p_2+p_3,T)$ par $\Phi_3(p_1+p_2,T)$. La condition d'équilibre précédente devient alors

$$(\alpha\varpi_2 + \beta\varpi_3)\Phi_1(p_1,T) - \alpha\varpi_2\Phi_2(p_2,T) - \beta\varpi_3\Phi_3(p_1+p_2,T) = 0.$$

C'est précisément la condition d'équilibre que l'on avait obtenue en ne tenant pas compte de la présence des vapeurs de sélénium.

CHAPITRE VI

ÉTUDE THERMIQUE DE LA PILE. — CHALEUR CHIMIQUE ET CHALEUR VOLTAÏQUE.

La théorie du potentiel thermodynamique a puissamment contribué, grâce aux travaux de M. Gibbs, au progrès de la mécanique chimique. M. H. von Helmholtz a déduit de cette théorie des conséquences non moins importantes, en l'appliquant à l'étude des phénomènes thermiques qui se produisent dans une pile galvanique en activité. Avant les travaux de M. H. von Helmholtz, cette étude présentait de grandes difficultés. Dans ce chapitre, nous allons examiner quelles étaient ces difficultés et quelles tentatives on avait faites pour les résoudre.

Une pile électrique ayant une force électromotrice $\mathcal{E}$ et une résistance intérieure r détermine, dans un conducteur interpolaire de résistance R, un courant dont l'intensité J est donnée par la formule

$$J = \frac{\mathcal{E}}{R + r}. \tag{64}$$

Le conducteur interpolaire, supposé homogène et de même température en tous ses points, est le siège d'un dégagement de chaleur. D'après la loi de Joule, la quantité de chaleur dégagée dans l'unité de temps par ce conducteur a pour valeur ARJ^2, A étant l'équivalent calorifique du travail.

La pile en activité dégage aussi de la chaleur. Par analogie avec ce qui se produit dans le rhéophore, M. Edmond Becquerel énonça la proposition suivante :

La quantité de chaleur dégagée dans la pile pendant l'unité de temps a pour valeur ArJ^2.

A cette première proposition, M. Becquerel en joignit une deuxième, qui s'énonce de la manière suivante :

La quantité de chaleur dégagée pendant l'unité de temps dans le circuit tout entier est égale à la quantité de chaleur Q que dégagerait la réaction chimique dont la pile est le siège pendant l'unité de temps, si cette réaction ne produisait aucun courant.

De l'ensemble de ces deux propositions résultent des conséquences importantes.

Supposons que la réaction chimique dont la pile est le siège ait pour effet de former un certain composé chimique, du sulfate de zinc par exemple. Soit ϖ le poids de sulfate de zinc formé pendant que la pile dégage une quantité d'électricité égale à l'unité. Pendant l'unité de temps, il se formera dans la pile un poids ϖJ de sulfate de zinc à partir des éléments employés dans la pile. La quantité de chaleur désignée par Q aura pour valeur

$$Q = \varpi J L.$$

D'autre part, d'après les propositions de M. Edmond Becquerel, on aurait

$$Q = A(R + r) J^2.$$

De ces deux égalités, on déduit

$$A(R + r) J = \varpi L,$$

ou bien, en vertu de l'égalité (64),

$$\mathcal{E} = E \varpi L, \tag{65}$$

E étant l'équivalent mécanique de la chaleur.

Cette égalité (65) est d'une grande importance.

Envisageons deux piles différentes donnant naissance à des composés chimiques différents, ou au même composé chimique dans des conditions différentes; dans le second cas, on peut, dans la comparaison de ces deux piles, attribuer au nombre ϖ la même valeur; dans le premier cas, on doit attribuer au nombre ϖ des valeurs qui sont entre elles comme les poids moléculaires des deux corps formés; mais, en toute circonstance, le rapport des forces électromotrices des deux piles est immédiatement connu si l'on connaît le rapport des quantités L relatives à ces deux piles. On peut donc, par de simples études calorimétriques, comparer entre elles les forces électromotrices des différentes piles, et découvrir les combinaisons les plus avantageuses.

A cette conséquence des propositions de M. Edm. Becquerel vient s'en joindre une autre plus importante encore.

La quantité de chaleur que l'on peut transformer en travail au moyen d'un électromoteur actionné par une pile, est la quantité ARJ^2 (1). D'après les propositions de M. Becquerel, cette quantité est égale à $(Q - ArJ^2)$. Si l'on donne à la résistance de la pile une valeur extrêmement faible, cette quantité de chaleur sera sensiblement égale à la chaleur totale Q dégagée par la réaction chimique. On peut donc espérer, d'après les propositions de M. Becquerel, en prenant des piles de résistance intérieure excessivement faible, de transformer en travail toute la chaleur que la réaction chimique est susceptible de produire. On sait, au contraire, depuis les travaux de

(1) C'est du moins ce qu'on pensait à l'époque où M. Edm. Becquerel énonça les propositions dont nous venons de parler. Depuis cette époque, les électromoteurs ont pris dans le domaine de la physique appliquée une importance considérable, et en même temps, grâce aux travaux des ingénieurs et des physiciens, au premier rang desquels il convient de citer les études de M. Marcel Deprez, la théorie de ces appareils a été perfectionnée. On sait aujourd'hui que l'on ne peut transformer intégralement en travail, au moyen d'un électromoteur, la quantité de chaleur $(Q - ArJ^2)$; une partie Q_1 de cette chaleur est toujours dégagée sous forme de chaleur dans les conducteurs que renferme la machine. Si l'on désigne par V la vitesse avec laquelle se meut un point pris sur le volant de la machine et décrivant une circonférence de longueur égale à l'unité, le travail utile peut s'écrire F V, F représentant une certaine force que M. Marcel Deprez nomme l'effort statique. Le rapport

$$\xi = \frac{AFV}{Q - ArJ^2}$$

est le rendement de la machine; dans l'idée qui régnait à l'époque où M. Edm. Becquerel énonça sa loi, on supposait que, dans une machine parfaite, $(Q - ArJ^2)$ était égal à A F V, et par conséquent ξ égal à 1. En réalité, on a

$$Q - ArJ^2 = AFV + Q_1,$$

ou

$$Q - ArJ^2 = AFV\left(1 + \frac{1}{AV}\frac{Q_1}{F}\right).$$

Le rendement ξ ne pourrait être égal à 1 que si le rapport $\frac{Q_1}{F}$ était égal à 0. Ce rapport $\frac{Q_1}{F}$ représente un élément important de la théorie des machines dynamo-électriques. M. Marcel Deprez, qui l'a considéré le premier, lui a donné le nom de *Prix de l'effort statique*. D'après les calculs de M. Marcel Deprez, cet élément ne pourrait s'annuler que si la résistance spécifique du fil employé était égale à 0, ce qui est impossible.

Sadi-Carnot, qu'une partie seulement de cette chaleur serait transformée en travail, si la réaction chimique dont il s'agit servait à entretenir la température du foyer d'une machine à feu. Les propositions de M. Becquerel établissent donc entre les électromoteurs et les machines à feu une différence, tout à l'avantage des premiers, qui amènerait nécessairement l'industrie à préférer les électromoteurs aux machines à feu.

Les propositions qui faisaient à la pratique de si belles promesses étaient-elles exactes? La question était d'une haute importance. Pour y répondre, Favre entreprit une série d'études expérimentales qu'il intitula *Recherches thermiques sur les courants hydroélectriques*.

Favre commença (1) par contrôler la seconde proposition de M. Edm. Becquerel. A cet effet, il plaça dans un calorimètre une pile dont les pôles étaient réunis par un conducteur de résistance variable, et il compara la quantité de chaleur accusée par le calorimètre pendant la production d'une certaine réaction au sein de la pile à la quantité de chaleur que fournirait la même réaction si elle se produisait sans engendrer aucun courant. L'égalité constante entre ces deux quantités amena Favre à la conclusion suivante : « Le dégagement produit par » le passage de l'électricité voltaïque à travers les conducteurs métal- » liques est rigoureusement complémentaire de la chaleur confinée » dans les éléments d'un couple, pour former une somme égale à » la chaleur totale correspondant uniquement aux réactions chimi- » ques (2). » La seconde proposition de M. Edm. Becquerel était donc exacte.

En 1858, Favre (3) entreprit une autre série d'expériences destinée à contrôler la première proposition de M. Edm. Becquerel. Dans cette nouvelle série d'expériences, Favre déterminait, d'une part, en mesurant la résistance du circuit et l'intensité du courant qui le traverse, la valeur de la quantité

$$A(R + r)J.$$

(1) P.-A. Favre. *Note sur les effets calorifiques développés dans le circuit voltaïque dans leur rapport avec l'action chimique qui donne naissance au courant* (*Comptes rendus*, XXXVI, p. 342, 1853; — XXXIX, p. 1212, 1854; — XLV, p. 56, 1857). — *Recherches thermiques sur les courants hydroélectriques* (*Ann. de ch. et de phys.*, XL, p. 293, 1854).

(2) P.-A. Favre. *Comptes rendus*, XXXVI, p. 342-343, 1853

(3) P.-A. Favre. *Recherches thermiques sur les courants hydroélectriques* (*Comptes rendus*, XLVI, p. 658, 1858; — XLVII, p. 599, 1858).

D'autre part, par des recherches calorimétriques, il déterminait la valeur de la quantité ϖL. D'après les propositions de M. Edm. Becquerel, ces deux quantités devaient être égales entre elles. Favre constata au contraire que ces deux quantités étaient notablement différentes et qu'à l'égalité

$$A(R + r) J = \varpi L$$

il fallait substituer l'égalité

$$A(R + r + \rho) J = \varpi L,$$

ρ étant une quantité qui dépend uniquement de la nature de la réaction chimique dont la pile est le siège.

« Toute la chaleur que développe l'action chimique, disait Favre (1), » ne se retrouve pas dans le circuit, puisque celui-ci donne toujours, » quel que soit son développement, dans les expériences inscrites au » tableau, le nombre constant 15000, tandis que l'action chimique » produit 18685 unités de chaleur; une quantité qui serait (dans les » conditions où je me suis placé) de 3600 calories environ, est employée » à vaincre une résistance sur la nature de laquelle je n'oserais » émettre aucune hypothèse.

» Il faut donc admettre qu'une partie du travail moteur qui s'exerce » entre les éléments chimiques que j'ai mis en jeu ne peut pas concourir à produire le travail utile que l'on cherche à réaliser dans les » électromoteurs. »

M. de la Rive, pour défendre les propositions de M. Edm. Becquerel, opposa à Favre des objections que celui-ci réfuta victorieusement (2) : « Dès mes premières recherches thermochimiques, disait-il » en terminant sa lettre à M. de la Rive, j'avais été conduit à admettre » jusqu'à preuve du contraire que, la faible résistance d'une pile bien » construite pouvant devenir presque négligeable lorsque les résistances du reste du circuit devenaient considérables, il me serait » possible de transporter hors de la pile la presque totalité du travail » moteur développé par l'action chimique. Cette idée me souriait; elle

(1) P.-A. Favre. *Comptes rendus*, XLVI, p. 662, 1858.
(2) P.-A. Favre. *Réponse aux objections présentées par M. le professeur de la Rive contre quelques points de ses recherches thermochimiques* (*Bibl. univ. Archives*, IV, 1859).

» avait une grande portée dans la théorie des machines électromagné-» tiques.

» Eh bien! les faits sont venus condamner les espérances dont je » m'étais bercé pendant longtemps. Je n'ai pas trouvé la loi que » je cherchais; j'ai prouvé que cette loi n'existait pas. »

A quoi tenait cette différence entre la chaleur ϖL dégagée par l'action chimique et la chaleur $A(R+r)J$ que, selon l'expression de Favre, on retrouve dans le circuit? Favre n'en voulut donner, lors de ses premiers travaux, aucune explication; il l'attribuait à une résistance *sur la nature de laquelle il n'osait se prononcer*. Plus tard, il chercha à rétablir l'accord entre les données de l'expérience et les propositions de M. Edm. Becquerel, qu'il regardait comme des conséquences de la théorie mécanique de la chaleur. Il imagina de distinguer en deux classes les réactions dont une pile est le siège; les unes concourraient à la formation du courant et suivraient les lois de M. Edm. Becquerel; les autres, sans contribuer en rien au mouvement de l'électricité, contribueraient en même temps que les premières au dégagement de chaleur qui se produit dans la pile.

Ces distinctions subtiles et arbitraires, que rien ne justifiait, sinon le désir de faire cadrer l'expérience avec une théorie dont l'exactitude était admise en principe, se trouvent à chaque page du mémoire [1] dans lequel Favre a réuni les résultats de ses recherches. On doit regretter qu'elles aient jeté un certain discrédit sur ce mémoire, si remarquable à d'autres égards, et qu'elles aient par là retardé le développement de la théorie thermodynamique de la pile et amoindri l'influence que les travaux de Favre auraient dû exercer sur ce développement.

Dans un mémoire inséré aux *Annales de chimie et de physique* [2], M. Raoult reprit la comparaison entre la quantité de chaleur $A(R+r)J$, qu'il appela la *chaleur voltaïque*, et la quantité de

(1) P.-A. Favre. *Mémoire sur l'équivalence et la transformation des forces chimiques* (*Mémoires présentés par divers savants à l'Académie des Sciences*, t. XXV, 1877).

(2) F.-M. Raoult. *Recherches sur les forces électromotrices et les quantités de chaleur dégagées dans les combinaisons chimiques* :

1re Partie. *Étude des forces électromotrices* (*Ann. de ch. et de phys.*, 4, t. II, p. 317, 1864);

2e Partie. *Mesure de la chaleur dégagée par le courant et de la chaleur dégagée ou absorbée par les actions chimiques accomplies sous l'influence du courant* (*Ann. de ch. et de phys.*, 4, t. IV, p. 392, 1865).

chaleur ϖL, qu'il nomma la *chaleur chimique*. Comme Favre, il constata que ces deux quantités de chaleur étaient différentes, et il adopta, pour expliquer cette différence, les idées que Favre avait émises.

« Si, dans l'action chimique qui s'accomplit dans une pile, dit » M. Raoult, toutes les actions élémentaires qui participent à l'effet » calorifique participaient à l'effet électrique; si toutes les causes de » chaleur telles que l'oxydation, la combinaison des acides et des bases, » le changement d'état des corps, la dissolution, la diffusion, etc..., si, » dis-je, toutes ces causes, qui sont capables d'absorber ou de produire » une certaine quantité de force vive sous forme de chaleur, étaient » capables aussi d'en produire ou d'en absorber une quantité égale sous » forme d'électricité, la *chaleur voltaïque serait égale à la chaleur* » *chimique*. Mais il n'en est pas ainsi nécessairement, et suivant que » la cause incapable d'effet électrique produira ou absorbera de la cha- » leur, la chaleur voltaïque pourra être plus ou moins grande que la » chaleur chimique. »

En 1869, M. Edlund (1) énonçait de son côté la proposition suivante :

« La quantité de chaleur que les phénomènes chimiques produi- » sent dans les couples n'a aucune relation immédiate avec la chaleur » consommée par les forces électromotrices, et par conséquent cette » dernière ne peut être calculée au moyen de la première. »

En 1883, M. Edlund a publié un second mémoire destiné à appuyer cette proposition (2).

Comme Favre et comme M. Raoult, M. Edlund, dans les mémoires que nous venons de citer, reconnait la différence qui existe entre la chaleur voltaïque et la chaleur chimique; mais, tandis que Favre et M. Raoult, en attribuant cette différence à la production de réactions parasites, cherchaient à sauvegarder la première proposition de M. Edm. Becquerel, M. Edlund déclare résolument que cette proposition est inexacte et doit être rejetée. M. Hirn (3) fit un pas de plus

---

(1) Edlund, *Ofversigt of Wet. Ak. Förhandl. för* 1869. — *Poggendorff's Ann. der Physik und Chemie*, CXXXVIII, p. 474, 1869. — *Phil. Magaz*, 4e série, XXXVII, p. 283, 1869. — *Ann. de ch. et de phys.*, XVIII, p. 463, 1869.

(2) Edlund. *Untersuchungen über die Wärmeveränderungen an den Polplatten in einem Voltameter beim Durchgange eines electrischen Stromes* (*Wiedemann's Annalen der Physik und Chemie*, XIX, p. 287, 1883).

(3) G.-A. Hirn. *Exposition analytique et expérimentale de la théorie mécanique de la chaleur*, 3e édition, t. II, p. 348, 1876.

en admettant que la chaleur dégagée dans une réaction chimique se compose toujours de deux parties : l'une, transformable en travail électrique, peut être calculée par la proposition de M. Edm. Becquerel; l'autre est l'origine de la différence qui existe entre la chaleur voltaïque et la chaleur chimique.

« De quelque manière, dit M. Hirn, que nous concevions le mouvement électrique, et ce qu'on appelait la recomposition des deux » électricités, il n'est pas un instant douteux qu'une partie, mais » j'ajoute... une partie seulement de la chaleur positive ou négative » due aux actions chimiques, a pour origine le phénomène électrique...

» Rien n'est plus facile à expliquer que le fait précédent, lorsqu'on » admet l'existence d'une différence réelle entre l'affinité chimique et » l'attraction moléculaire ou cause de la cohésion, ou, pour parler peut-être plus correctement, rien ne démontre mieux cette différence que » l'analyse du fait signalé.

» Si l'on n'admet pas l'existence de deux forces distinctes pendant » l'acte de l'association ou de la dissociation chimique, il est, en effet, » très difficile, pour ne pas dire impossible, de concevoir pourquoi le » mouvement électrique est en grandeur proportionnel au nombre » seul des atomes, tandis que la grandeur du phénomène thermique » paraît dépendre des propriétés spéciales des corps qui s'unissent ou » se séparent.

» Admet-on au contraire que, dans une combinaison quelconque, » la position relative des atomes est déterminée par deux forces, par » l'affinité chimique, qui est toujours et nécessairement en concomitance avec la manifestation électrique, et par l'attraction moléculaire, » qui est indépendante de cette manifestation, *tout* s'explique aisément. » Le travail proprement dit qui s'exécute pendant l'acte chimique est » formé dans ce cas de deux parties distinctes; l'une relève du changement de position atomique opéré par l'*attraction chimique;* » l'autre dérive de la part qu'a, dans ce changement, l'*attraction* » *moléculaire*. La chaleur due au premier travail est en concomitance et en équivalence rigoureuse avec le mouvement électrique » qui accompagne l'acte chimique.

» La chaleur qui relève du second travail n'a, au contraire, rien de » commun avec ce mouvement; elle est, quant à son origine, compa-

» rable, ou même identique, à celle qui se développe par la compres- » sion d'un gaz, par la condensation d'une vapeur, par la solidification » d'un liquide. »

Cette comparaison entre l'excès de la chaleur chimique sur la chaleur voltaïque et la quantité de chaleur mise en jeu dans un changement d'état réversible renfermait le germe d'une féconde idée : l'idée de demander au théorème de Carnot la raison de la différence qui existe entre la chaleur voltaïque et la chaleur chimique. Cette idée fut, pour la première fois, énoncée explicitement par M. F. Braun ([1]); voici, en résumé, les considérations que ce physicien exposait en 1878.

Tandis que le travail mécanique peut se transformer intégralement en chaleur, on sait que la chaleur ne peut se transformer intégralement en travail mécanique. L'application du principe de l'équivalence aux phénomènes électriques conduit à se demander si le travail mécanique peut ou non se transformer en énergie potentielle électrique et inversement. Voici les conclusions auxquelles M. F. Braun est conduit par l'examen de cette question :

L'énergie potentielle électrique se transforme presque intégralement en travail et intégralement en chaleur. Le travail mécanique se transforme intégralement en chaleur et partiellement en travail électrique. Enfin la chaleur ne peut, en général, se transformer intégralement ni en travail ni en énergie électrique.

Dès lors, il est aisé de comprendre que la force électromotrice d'une pile ne soit pas mesurée par la quantité de chaleur dégagée dans la réaction chimique dont cette pile est le siège; la quantité de chaleur dont il s'agit détermine seulement une *limite supérieure* de la force électromotrice de la pile.

M. Braun soumit ces idées au contrôle de l'expérience ([2]). Il compara la force électromotrice d'un grand nombre de couples à la chaleur dégagée par la réaction chimique qui donne naissance au courant.

Quelques-uns des couples étudiés par M. F. Braun vérifiaient la loi de M. Edm. Becquerel; dans ces couples, la chaleur chimique était

---

([1]) F. Braun. *Wiedmann's Annalen der Physik und Chemie*, V, p. 182, 1878.
([2]) F. Braun. *Wiedmann's Annalen der Physik und Chemie*, XVI, p. 561, 1882; — XVII, p. 593, 1882.

égale à la chaleur voltaïque. Ces couples se rapprochaient par là de huit couples que M. Thomsen [1] avait étudiés quelques années auparavant.

Mais, à côté de ces couples exceptionnels, M. Braun trouva plus de cent couples dans lesquels la chaleur voltaïque était différente de la chaleur voltaïque; et, presque toujours, conformément aux idées théoriques qu'il avait émises, la chaleur chimique était supérieure à la chaleur voltaïque.

Cette règle cependant n'était pas absolument générale; elle rencontrait deux exceptions parmi les couples étudiés par M. F. Braun. Les deux couples qui fournissaient ces exceptions étaient composés respectivement de la manière suivante :

Argent. — Iodure d'argent. — Iode. — Charbon.

Cadmium. — Iodure de cadmium. — Iode. — Charbon.

Déjà, M. Edlund avait montré que, dans l'élément à argent et sulfate d'argent, la chaleur voltaïque est supérieure à la chaleur chimique; Favre et M. Raoult avaient depuis longtemps signalé des exemples analogues. La théorie de M. F. Braun ne pouvait donc être regardée comme absolument exacte.

Mais cette théorie reposait sur une idée féconde : celle d'appliquer à l'étude des phénomènes thermiques qui se produisent dans une pile en activité non seulement le principe de l'équivalence de la chaleur et du travail, mais encore le principe de Carnot.

Cette idée, émise pour la première fois par M. Braun, fut reprise d'abord par M. G. Chaperon [2], qui ne paraît pas lui avoir donné suite; puis par M. H. von Helmholtz qui en a fait sortir un grand nombre de conséquences importantes, pleinement d'accord avec l'expérience. Le chapitre suivant sera consacré à l'exposé de la théorie imaginée par M. H. von Helmholtz.

---

(1) J. Thomsen. *Wiedemann's Annalen der Physik und Chemie*, XI, p. 248, 1880.
(2) G. Chaperon. *Comptes rendus*, XCII, p. 786, 1881.

CHAPITRE VII

ÉTUDE THERMIQUE DE LA PILE *(Suite)*. — THÉORIE D'HELMHOLTZ.

§ I. — *Historique*.

Dans un couple hydroélectrique, la force électromotrice dépend de la concentration plus ou moins grande des liquides qui baignent les électrodes. Afin de préciser l'influence que la concentration des liquides exerce sur la force électromotrice, M. James Moser (1) entreprit l'étude de piles dans lesquelles la réaction produite à un pôle est renversée à l'autre pôle. La force électromotrice dépend uniquement de la concentration des liquides. Deux vases, mis en communication par un siphon, renfermaient des dissolutions inégalement concentrées d'un même sel métallique. Deux électrodes, formées du métal qui entrait dans la constitution de ce sel, plongeaient dans ces vases. Tel était le type des piles dont M. Moser mesura la force électromotrice.

En même temps que M. Moser publiait les résultats de ces recherches expérimentales exécutées au laboratoire de M. Helmholtz, ce dernier (2) appliquait les propositions de la thermodynamique aux phénomènes étudiés par M. Moser.

Les dissolutions renfermées dans les deux vases dont se composait chacune des piles étudiées par M. Moser, avaient des tensions de vapeur différentes. M. Helmholtz montra que de la variation que

---

(1) J. Moser, *Galvanische Ströme zwischen verschieden concentrirten Lösungen desselben Körpers und Spannungsreihen* (*Naturforsch. Vers. München*, sept. 1877. — *Monatsberichte der Berl. Akad.*, 8 nov. 1877. — *Annalen der Physik und Chemie*, N. F., III, p. 216, 1878).

(2) H. Helmholtz, *Ueber galvanische Ströme verursacht durch Concentrationsunterschiede. Folgerungen aus der mechanische Wärmetheorie* (*Monatsberichte der Berl. Akad.*, 26 nov. 1877. — *Annalen der Physik und Chemie*, N. F., III, p. 201, 1878).

subissait la tension de vapeur de ces dissolutions lorsqu'on fait varier leur concentration, on pouvait déduire la valeur de leur force électromotrice. La comparaison de la valeur ainsi calculée à la valeur déterminée par l'expérience conduisait à un accord satisfaisant.

Quelques années plus tard, cette comparaison était poursuivie avec le même succès dans un nouveau mémoire de M. Moser (1).

Enfin, à partir de 1882, M. H. von Helmholtz communiquait à l'Académie des Sciences de Berlin trois mémoires *sur la thermodynamique des phénomènes chimiques* dont l'importance a déjà été signalée plusieurs fois dans cet ouvrage.

Le premier de ces mémoires (2) était consacré à l'exposé des théorèmes généraux relatifs à l'énergie libre; mais, dans le préambule de ce mémoire, M. H. von Helmholtz montrait comment la thermodynamique permettait de relier la variation que la force électromotrice d'une pile subit par l'effet d'un changement de température à la différence qui existe entre la chaleur voltaïque et la chaleur chimique.

Dans le second mémoire (3), M. H. von Helmholtz reprenait l'étude des courants produits par des différences de concentration.

Enfin, dans le troisième mémoire (4), il reprenait, au point de vue du principe de Carnot, l'étude de la polarisation des électrodes.

Les formules données par M. H. von Helmholtz dans l'introduction de son premier mémoire sur la thermodynamique des phénomènes chimiques conduisaient à la proposition suivante :

Lorsque, dans une pile, la chaleur chimique est supérieure à la chaleur voltaïque, la force électromotrice de la pile décroît lorsque la température croît. Au contraire, lorsque la chaleur chimique est inférieure à la chaleur voltaïque, la force électromotrice croît en même

(1) J. Moser. *Der Kreisprocess, erzeugt durch den Reactionstrom der electrolytischen Ueberführung und durch Verdampfung und Condensation* (*Nova Acta der K. Leop-Carol-Deutsch. Akad. der Naturforscher*, XLI, 1re partie, n° 1. — *Wiedmann's Annalen der Physik und Chemie*, XIV, p. 62, 1881).

(2) H. von Helmholtz. *Zur Thermodynamik chemischer Vorgänge*. I (communiqué à l'Académie des Sciences de Berlin le 2 février 1882 : *Sitzungsberichte d. Akad. d. Wissensch. zu Berlin*, 1882, p. 2).

(3) H. von Helmholtz. *Zur Thermodynamik chemischer Vorgänge*. II. *Versuch über Chlorzink-Calomel Elemente* (lu à l'Académie des Sciences de Berlin le 27 juillet 1882 : *Sitzungsber. d. Akad. d. Wissensch. zu Berlin*, 1882, p 825).

(4) H. von Helmholtz. *Zur Thermodynamik chemischer Vorgänge*. III. *Folgerungen über galvanische Polarisation* (communiqué à l'Académie des Sciences de Berlin le 10 mai 1883 : *Sitzungsber. d. Akad. d. Wissens. zu Berlin*, 1883, p. 647).

temps que la température. M. Siegfried Czapski [1] entreprit une série d'expériences destinée à vérifier cette proposition.

Enfin, M. Lippmann [2] a démontré que les piles dans lesquelles la chaleur voltaïque est égale à la chaleur chimique sont celles dont les éléments suivent la loi de Dulong et Petit.

Tels sont les travaux dont est sortie la théorie que nous allons exposer dans ce chapitre.

§ II. — *Théorèmes généraux.*

La théorie thermodynamique de la pile proposée par M. H. von Helmholtz repose en entier sur la proposition suivante, admise, à titre de postulatum, par l'illustre physicien :

La force électromotrice d'une pile est égale au travail non compensé que fournirait la réaction chimique dont la pile est le siège pendant la mise en circulation d'une quantité d'électricité égale à l'unité, si cette réaction chimique se produisait sans engendrer de courant.

Cette proposition peut encore s'énoncer de la manière suivante : *La chaleur voltaïque équivaut au travail non compensé que fournirait la réaction chimique, si cette réaction se produisait sans engendrer aucun courant.*

Cette proposition a une signification analogue à celle de la loi de M. Edm. Becquerel. La chaleur non compensée joue dans la première le rôle que la chaleur totale joue dans la seconde.

La différence entre la chaleur totale et la chaleur équivalente au travail non compensé est la chaleur équivalente au travail compensé. Du principe précédent, on déduit alors la proposition suivante :

La différence entre la chaleur totale et la chaleur voltaïque équivaut au travail compensé qui accompagne la réaction produite dans la pile.

Ce travail compensé peut être positif ou négatif; dans le premier cas, la chaleur chimique est supérieure à la chaleur voltaïque;

---

(1) S. Czapski, *Ueber die thermische Veränderlichkeit der electromotorischen Kraft galvanischer Elemente und ihrer Beziehung zur freien Energie derselben* (*Wiedemann's Annalen der Physik und Chemie*, XXI, p 209. 1884).

(2) G Lippmann. *De l'action de la chaleur sur les piles, et de la loi de Kopp et Woestyne* (*Comptes rendus*, XCIX, p. 895, 1884).

dans le second cas, la chaleur chimique est inférieure à la chaleur voltaïque. Exceptionnellement, la réaction chimique peut n'entraîner aucun travail compensé; la chaleur chimique est alors égale à la chaleur voltaïque.

Supposons, pour fixer les idées, qu'il s'agisse de la pile étudiée par M. H. von Helmholtz dans ses derniers mémoires; cette pile est composée d'une électrode de zinc qui constitue l'élément électro-négatif; d'une solution de chlorure de zinc, renfermant 5 à 10 0/0 de ce sel; de calomel insoluble finement pulvérisé; enfin de mercure, constituant l'électrode positive.

Lorsqu'une semblable pile fonctionne, le zinc est dissous; une quantité équivalente de calomel est réduite; le mercure qui entre dans la composition de ce calomel est mis en liberté, tandis que le chlore se porte sur le zinc.

Supposons que la pile renferme un poids M de zinc dissous, un poids M' de mercure, un poids m de chlorure de zinc dissous, un poids m' de calomel, un poids μ d'eau. Dans les conditions de température et de pression où se trouve la pile, un kilogramme de zinc a un potentiel thermodynamique sous pression constante qui a pour valeur Φ; le potentiel thermodynamique d'un kilogramme de mercure a pour valeur Φ'; le potentiel thermodynamique d'un kilogramme de calomel a pour valeur φ'. D'après les égalités (27) et (27 *bis*) (p. 33), si l'on désigne par Ψ le potentiel de la dissolution, par f la dérivée de Ψ par rapport à m, et par ψ la dérivée de Ψ par rapport à μ, on aura

$$\Psi = mf + \mu\psi,$$

et le potentiel thermodynamique sous pression constante du système tout entier aura pour valeur

$$P = M\Phi + M'\Phi' + m'\varphi' + mf + \mu\psi.$$

Soient Π le poids moléculaire électrochimique du zinc, Π' le poids moléculaire du mercure, ϖ le poids moléculaire du chlorure de zinc et ϖ' le poids moléculaire du calomel. Tandis que la pile produira une quantité d'électricité égale à l'unité, le poids du zinc diminuera de Π et le poids du calomel de ϖ', tandis que le poids du mercure croîtra de Π', et le poids du chlorure de zinc dissous de ϖ. Le poids de l'eau ne changera pas.

Le potentiel thermodynamique du système augmentera de

$$\Pi'\Phi' - \Pi\Phi - \varpi'\varphi' + \varpi \frac{\partial \Psi}{\partial m},$$

ou bien

$$\Pi'\Phi' - \varpi'\varphi' - \Pi\Phi + \varpi f.$$

Il suffit de changer le signe de cette quantité pour obtenir l'expression du travail non compensé qui accompagne la réaction chimique produite pendant le passage, au travers de la pile, d'une quantité d'électricité égale à l'unité. On a donc, d'après le principe de M. Helmholtz, l'expression suivante pour la force électromotrice de la pile :

$$(66) \qquad \mathcal{E} = \Pi\Phi - \varpi f - \Pi'\Phi' + \varpi'\varphi'.$$

On peut, d'une manière analogue, évaluer l'excès de la chaleur voltaïque sur la chaleur chimique.

Soit S l'entropie d'un kilogramme de zinc; soit S' l'entropie d'un kilogramme de mercure; soit s' l'entropie d'un kilogramme de calomel. Désignons par Σ l'entropie de la dissolution; une démonstration analogue à celle qui a donné les égalités (27) et (27 *bis*) permettra d'écrire

$$\Sigma = ms + \mu\sigma,$$

s désignant la dérivée de Σ par rapport à m et σ la dérivée de Σ par rapport à μ. L'entropie du système aura alors pour valeur

$$MS + M'S' + m's' + ms + \mu\sigma.$$

Pendant le passage d'une quantité d'électricité égale à l'unité, cette entropie croîtra de

$$\Pi'S' - \varpi's' - \Pi S + \varpi \frac{\partial \Sigma}{\partial m},$$

ou bien de

$$\Pi'S' - \varpi's' - \Pi S + \varpi s.$$

Le travail compensé qui accompagne la réaction produite pendant le passage au travers de la pile d'une quantité d'électricité égale à l'unité aura alors pour valeur

$$ET(\Pi S - \varpi s - \Pi'S' + \varpi's'),$$

T désignant la température absolue.

Mais nous avons vu que ce travail était équivalent à l'excès de la chaleur voltaïque sur la chaleur chimique.

L'excès de la chaleur chimique sur la chaleur voltaïque a donc pour valeur

(67) $$\mathcal{A} = T(\Pi S - \varpi s - \Pi' S' + \varpi' s').$$

Ces deux égalités (66) et (67) ne sont que la traduction du principe de M. H. von Helmholtz.

L'égalité (12) (p. 11) permet d'écrire

$$\left\{\begin{array}{l} \frac{\partial \Phi}{\partial T} = -ES, \quad \frac{\partial \Phi'}{\partial T} = -ES', \\ \frac{\partial \varphi'}{\partial T} = -Es'. \end{array}\right.$$

Cette égalité (12) donne également

$$\frac{\partial \Psi}{\partial T} = -E\Sigma.$$

De cette dernière relation, on déduit

$$\frac{\partial^2 \Psi}{\partial T . \partial m} = -E\frac{\partial \Sigma}{\partial m},$$

ou bien

$$\frac{\partial f}{\partial T} = -E\sigma.$$

Toutes ces relations, jointes aux égalités (66) et (67), conduisent à l'égalité suivante :

(68) $$\mathcal{A} = -AT\frac{\partial \mathcal{E}}{\partial T}.$$

Telle est la relation fondamentale établie par M. H. von Helmholtz et vérifiée par M. Czapski ; cette relation permet de calculer l'excès de la chaleur chimique sur la chaleur voltaïque lorsqu'on connaît l'influence que les variations de température exercent sur la valeur de la force électromotrice de la pile.

Si la chaleur chimique est supérieure à la chaleur voltaïque, la quantité $\mathcal{A}$ est positive; $\frac{\partial \mathcal{E}}{\partial T}$ est alors négatif; la force électromotrice de la pile diminue lorsqu'on fait croître la température.

Si la chaleur chimique est inférieure à la chaleur voltaïque, la quantité $\mathcal{A}$ est négative; $\frac{\partial \mathcal{E}}{\partial T}$ est alors positif; la force électromotrice de la pile croît en même temps que la température.

Pour que la force électromotrice soit indépendante de la température, il faut et il suffit que la chaleur chimique soit, à toute température, égale à la chaleur voltaïque.

Dans ce cas, on a, quelle que soit la température,

$$\Pi S - \varpi s - \Pi' S' + \varpi' s' = 0.$$

On a donc aussi

$$\Pi \frac{\partial S}{\partial T} - \varpi \frac{\partial s}{\partial T} - \Pi' \frac{\partial S'}{\partial T} + \varpi' \frac{\partial s'}{\partial T} = 0.$$

Soient C la chaleur spécifique du zinc, C′ la chaleur spécifique du mercure, c' la chaleur spécifique du calomel, Γ la chaleur spécifique de la dissolution. On aura, en vertu d'une relation connue,

$$\left\{\begin{aligned} C &= -T \frac{\partial S}{\partial T}, \\ C' &= -T \frac{\partial S'}{\partial T}, \\ c' &= -T \frac{\partial s'}{\partial T}, \\ \Gamma &= -T \frac{\partial \Sigma}{\partial T}. \end{aligned}\right.$$

D'ailleurs, l'égalité

$$s' = \frac{\partial \Sigma}{\partial m}$$

donne

$$\frac{\partial \Gamma}{\partial m} = -T \frac{\partial s'}{\partial T}.$$

On peut donc écrire, lorsque la chaleur chimique est, à toute température, égale à la chaleur voltaïque,

$$\Pi C - \varpi \frac{\partial \Gamma}{\partial m} - \Pi' C' + \varpi' c' = 0. \tag{69}$$

Cette égalité conduit à la proposition suivante :

Lorsque, dans une pile, la chaleur chimique est, à toute température, égale à la chaleur voltaïque, la réaction chimique dont la pile est le siège n'entraîne aucune variation dans la chaleur spécifique moyenne du système. C'est la proposition démontrée par M. G. Lippmann.

De l'égalité (66), on déduit aisément l'influence qu'une variation de pression exerce sur la valeur de la force électromotrice. On déduit en effet de cette égalité

$$\frac{\partial \mathcal{E}}{\partial p} = \Pi \frac{\partial \Phi}{\partial p} - \varpi \frac{\partial f}{\partial p} - \Pi' \frac{\partial \Phi'}{\partial p} + \varpi' \frac{\partial \varphi'}{\partial p}.$$

Désignons par V le volume spécifique du zinc, par V' le volume spécifique du mercure, par v' le volume spécifique du calomel. En vertu de l'égalité (13) (p. 11), nous aurons

$$\left\{\begin{aligned} \frac{\partial \Phi}{\partial p} &= V, \\ \frac{\partial \Phi'}{\partial p} &= V', \\ \frac{\partial \varphi'}{\partial p} &= v'. \end{aligned}\right.$$

Soit U le volume de la dissolution. Nous aurons de même

$$\frac{\partial \Psi}{\partial p} = U.$$

De cette dernière égalité, nous déduisons

$$\frac{\partial U}{\partial m} = \frac{\partial^2 \Psi}{\partial p . \partial m},$$

ou bien

$$\frac{\partial U}{\partial m} = \frac{\partial f}{\partial p}.$$

Toutes ces relations nous permettent d'écrire

$$\frac{\partial \mathcal{E}}{\partial p} = \Pi V - \varpi \frac{\partial U}{\partial m} - \Pi' V' + \varpi' v',$$

ou bien, en désignant par W l'augmentation de volume que subit la pile soumise à la pression p pendant le passage d'une quantité d'électricité égale à l'unité,

$$(70) \qquad \frac{\partial \mathcal{E}}{\partial p} = - W.$$

Si donc la réaction dont la pile est le siège est accompagnée d'une augmentation de volume, la force électromotrice de la pile décroît lorsque la pression croît.

Si, au contraire, la réaction dont la pile est le siège est accompagnée d'une diminution de volume, la force électromotrice de la pile croît avec la pression.

Si la réaction n'est pas accompagnée d'une variation de volume sensible, la force électromotrice est sensiblement indépendante de la pression.

Les piles qui dégagent des gaz, telle que la pile de Bunsen, sont le siège d'une réaction chimique accompagnée d'une augmentation de volume considérable; la force électromotrice de semblables piles est d'autant plus faible que la pile fonctionne sous une pression plus considérable. Les piles à gaz sont, au contraire, le siège d'une réaction chimique accompagnée d'une grande contraction; la force électromotrice de ces piles augmente avec la pression. Enfin, dans les piles où aucun élément gazeux n'entre en jeu, telle que la pile de Daniell, la réaction chimique n'entraîne qu'une faible variation de volume; ces piles ont donc une force électromotrice sensiblement indépendante de la pression.

Telles sont les conséquences générales que l'on peut déduire du principe posé par M. Helmholtz. Nous allons voir maintenant comment ce principe permet d'établir les lois des courants produits par des différences de concentration.

§ III. — *Courants produits par des différences de concentration.*

Considérons une pile formée de zinc, de chlorure de zinc dissous dans l'eau, de calomel et de mercure; la force électromotrice d'une semblable pile est donnée par l'égalité (66) (p. 113)

$$\mathcal{E} = \Pi\Phi - \varpi f - \Pi'\Phi' + \varpi'\varphi'.$$

Désignons par h le rapport $\frac{m}{\mu}$, c'est à dire la concentration de la dissolution de chlorure de zinc; f sera une fonction de h, et, par conséquent, il en sera de même de la force électromotrice $\mathcal{E}$ de la pile. Nous mettrons cette relation en évidence en écrivant

$$\mathcal{E} = \Pi\Phi - \varpi f(h) - \Pi'\Phi' + \varpi'\varphi'.$$

Prenons une seconde pile, semblable à la première, mais renfermant une dissolution dont la concentration h' diffère de h. Cette pile aura une force électromotrice

$$\mathcal{E}' = \Pi\Phi - \varpi f(h') - \Pi'\Phi' + \varpi'\varphi'.$$

Supposons que l'on oppose la seconde pile à la première dans un circuit de résistance totale R. L'intensité J du courant qui traverse le système dans le sens où la première pile tend à le faire marcher a pour valeur, d'après l'égalité (64) (p. 99),

$$J = \frac{\mathcal{E} - \mathcal{E}'}{R}.$$

Si $\mathcal{E}$ est supérieur à $\mathcal{E}'$, J est positif; le courant dissout le zinc dans la première pile et le précipite dans la seconde. Si, au contraire, $\mathcal{E}$ est inférieur à $\mathcal{E}'$, le courant dissout le zinc dans la seconde pile et le précipite dans la première.

Or, on a

$$\mathcal{E} - \mathcal{E}' = \varpi [f(h') - f(h)]. \tag{71}$$

D'autre part, d'après les inégalités (34), $f(h)$ croît avec h; $\mathcal{E} - \mathcal{E}'$ a donc le signe de $h' - h$. De là, la conséquence suivante :

Le zinc est dissous par le courant dans la pile qui renferme la solution la plus concentrée.

Mais on peut aller plus loin. L'égalité (71) peut s'écrire

$$\mathcal{E} - \mathcal{E}' = \varpi \int_h^{h'} \frac{df(h)}{dh} dh.$$

L'une des égalités (31) (p. 34) donne

$$\frac{df(h)}{dh}+\frac{1}{h}\frac{d\psi(h)}{dh}=0,$$

la fonction ψ ayant la signification qui a été indiquée au paragraphe précédent. On peut donc écrire

$$\mathcal{E}-\mathcal{E}'=-\varpi\int_h^{h'}\frac{1}{h}\frac{d\psi(h)}{dh}dh.$$

Soit p la tension de la vapeur saturée émise par une dissolution de chlorure de zinc de concentration h. On a, d'après l'égalité (37) (p. 40),

$$v\frac{dp}{dh}=\frac{d\psi(h)}{dh},$$

v désignant le volume spécifique de la vapeur d'eau sous la pression p, à la température considérée. On peut donc écrire

$$\mathcal{E}-\mathcal{E}'=-\varpi\int_h^{h'}\frac{v}{h}\frac{dp}{dh}dh. \tag{72}$$

Cette formule permet de calculer la force électromotrice du système formé par les deux piles accouplées lorsque l'on connaît la loi de compressibilité de la vapeur d'eau à la température considérée, et la loi suivant laquelle la tension de la vapeur saturée émise par une dissolution de chlorure de zinc varie avec la concentration de cette dissolution.

On peut admettre, au moins comme première approximation, que la vapeur d'eau suit, à la température considérée, les lois de Mariotte et de Gay-Lussac. On a alors, en désignant par T la température absolue, et par R une constante

$$pv=\mathrm{RT},$$

et, par conséquent,

$$v\frac{dp}{dh}=\mathrm{RT}\frac{d}{dh}l\,p.$$

D'autre part, d'après les recherches de M. Wüllner, si l'on désigne par P la tension de vapeur saturée de l'eau pure, à la température absolue T, et par K une constante qui dépend seulement de la température et de la nature du sel dissous, on a la loi approchée

$$P - p = kh.$$

On en déduit

$$\frac{d}{dh} lp = -\frac{k}{P - kh}.$$

D'après ces diverses relations, l'égalité (72) peut s'écrire

$$\mathcal{E} - \mathcal{E}' = \varpi \mathrm{KRT} \int_h^{h'} \frac{dh}{h(P - kh)}.$$

Posons

$$\frac{1}{h} = z.$$

Nous aurons

$$\int_h^{h'} \frac{dh}{h(P - kh)} = \int_{z'}^{z} \frac{dz}{Pz - k}$$

$$= l\left(\frac{Pz - k}{Pz' - k}\right)$$

$$= l\left(\frac{h'}{h}\,\frac{P - kh}{P - kh'}\right).$$

Nous aurons donc finalement

$$(73) \qquad \mathcal{E} - \mathcal{E}' = \varpi \mathrm{KRT}\, l\left(\frac{h'}{h}\,\frac{P - kh}{P - kh'}\right),$$

formule qui permet de calculer la force électromotrice du système, lorsqu'on connait la concentration des dissolutions que renferment les deux piles opposées.

Pour éliminer diverses causes d'erreur, M. Helmholtz a expérimenté sur des piles pour lesquelles la valeur de $h' - h$ était fort considérable. Dans ces conditions, la formule de M. Wüllner ne présentait plus une approximation suffisante, comme on pouvait s'en assurer par l'examen des tensions de vapeur des solutions de chlorure de zinc mesurées par M. James Moser. Dans ce cas, M. Helmholtz remplace la formule de Wüllner par une formule telle que la suivante :

$$P - p = \mathfrak{A}h + \mathfrak{B}h^2,$$

ou bien

$$P - p = \frac{\mathcal{A}}{z} + \frac{\mathcal{B}}{z^2}.$$

Si l'on désigne par $-\alpha$ et β les valeurs que cette équation donnerait pour z si l'on y faisait $p = 0$, on peut écrire

$$p = \mathcal{B}\left(\frac{1}{\alpha} + \frac{1}{z}\right)\left(\frac{1}{\beta} - \frac{1}{z}\right).$$

La formule (72) devient alors

$$\begin{aligned} \mathcal{E} - \mathcal{E}' &= -\varpi RT \int_z^{z'} \left(\frac{1}{\alpha}\frac{1}{z+\alpha} - \frac{1}{\beta}\frac{1}{z-\beta}\right) dz \\ &= \varpi RT \left[\frac{1}{\beta} l\left(\frac{z'-\beta}{z-\beta}\right) - \frac{1}{\alpha} l\left(\frac{z'+\alpha}{z-\alpha}\right)\right], \end{aligned}$$

ou bien

$$(74)\quad \mathcal{E} - \mathcal{E}' = \varpi RT \left[\frac{1}{\beta} l\left(\frac{h}{h'} \cdot \frac{1-\beta h'}{1-\beta h}\right) - \frac{1}{\alpha} l\left(\frac{h}{h'} \cdot \frac{1+\alpha h'}{1+\alpha h}\right)\right].$$

Telle est la formule qui permet de calculer $\mathcal{E} - \mathcal{E}'$, lorsqu'on connaît h et h'.

M. H. von Helmholtz a calculé les coefficients α et β au moyen des observations de tensions de vapeur faites par M. James Moser, et cela de deux manières différentes. Il a fait ensuite usage des coefficients ainsi déterminés pour calculer la force électromotrice $\mathcal{E} - \mathcal{E}'$ d'un système de piles couplées dans lequel h avait pour valeur 0,1088, tandis que h' avait pour valeur 1,25. En faisant usage de l'un des systèmes de valeurs obtenues pour α et β, M. H. von Helmholtz trouva

$$\mathcal{E} - \mathcal{E}' = 0,11579,$$

l'unité de force électromotrice étant la force électromotrice d'un élément analogue à ceux que M. H. von Helmholtz étudiait.

Le second système de valeurs obtenu pour α et β donnait

$$\mathcal{E} - \mathcal{E}' = 0,11455.$$

D'autre part, M. H. von Helmholtz détermina expérimentalement la valeur de $\mathcal{E} - \mathcal{E}'$; dans un espace de treize jours, elle oscilla entre 0,11648 et 0,11428. Sa valeur moyenne fut de 0,11541. Une semblable concordance doit être regardée comme des plus satisfaisantes.

M. H. von Helmholtz a encore comparé les résultats donnés par sa théorie aux résultats déduits de l'expérience dans des conditions un peu différentes.

Concevons que deux vases, mis en communication par un siphon, renferment deux dissolutions de sulfate de cuivre, l'une de concentration h, l'autre de concentration h'. Dans chacun de ces vases plonge une électrode en cuivre, et ces deux électrodes sont reliées entre elles par un conducteur métallique.

Le passage d'une quantité d'électricité égale à l'unité au travers d'une semblable pile dissout dans le premier vase, que nous supposerons renfermer la dissolution la moins concentrée, un poids Π de cuivre, qui fournit un poids ϖ de sulfate de cuivre. Au contraire, dans le second vase, un poids ϖ de sulfate de cuivre est réduit, et un poids Π de cuivre est déposé. Mais, en même temps, le courant entraîne du premier vase dans le second, en vertu d'un phénomène de transport qui a été surtout étudié par M. Hittorf, un poids $n\varpi$ de sulfate de cuivre.

Dès lors, il est aisé de voir que le potentiel thermodynamique du système croît de

$$(1 - n)\,\varpi\,[f(h) - f(h')].$$

La force électromotrice du système a donc pour valeur

$$\mathcal{E} = (1 - n)\,\varpi\,[f(h') - f(h)], \tag{75}$$

n est naturellement une fonction de h et de h'. Si la valeur de n est connue (et les recherches de M. Hittorff l'ont fait connaître pour un certain nombre de sels), on pourra, par cette formule, déduire $\mathcal{E}$ de la valeur de la concentration des deux dissolutions que renferme le système.

M. Helmholtz a effectué ce calcul pour diverses piles, et il en a comparé les résultats aux valeurs des forces électromotrices déterminées expérimentalement par M. James Moser. Les tableaux suivants résument cette comparaison. Dans ces tableaux, z représente la valeur de $\frac{1}{h}$; $\mathcal{E}$ obs. représente la force électromotrice observée par M. Moser; $\mathcal{E}$ calc. représente la force électromotrice calculée par M. H. von Helmholtz. Nous n'insistons pas sur les détails du calcul, que l'on trouvera exposés dans le mémoire de M. H. von Helmholtz [1].

I. — Couple à sulfate de cuivre et électrodes de cuivre.

z	z'	$\mathcal{E}$ obs.	$\mathcal{E}$ calc.
128,5	4,209	27	27,4
—	6,352	23	23,8
—	8,496	21	21,4
—	17,07	16	15,8
—	34,22	10	10,3

II. — Couple à iodure de cadmium et électrodes de cadmium.

z	z'	$\mathcal{E}$ obs.	$\mathcal{E}$ calc.
100	50	4,1	4,3
—	33,33	7,1	7,0
—	20	11,7	11,5
—	10	17,7	18,1
—	6,67	22,3	22,4
—	5	25,5	25,6
—	2,5	35,0	33,5

III. — Couple à sulfate de zinc et électrodes de zinc.

z	z'	$\mathcal{E}$ obs.	$\mathcal{E}$ calc.
163	34,625	10,7	10,8
—	10,889	18,9	19,4
—	4,934	25,1	25,6
—	2,963	31,9	30,0

La concordance qui existe entre les résultats du calcul et ceux de

[1] Helmholtz. *Galvanische Ströme verursacht durch Concentrationsunterschiede* (*Wiedemann's Annalen der Physik und Chemie*, III, p. 201, 1878).

l'expérience est assez parfaite pour qu'il ne puisse rester aucun doute sur l'exactitude du principe proposé par M. H. von Helmholtz pour remplacer la loi de M. Edm. Becquerel. La relation qui existe entre la force électromotrice d'une pile et les phénomènes thermiques dont cette pile est le siège peut être aujourd'hui regardée comme connue.

DEUXIÈME PARTIE

QUELQUES APPLICATIONS NOUVELLES DU POTENTIEL THERMODYNAMIQUE A LA MÉCANIQUE CHIMIQUE. DISSOLUTIONS ET MÉLANGES.

CHAPITRE PREMIER

LOIS DE LA SOLUBILITÉ DES SELS. — CONGÉLATION DES DISSOLVANTS.

§ I. — *Dissolutions saturées et non saturées.*

Les propriétés des dissolutions et des mélanges liquides ont été peu étudiées au point de vue de la thermodynamique. Les connaissances que l'on possède sur ce sujet se réduisent aux propositions qui ont été exposées au chapitre III. Dans cette seconde partie, nous nous proposons de montrer que la théorie du potentiel thermodynamique permet d'aborder l'étude d'un grand nombre de phénomènes présentés par les dissolutions ou par les mélanges liquides.

Nous examinerons en premier lieu les lois auxquelles obéit la dissolution d'un corps solide dans un liquide.

Envisageons un système qui renferme un poids μ d'un solide non dissous, et un poids m_1 du même solide dissous dans un poids m_2 d'un certain liquide.

Soit Ψ le potentiel thermodynamique sous pression constante d'un kilogramme du solide, dans les conditions de température et de pression où le système se trouve placé ; le potentiel thermodynamique du solide non dissous a pour valeur $\mu\Psi$.

Le potentiel thermodynamique sous pression constante de la dissolution est une fonction homogène et du premier degré de m_1 et de m_2 ; si l'on désigne par F_1 la dérivée de ce potentiel par rapport à m_1, et par F_2 la dérivée de la même quantité par rapport à m_2, le potentiel thermodynamique de la dissolution aura pour valeur, d'après l'égalité (27 *bis*) (p. 33),

$$m_1 F_1 + m_2 F_2.$$

Le potentiel thermodynamique du système a donc pour valeur

$$\Phi = \mu\Psi + m_1 F_1 + m_2 F_2.$$

Supposons qu'un poids $d\mu$ du solide entre en dissolution. Le potentiel thermodynamique augmentera de

$$d\Phi = (F_1 - \Psi)\, d\mu.$$

Si $F_1 - \Psi$ est positif, $d\Phi$ a le signe de $d\mu$; la dissolution d'une petite quantité du solide ferait croître le potentiel thermodynamique ; ce phénomène ne peut donc se produire, tandis que le phénomène inverse, la précipitation d'une petite quantité de solide est possible. Si, au contraire, $F_1 - \Psi$ est négatif, la précipitation du solide est impossible, tandis que la dissolution d'une petite quantité du solide est possible.

Supposons qu'à la température considérée, sous la pression considérée, on ait, pour une certaine concentration de la dissolution,

$$F_1 - \Psi = 0. \tag{76}$$

Il est aisé de voir que l'état du système est un état d'équilibre stable. En effet, si une quantité infiniment petite du solide vient à se dissoudre, en vertu de l'inégalité (32) (p. 35), F_1 augmentera ; Ψ, au contraire, ne changera pas ; $F_1 - \Psi$ deviendra positif, et la dissolution d'une nouvelle quantité du solide deviendra impossible. Au contraire, si une quantité infiniment petite du corps dissous vient à se précipiter, F_1 diminuera, Ψ demeurera invariable, $F_1 - \Psi$ deviendra négatif, et la précipitation du solide cessera d'être possible.

Supposons la pression maintenue constante ; F_1 sera une fonction de la température et de la concentration de la dissolution ; Ψ sera une fonction de la température seule. La condition d'équilibre étant donnée par l'égalité (75), nous pourrons dire qu'à chaque température il n'existe qu'une concentration de la dissolution pour laquelle l'équilibre soit assuré; cette concentration dépend de la température, mais nullement des masses de la dissolution et du solide non dissous. La thermodynamique démontre ainsi *à priori* la loi connue de la solubilité des substances solides; l'équation (76) peut être regardée comme l'équation de la courbe de solubilité du solide.

On peut mettre un solide au contact de deux dissolvants incapables de se mélanger l'un à l'autre, et chercher quelle composition les deux dissolutions doivent présenter pour que l'équilibre soit établi.

Soient m_1, m_2 les poids du corps dissous et du dissolvant que renferme la première dissolution. Le potentiel de cette dissolution sera

$$m_1 F_1 + m_2 F_2.$$

Soient m'_1, m'_2 les poids du corps dissous et du dissolvant que renferme la deuxième dissolution. Le potentiel de cette dissolution sera

$$m'_1 F'_1 + m'_2 F'_2.$$

Si un poids du solide dm'_1 passe du sein de la première dissolution au sein de la seconde, le potentiel du système variera de

$$(F'_1 - F_1)\, dm'_1.$$

De là, on conclut bien aisément que la condition d'équilibre stable est donnée par l'égalité

$$F_1 = F'_1.$$

Pour une température et une pression données, le premier membre de cette égalité dépend uniquement du rapport $\frac{m_1}{m_2}$; le second membre dépend uniquement du rapport $\frac{m'_1}{m'_2}$. L'égalité précédente a donc pour traduction la loi suivante, énoncée, comme résultat de l'expérience, par MM. Berthelot et Jungfleisch :

Étant donnés deux dissolvants non miscibles et un corps soluble dans chacun d'eux et *pouvant se dissoudre intégralement dans les conditions de l'expérience*, les quantités dissoutes par un même volume des deux liquides sont entre elles dans un rapport qui dépend de la nature du corps, de la concentration, de la température, mais nullement du volume respectif des deux dissolvants.

Qu'arrive-t-il si le corps que l'on dissout dans les deux liquides est en assez grande quantité pour laisser un résidu solide? Il est facile de reconnaître que chacun des deux liquides se sature alors de ce corps comme s'il était seul en contact avec lui.

Nous pouvons en effet concevoir que l'on impose au système l'une des trois modifications virtuelles que voici :

1° Un poids infiniment petit du solide se dissout dans le premier liquide.

2° Un poids infiniment petit du solide se dissout dans le deuxième liquide.

3° Un poids infiniment petit du solide passe d'une dissolution dans l'autre.

Ces trois modifications nous donnent trois équations d'équilibre qui sont :

$$F_1 = \Psi,$$
$$F'_1 = \Psi,$$
$$F_1 = F'_1.$$

La troisième est une conséquence des deux premières; les deux premières expriment la loi que nous avions énoncée.

Les liquides peuvent souvent se dissoudre les uns dans les autres; il se produit alors certains phénomènes qui ont été étudiés expérimentalement par M. Duclaux.

Dans un liquide A, on verse des quantités croissantes d'un autre liquide B; celui-ci se dissout d'abord dans le liquide A; puis vient un moment où la dissolution, saturée, refuse de dissoudre le liquide B; mais alors celui-ci, au lieu de demeurer inaltéré, comme le ferait un sel au contact de sa dissolution saturée, enlève à la dissolution déjà formée une partie du liquide A pour le dissoudre à son tour; il se forme ainsi deux couches de composition différente; M. Duclaux a trouvé que la composition de ces deux couches dépend uniquement de la température; elle est indépendante de la proportion qui existe entre les poids des deux liquides mis en présence, pourvu, bien entendu, que cette proportion soit comprise dans les limites entre lesquelles la formation des deux couches est concevable.

On peut déduire cette loi des principes de la thermodynamique. Supposons que la première dissolution renferme un poids m_A du premier liquide et un poids m_B du second liquide; le potentiel de cette dissolution aura pour valeur

$$m_A F_A + m_B F_B.$$

Supposons que la seconde dissolution renferme un poids m'_A du liquide A et un poids m'_B du liquide B; le potentiel de cette dissolution aura pour valeur

$$m'_A F'_A + m'_B F'_B.$$

Le potentiel du système aura pour valeur

$$m_A F_A + m_B F_B + m'_A F'_A + m'_B F'_B.$$

En exprimant que ce potentiel ne varie pas lorsqu'une quantité infiniment petite du liquide A passe d'une couche à l'autre, nous aurons une première condition d'équilibre

$$F_A - F'_A = 0.$$

En exprimant de même que ce potentiel ne varie pas lorsqu'une quantité infiniment petite du liquide B passe d'une couche à l'autre, nous aurons une seconde condition d'équilibre

$$F_B - F'_B = 0.$$

Les deux quantités F_A et F_B dépendent uniquement de la température et du rapport $\frac{m_A}{m_B}$; les deux quantités F'_A et F_B dépendent uniquement de la température et du rapport $\frac{m'_A}{m'_B}$. Les deux conditions d'équilibre que l'on vient d'écrire donnent donc pour $\frac{m_A}{m_B}$ et $\frac{m'_A}{m'_B}$ des valeurs qui dépendent seulement de la température, ce qui démontre la loi trouvée expérimentalement par M. Duclaux.

§ II. — *Congélation des dissolvants.*

Lorsqu'on refroidit une dissolution saline, elle laisse déposer de la glace; l'analyse de cette glace y dénote parfois des proportions variables du sel que renferme la dissolution; on admet en général que ce sel est simplement contenu dans l'eau mère interposée entre les cristaux de glace, et que ces derniers sont formés de glace pure. Nous adopterons cette manière de voir pour étudier théoriquement la formation de la glace au sein d'un dissolvant.

Considérons un système qui renferme un poids μ de glace et un poids m_1 de sel dissous dans un poids m_2 d'eau. Si nous désignons par Ψ le potentiel d'un kilogramme de glace dans les conditions de température et de pression où le système se trouve placé, le potentiel de la glace que renferme le système sera $\mu\Psi$. Le potentiel de la dissolution est une fonction homogène et du premier degré de m_1 et de m_2; si nous désignons par F_1 la dérivée de cette fonction par rapport à m_1 et par F_2 la dérivée de cette fonction par rapport à m_2, le potentiel de la dissolution aura pour valeur

$$m_1 F_1 + m_2 F_2,$$

et le potentiel du système aura pour valeur

$$m_1 F_1 + m_2 F_2 + \mu\Psi.$$

Par un raisonnement analogue à celui qui nous a servi à démontrer la loi de solubilité des corps solides, nous démontrerions que si

$$F_2 - \Psi$$

est positif, la glace peut se séparer de la dissolution, mais ne peut y fondre, tandis que l'inverse a lieu si

$$F_2 - \Psi$$

est négatif. La condition d'équilibre est donnée par l'égalité

$$F_2 - \Psi = 0. \tag{77}$$

Ψ dépend uniquement de la pression p et de la température T; F_2 dépend des mêmes variables, et en outre de la concentration

$$h = \frac{m_1}{m_2}$$

de la dissolution. Si la concentration de la dissolution est donnée, la condition d'équilibre devient une relation entre la température et la pression; elle représente alors une courbe de fusion de la glace en présence d'une dissolution ayant la composition considérée, courbe analogue à la courbe de fusion que l'on obtient lorsque la glace se transforme en eau pure.

A chaque valeur de la concentration, correspond une courbe de fusion particulière. Il est aisé de voir que les courbes de fusion relatives à deux valeurs différentes de la concentration ne peuvent avoir aucun point commun.

Supposons, en effet, que la courbe de fusion relative à une valeur h de la concentration passe par un point de coordonnées p et T; c'est supposer que nous avons

$$F_2(h, p, T) - \Psi(p, T) = 0.$$

Si la courbe de fusion relative à une autre valeur h' de la concentration passait par le même point, nous aurions également

$$F_2(h', p, T) - \Psi(p, T) = 0.$$

De ces deux égalités, nous déduirions

$$F_2(h, p, T) = F_2(h', p, T).$$

Mais, d'après l'une des inégalités (34) (p. 36), lorsqu'on fait croître la concentration h en laissant constantes la pression p et la température T, F_2 va sans cesse en décroissant. Deux valeurs de F_2 relatives à la même pression p, à la même température T, mais à des valeurs différentes h et h' de la concentration, sont donc nécessairement différentes et l'égalité précédente est impossible.

Puisque les courbes de congélation relatives à deux concentrations différentes ne peuvent avoir aucun point commun, il faut en conclure que, si l'on fait varier la concentration d'une manière continue, la courbe de congélation se déforme et se déplace de manière à balayer le plan toujours dans le même sens. Il en résulte que pour savoir comment des courbes de congélation relatives à des concentrations de plus en plus élevées sont placées les unes par rapport aux autres, il suffit de déterminer la situation de la courbe de congélation relative à une dissolution très étendue par rapport à la courbe de congélation de l'eau pure.

Pour résoudre ce problème, différentions l'égalité (77) en laissant la température constante; nous avons

$$\frac{\partial F_2}{\partial h} dh + \frac{\partial F_2}{\partial p} dp = \frac{\partial \Psi}{\partial p} dp.$$

Mais, en vertu de l'égalité (77), lorsque T est maintenu constant, p est une fonction de la seule variable h; on peut donc écrire l'égalité précédente

$$\frac{\partial F_2}{\partial h} + \left(\frac{\partial F_2}{\partial p} - \frac{\partial \Psi}{\partial p}\right) \frac{dp}{dh} = 0.$$

D'après l'égalité (13) (p. 11), si l'on désigne par v le volume spécifique de la glace sous la pression p, à la température T, on aura

$$\frac{\partial \Psi}{\partial p} = v.$$

D'autre part, pour une dissolution infiniment diluée, F_2 devient le potentiel thermodynamique d'un kilogramme d'eau pure sous la pression p, à la température T. Si l'on désigne par w le volume spécifique de l'eau pure dans ces conditions, on aura, en vertu de la même égalité (13),

$$\frac{\partial F_2}{\partial p} = w.$$

On a donc pour une dissolution infiniment diluée

(78) $$\frac{\partial F_2}{\partial p} + (w - v) \frac{dp}{dh} = 0.$$

D'après l'une des inégalités (34), $\frac{\partial F_2}{\partial h}$ est négatif. La glace diminue de volume en fondant; $(w - v)$ est donc aussi négatif; il en résulte que, pour une dissolution infiniment diluée, $\frac{dp}{dh}$ est négatif. Donc, à une température déterminée, la pression pour laquelle la glace fond en présence d'une solution très diluée est inférieure à la pression pour laquelle la glace fond en présence de l'eau pure.

La glace diminuant de volume en fondant, le point de fusion de la glace s'abaisse lorsque la pression croît. Si l'on prend, selon l'usage, les températures pour abscisses et les pressions pour ordonnées, la courbe de fusion de la glace sera inclinée de gauche à droite. Le résultat précédent montre alors que la courbe de congélation d'une solution très diluée est située à gauche de la courbe de congélation de l'eau pure. D'après ce que nous avons vu, on doit en conclure que les courbes de congélation de dissolutions de plus en plus concentrées sont situées *à gauche* les unes des autres, ou, en d'autres termes, que, sous une pression déterminée, la température à laquelle une dissolution laisse déposer de la glace est d'autant plus basse que la dissolution est plus concentrée.

Au lieu d'étudier une solution aqueuse, on peut étudier la congélation d'une solution dont le dissolvant augmente de volume en fondant; c'est ainsi que M. Raoult a étudié la congélation de dissolutions faites dans la benzine, la nitrobenzine, le bibromure d'éthylène, l'acide formique, l'acide acétique, etc... Dans ce cas, l'égalité (78) reste exacte; $\frac{\partial F_2}{\partial h}$ est encore négatif; mais $(w - v)$ est positif; il en résulte que $\frac{dp}{dh}$ est positif. Donc, à une température déterminée, la pression sous laquelle se produit la congélation d'une dissolution très faiblement saturée est supérieure à la pression sous laquelle se produit la congélation du dissolvant pur. Mais, dans ce cas, la courbe de congélation du dissolvant pur est inclinée de droite à gauche. Le résultat précédent montre donc que la courbe de congélation d'une dissolution très diluée est située à gauche de la courbe de congélation du dissolvant pur. Il faut en conclure que les courbes de congélation de dissolutions de plus en plus concentrées sont encore situées *à gauche* les unes des autres, ou, en d'autres termes, que, sous une pression déterminée, le point de congélation d'une dissolution est d'autant plus bas que la dissolution est plus concentrée.

La loi que nous venons de démontrer théoriquement a été depuis longtemps reconnue par l'expérience. Récemment, M. Raoult l'a vérifiée dans une longue série de recherches.

« Les principales conclusions du travail de M. Raoult, dit M. Debray [1], sont les suivantes :

[1] H. Debray. *Comptes rendus*, XCVI, p. 827, 1883.

» Tout corps solide, liquide ou gazeux, en se dissolvant dans un
» composé défini liquide, capable de se solidifier, en abaisse le point
» de congélation.

» Ce fait, dont il serait intéressant de découvrir la cause, peut être
» considéré comme général. Les exceptions observées sont apparentes
» et faciles à expliquer...

» On peut dire aujourd'hui que, de deux échantillons d'un même
» corps, le plus pur est celui qui se solidifie ou qui fond à la tempéra-
» ture la plus élevée. »

La théorie du potentiel thermodynamique permet, comme on vient de le voir, de démontrer en toute rigueur la loi de la congélation des dissolvants; elle emploie pour y parvenir un mode de raisonnement qui nous a déjà servi, au chapitre III, à démontrer l'abaissement que la tension de vapeur saturée d'une dissolution subit lorsqu'on augmente la concentration de cette dissolution, abaissement que tous les physiciens avaient admis jusqu'ici comme un fait d'expérience.

CHAPITRE II

LOIS DE L'ÉTHÉRIFICATION.

Dans les chapitres précédents, nous avons eu parfois à considérer le liquide mixte obtenu par la dissolution d'un solide dans un liquide, ou bien par le mélange de deux liquides; mais nous n'avons jamais eu à considérer de liquides plus complexes formés par le mélange de plusieurs substances. C'est à de semblables liquides, composés seulement du mélange de deux substances, que s'appliquent les relations établies au chapitre III de la première partie.

Toutefois, dans certaines questions, on a à considérer des mélanges liquides plus complexes; c'est par exemple ce qui arrive dans l'étude des phénomènes d'éthérification, dont les lois ont été établies, au point de vue expérimental, par les travaux de MM. Berthelot et Péan de Saint-Gilles.

Mélangeons de l'alcool et de l'acide benzoïque, et maintenons-les un temps suffisamment long dans un tube scellé, à une température constante; ils se transforment partiellement en éther benzoïque et en eau; c'est le phénomène de l'éthérification. Inversement, de l'eau et de l'éther benzoïque, longtemps chauffés, se transforment partiellement en alcool et en acide benzoïque; c'est le phénomène de la saponification. Le mélange au sein duquel ces réactions chimiques s'accomplissent est fort complexe; il est composé de quatre corps : alcool, acide benzoïque, eau, éther benzoïque; il peut même arriver que ces quatre corps soient dissous dans un cinquième corps tel que l'éther ordinaire ou l'acétone. On ne pourra donc, en général, faire la théorie des phénomènes d'éthérification au moyen des seules relations établies au chapitre III de la première partie.

Il est cependant un cas où ces relations suffisent à l'étude des phénomènes d'éthérification; ce cas, tout particulier qu'il est, a une grande importance. Aussi commencerons-nous par l'examiner.

Supposons que l'on ait pris un certain poids d'alcool et un poids équivalent d'acide benzoïque, et qu'on les ait fait réagir; pendant la réaction, le poids de l'alcool et le poids de l'acide benzoïque ont varié, mais ces deux poids sont restés équivalents entre eux; de même le poids de l'eau et le poids de l'éther benzoïque ont varié, mais ces deux poids sont restés équivalents entre eux.

Or, rien ne nous empêche de regarder le mélange d'un certain poids d'alcool et d'un poids équivalent d'acide benzoïque comme un liquide unique, d'une composition chimique bien déterminée, que nous pourrons nommer le liquide A; de même, rien ne nous empêche de regarder le mélange d'un certain poids d'eau et d'un poids équivalent d'éther benzoïque comme un liquide unique, d'une composition chimique également bien déterminée, que nous pourrons nommer le liquide B. Le liquide A et le liquide B peuvent être envisagés comme deux états différents d'une même substance. La réaction chimique que nous voulons étudier consiste dans le passage d'un certain poids de cette substance de l'un de ces états à l'autre. Si la réaction chimique se produit en l'absence de tout dissolvant étranger, le système est composé du mélange des deux liquides A et B seulement, et les formules établies au chapitre III de la première partie suffisent à en faire la théorie.

Considérons un système renfermant un poids m_A du liquide A, et un poids m_B du liquide B. Ce système admet un potentiel thermodynamique sous pression constante; ce potentiel Φ est une fonction homogène et du premier degré de m_A et de m_B. Si nous posons

$$\frac{\partial \Phi}{\partial m_A} = F_A, \qquad \frac{\partial \Phi}{\partial m_B} = F_B,$$

nous aurons, en vertu de l'égalité (27 *bis*) (p. 33),

$$\Phi = m_A F_A + m_B F_B.$$

Supposons qu'un poids infiniment petit dm_B du liquide B prenne naissance aux dépens d'un poids égal du liquide A. Le potentiel thermodynamique du système éprouvera un accroissement

$$d\Phi = (F_B - F_A)\, dm_B.$$

Deux cas sont à distinguer.

Si $F_B - F_A$ est négatif, $d\Phi$ est négatif lorsque dm_B est positif; la formation d'une petite quantité du liquide B aux dépens du liquide A entraîne un travail non compensé positif; l'éthérification est donc un phénomène possible, mais non réversible.

Si, au contraire, $F_B - F_A$ est positif, $d\Phi$ a le signe de dm_B; la formation d'une petite quantité du liquide B aux dépens du liquide A entraînerait alors un travail non compensé négatif; l'éthérification est un phénomène impossible; la saponification est un phénomène possible, mais non réversible.

Supposons qu'il existe un état du système vérifiant l'égalité

$$F_A = F_B. \tag{79}$$

Il est facile de voir qu'un semblable état est un état d'équilibre stable.

Supposons en effet que le système subisse, à partir de cet état, une éthérification partielle; m_B augmentera tandis que m_A diminuera. Soit dm_B l'augmentation de m_B; la quantité

$$F_B - F_A,$$

qui était égale à 0, deviendra égale à

$$\left(\frac{\partial F_B}{\partial m_B} - \frac{\partial F_A}{\partial m_B}\right) dm_B - \left(\frac{\partial F_B}{\partial m_A} - \frac{\partial F_A}{\partial m_A}\right) dm_B.$$

Mais, en vertu de l'égalité (29) (p. 33),

$$\frac{\partial F_A}{\partial m_B} = \frac{\partial F_B}{\partial m_A},$$

en sorte que l'égalité précédente devient

$$\left(\frac{\partial F_A}{\partial m_A} + \frac{\partial F_B}{\partial m_B} - 2\,\frac{\partial F_A}{\partial m_A}\right) dm_B.$$

D'après les inégalités (32) et (33) (p. 35), les trois termes du trinôme entre parenthèses sont positifs. Donc $F_B - F_A$, qui était égal à 0 avant l'éthérification infiniment petite dont nous venons de parler, est devenu positif à la suite de cette éthérification, en sorte que toute éthérification nouvelle est devenue impossible.

On démontrerait de même que si le système subissait, à partir de l'état dans lequel l'égalité (79) est vérifiée, une saponification infiniment petite, la quantité $F_B - F_A$ deviendrait négative, et toute saponification nouvelle deviendrait impossible.

Si donc il existe un état du système dans lequel l'égalité (79) soit vérifiée, cet état est un état d'équilibre stable.

Supposons qu'à la température considérée il existe un semblable état d'équilibre, et étudions les caractères qu'il présente.

Les deux fonctions F_A et F_B dépendent de la pression, de la température, et des poids m_A et m_B; relativement à ces dernières variables, il résulte de la définition des fonctions F_A et F_B qu'elles sont des fonctions homogènes et du degré 0 des quantités m_A et m_B, ou, en d'autres termes, qu'elles dépendent uniquement du rapport $\frac{m_A}{m_B}$. Par conséquent, d'après l'égalité (79), la valeur du rapport $\frac{m_A}{m_B}$ qui assure l'équilibre dépend uniquement de la pression et de la température; il est indépendant des valeurs absolues de m_A et de m_B.

Soient m_1, m_2, m_3, m_4 les poids d'alcool, d'acide, d'éther et d'eau que le système renferme. On a

$$m_A = m_1 + m_2,$$
$$m_B = m_3 + m_4.$$

Soient ϖ_1, ϖ_2, ϖ_3, ϖ_4 les poids moléculaires de l'alcool, de l'acide, de l'éther et de l'eau; on a

$$\frac{m_1}{\varpi_1} = \frac{m_2}{\varpi_2},$$
$$\frac{m_3}{\varpi_3} = \frac{m_4}{\varpi_4}.$$

Proposons-nous d'évaluer le rapport $\frac{m_3}{m_A + m_B}$ du poids d'éther que le système renferme au poids total du système.

Ce rapport peut s'écrire

$$\frac{\frac{m_3}{m_B}}{1+\frac{m_A}{m_B}},$$

ou bien

$$\frac{\varpi_3}{(\varpi_3+\varpi_4)\left(1+\frac{m_A}{m_B}\right)}.$$

Ce rapport s'exprime donc en fonction de la seule variable $\frac{m_A}{m_B}$. Il résulte alors de ce qui précède que dans un système où l'alcool et l'acide sont en proportion équivalente, et où l'alcool et l'éther sont aussi en proportion équivalente, le rapport du poids de l'éther qui existe dans le système au moment de l'équilibre au poids total du système dépend de la température et de la pression, mais ne dépend ni de la valeur absolue du poids du système, ni de la composition initiale de ce système.

Ce résultat est conforme aux conséquences que M. Berthelot a déduites de ses expériences.

« Par exemple (1), on a pris d'une part un équivalent d'éther ben- » zoïque et un double équivalent d'eau ; ces deux corps étant chauffés » ensemble dans l'état liquide, à 200°, pendant vingt-quatre heures, » au sein d'un tube scellé que le mélange remplissait presque entiè- » rement, on a trouvé qu'il subsistait au bout de ce temps les 66,4 » centièmes du poids de l'éther non décomposé.

» Réciproquement, un équivalent d'alcool et un équivalent d'acide » benzoïque, formant un mélange qui renfermait les mêmes éléments » que le précédent, ont été chauffés ensemble dans l'état liquide, » toujours à 200°, pendant vingt-quatre heures et dans un tube scellé » presque entièrement rempli. Au bout de ce temps, les 66,5 centièmes » du poids de l'acide se sont trouvés changés en éther benzoïque : » proportion qui peut être regardée comme identique à la précédente. »

Nous avons supposé dans ce qui précède que l'alcool et l'acide que

(1) M. Berthelot. *Essai de mécanique chimique fondée sur la thermochimie*, t. II, p. 72.

renferme le système étaient en proportion équivalente; nous avons supposé aussi que l'eau et l'éther étaient en proportion équivalente; nous avons supposé enfin que le système ne renfermait aucun dissolvant étranger; nous nous sommes placés ainsi dans des conditions particulièrement simples, puisque nous pouvions envisager le système comme formé simplement par le mélange des deux liquides que nous avons appelés A et B, et l'étudier au moyen des égalités établies au chapitre III de la première partie.

Nous allons maintenant supposer que l'on complique le problème par l'addition d'un dissolvant étranger sans action chimique sur les divers corps qui prennent part au phénomène d'éthérification. Le système pourra être alors envisagé comme un mélange homogène de trois liquides : le liquide A, le liquide B, le dissolvant étranger. Pour l'étudier, il faudra faire usage de relations plus générales que celles qui ont été exposées au chapitre III de la première partie. Nous allons établir ici ces nouvelles relations, et pour ne rien retrancher à leur généralité, nous supposerons immédiatement qu'il s'agisse d'un mélange homogène de n liquides.

L'état de ce mélange est complètement défini si l'on se donne la pression p qu'il supporte, la température T à laquelle il est porté et les poids $m_1, m_2, \ldots, m_n$ des n corps qui entrent dans sa composition. Le potentiel thermodynamique sous pression constante Φ de ce système est donc une fonction des $n+2$ variables p, T, $m_1, m_2, \ldots, m_n$.

Supposons que la pression et la température conservent des valeurs constantes, et que l'on multiplie la valeur de chacune des n autres variables $m_1, m_2, \ldots, m_n$, par un même nombre λ. On aura un nouveau système ayant exactement la même constitution et le même état que le premier, mais un poids λ fois plus grand. On peut admettre que, dans un même changement d'état, ce nouveau système effectuera une quantité de travail non compensé λ fois plus grande que la quantité de travail non compensé effectuée par le premier système; on peut donc admettre que le potentiel thermodynamique du second système est λ fois plus grand que le potentiel thermodynamique du premier. Par conséquent lorsque, sans faire varier p et T, on multiplie les variables $m_1, m_2, \ldots, m_n$ par un même nombre λ, la quantité Φ se trouve multipliée par ce même nombre λ; en d'autres termes, Φ est une fonction homogène et du premier degré de $m_1, m_2, \ldots, m_n$.

Posons

$$\frac{\partial \Phi}{\partial m_1} = F_1, \quad \frac{\partial \Phi}{\partial m_2} = F_2, \ldots, \quad \frac{\partial \Phi}{\partial m_n} = F_n.$$

Les quantités F_1, F_2, ..., F_n seront, comme Φ, des fonctions des $n+2$ variables p, T, m_1, m_2, ..., m_n. Par rapport aux variables m_1, m_2, ..., m_n, ces fonctions seront, en vertu de leur définition, homogènes et du degré 0. Le théorème d'Euler sur les fonctions homogènes donnera donc les $(n+1)$ égalités

$$(80) \qquad m_1 F_1 + m_2 F_2 + \ldots + m_n F_n = \Phi,$$

$$(81) \qquad \left\{ \begin{array}{l} m_1 \dfrac{\partial F_1}{\partial m_1} + m_2 \dfrac{\partial F_1}{\partial m_2} + \ldots + m_n \dfrac{\partial F_1}{\partial m_n} = 0, \\ m_1 \dfrac{\partial F_2}{\partial m_1} + m_2 \dfrac{\partial F_2}{\partial m_2} + \ldots + m_n \dfrac{\partial F_2}{\partial m_n} = 0, \\ \ldots\ldots\ldots\ldots\ldots\ldots\ldots\ldots\ldots\ldots \\ m_1 \dfrac{\partial F_n}{\partial m_1} + m_2 \dfrac{\partial F_n}{\partial m_2} + \ldots + m_n \dfrac{\partial F_n}{\partial m_n} = 0. \end{array} \right.$$

D'après la définition même des fonctions F_1, F_2, ..., F_n, on a

$$(82) \qquad \frac{\partial F_p}{\partial m_q} = \frac{\partial F_q}{\partial m_p},$$

en sorte que les n égalités (81) peuvent être remplacées par les n autres égalités

$$(83) \qquad \left\{ \begin{array}{l} m_1 \dfrac{\partial F_1}{\partial m_1} + m_2 \dfrac{\partial F_2}{\partial m_1} + \ldots + m_n \dfrac{\partial F_n}{\partial m_1} = 0, \\ m_1 \dfrac{\partial F_1}{\partial m_2} + m_2 \dfrac{\partial F_2}{\partial m_2} + \ldots + m_n \dfrac{\partial F_n}{\partial m_2} = 0, \\ \ldots\ldots\ldots\ldots\ldots\ldots\ldots\ldots\ldots\ldots \\ m_1 \dfrac{\partial F_1}{\partial m_n} + m_2 \dfrac{\partial F_2}{\partial m_n} + \ldots + m_n \dfrac{\partial F_n}{\partial m_n} = 0. \end{array} \right.$$

A ces égalités, qui sont de pures identités algébriques, on peut joindre la proposition suivante, qui a une origine physique.

Dans un mélange contenant des poids quelconques m_1, m_2, ..., m_n, des corps A, B, ..., L, la fonction $F_i = \frac{\partial \Phi}{\partial m_i}$ va en croissant lorsque la variable m_i va en croissant, les autres variables $m_1, m_2, ..., m_{i-1}, m_{i+1}, ..., m_n$ conservant des valeurs constantes.

Nous démontrerons cette proposition pour la fonction F_1; la démonstration sera évidemment générale.

Considérons deux mélanges renfermant les mêmes poids $m_2, m_3, ..., m_n$ des corps B, C, ..., L, mais des poids différents du corps A; le premier renferme un poids $m_1 + dm_1$ du corps A, le second un poids $m_1 - dm_1$ du même corps.

Le potentiel thermodynamique du premier mélange a pour valeur

$$\Phi(m_1 + dm_1, m_2, m_3, ..., m_n);$$

le potentiel du second mélange a pour valeur

$$\Phi(m_1 - dm_1, m_2, m_3, ..., m_n);$$

l'ensemble de ces deux mélanges forme un système dont le potentiel est évidemment égal à la somme des deux quantités précédentes.

Abandonnons ces deux mélanges au contact l'un de l'autre. Au bout d'un certain temps, par suite d'un phénomène de diffusion, le système se compose d'un mélange homogène renfermant des poids $2m_1, 2m_2, 2m_3, ..., 2m_n$ des corps A, B, C, ..., L. Le potentiel du système dans ce nouvel état est

$$\Phi(2m_1, 2m_2, 2m_3, ..., 2m_n),$$

ce qui peut aussi s'écrire

$$2\Phi(m_1, m_2, m_3, ..., m_n),$$

puisque Φ est une fonction homogène et du premier degré de $m_1, m_2, m_3, ..., m_n$.

Le travail non compensé accompli dans cette modification est égal à la diminution subie par le potentiel thermodynamique, c'est à dire à

$$\Phi(m_1 + dm_1, m_2, m_3, ..., m_n) + \Phi(m_1 - dm_1, m_2, m_3, ..., m_n) \\ - 2\Phi(m_1, m_2, m_3, ..., m_n).$$

Mais on a

$$\begin{aligned}\Phi(m_1 + dm_1, m_2, m_3, \ldots, m_n) = {} & \Phi(m_1, m_2, m_3, \ldots, m_n) \\ & + dm_1 \frac{\partial \Phi(m_1, m_2, m_3, \ldots, m_n)}{\partial m_1} \\ & + dm_1^2 \frac{\partial^2 \Phi(m_1, m_2, m_3, \ldots, m_n)}{\partial m_1^2} \\ & + \ldots\ldots\ldots\ldots\ldots\ldots\ldots\ldots\end{aligned}$$

et

$$\begin{aligned}\Phi(m_1 - dm_1, m_2, m_3, \ldots, m_n) = {} & \Phi(m_1, m_2, m_3, \ldots, m_n) \\ & - dm_1 \frac{\partial \Phi(m_1, m_2, m_3, \ldots, m_n)}{\partial m_1} \\ & + dm_1^2 \frac{\partial^2 \Phi(m_1, m_2, m_3, \ldots, m_n)}{\partial m_1^2} \\ & - \ldots\ldots\ldots\ldots\ldots\ldots\ldots\ldots\end{aligned}$$

L'expression du travail non compensé devient donc, en négligeant les termes infiniment petits d'ordre supérieur au second,

$$2 \frac{\partial^2 \Phi(m_1, m_2, m_3, \ldots, m_n)}{\partial m_1^2} dm_1^2.$$

Or la modification considérée est possible, mais non réversible. Elle doit donc engendrer un travail non compensé positif. Par conséquent, on a

$$\frac{\partial^2 \Phi(m_1, m_2, m_3, \ldots, m_n)}{\partial m_1^2} > 0,$$

ou bien

$$\frac{\partial F_1(m_1, m_2, m_3, \ldots, m_n)}{\partial m_1} > 0, \tag{84}$$

conformément à la proposition que nous avions énoncée.

Ces égalités nous permettent d'aborder l'étude du système dont nous avions parlé tout à l'heure. Ce système renferme un poids m_A du liquide A, un poids m_B du liquide B, et un poids μ d'un dissolvant étranger; le potentiel Φ de ce système est une fonction des variables m_A, m_B et μ. Si nous posons

$$\frac{\partial \Phi}{\partial m_A} = F_A, \quad \frac{\partial \Phi}{\partial m_B} = F_B, \quad \frac{\partial \Phi}{\partial \mu} = \Psi,$$

nous aurons, d'après l'égalité (80),

$$\Phi = m_A F_A + m_B F_B + \mu\Psi.$$

Si une quantité infiniment petite dm_B du liquide B prend naissance aux dépens d'une quantité égale du liquide A, le potentiel Φ augmentera de

$$d\Phi = (F_B - F_A)\, dm_B.$$

Supposons que $F_B - F_A$ soit positif; $d\Phi$ aura le signe de dm_B; $d\Phi$ devant être négatif, dm_B devra être aussi négatif; donc l'éthérification sera un phénomène impossible. La saponification au contraire sera un phénomène possible, mais non réversible.

Supposons, au contraire, que $F_B - F_A$ soit négatif; l'éthérification sera un phénomène possible, mais non réversible; la saponification sera un phénomène impossible.

Si l'on constate par l'expérience que les états que peut présenter le système peuvent se partager en deux séries : les uns, pour lesquels l'éthérification est le seul phénomène possible, et les autres pour lesquels la saponification est la seule réaction que l'on puisse constater, ces deux séries correspondront, d'après ce qui précède, à des signes différents de $F_B - F_A$; ils seront séparés par un état d'équilibre dans lequel on aura

$$(79 bis) \qquad F_B - F_A = 0.$$

Or, les expériences de M. Berthelot sur l'influence exercée sur le phénomène d'éthérification par les dissolvants sans action chimique conduisent aux résultats suivants :

« L'acide acétique et l'alcool [1], étant pris à équivalents égaux, » dissous dans leur volume d'acétone, puis chauffés à 180° pendant » cent quatre-vingt-trois heures consécutives, la proportion d'acide » éthérifié s'est élevée à 65,4.

» Le même mélange, étant dissous dans son volume d'éther anhydre » et chauffé de même, on a trouvé 66,8.

» Or, avec l'acide et l'alcool pris isolément, on obtient 66,5. Tous » ces nombres peuvent être regardés comme identiques. »

(1) M. Berthelot, *Essai de mécanique chimique fondée sur la thermochimie*, t. II, p. 77.

De là, on déduit la conséquence suivante :

L'équilibre étant établi dans un système qui renferme un dissolvant étranger, si l'on fait varier le poids μ du dissolvant sans faire varier les poids m_A et m_B des deux liquides qui se transforment l'un dans l'autre, l'équilibre demeure établi ; en d'autres termes, si pour certaines valeurs des variables m_A, m_B, μ, on a l'égalité (79 *bis*)

$$F_A = F_B,$$

cette égalité sera encore vérifiée par les mêmes valeurs de m_A et de m_B jointes à une autre valeur de μ. On en conclut que

$$\frac{\partial F_A}{\partial \mu} = \frac{\partial F_B}{\partial \mu},$$

quel que soit le dissolvant étranger.

Nous généraliserons ce résultat, et nous énoncerons la proposition suivante comme un principe expérimental relatif aux mélanges liquides :

Étant donné un mélange formé par des poids $m_1, m_2, \ldots, m_n$, de n corps A, B, ..., L, on a les égalités

$$(85) \qquad \frac{\partial F_1}{\partial m_i} = \frac{\partial F_2}{\partial m_i} = \ldots = \frac{\partial F_{i-1}}{\partial m_i} = \frac{\partial F_{i+1}}{\partial m_i} = \ldots = \frac{\partial F_n}{\partial m_i}.$$

En vertu de l'égalité (82) (p. 141), ces égalités (85) peuvent aussi s'écrire

$$(86) \qquad \frac{dF_i}{dm_1} = \frac{\partial F_i}{\partial m_2} = \ldots = \frac{\partial F_i}{\partial m_{i-1}} = \frac{\partial F_i}{\partial m_{i+1}} = \ldots = \frac{\partial F_i}{\partial m_n}.$$

Le principe exprimé par les égalités (85) et (86) est d'un usage continuel dans l'étude des mélanges formés par plus de deux corps. Nous verrons plus tard s'il présente des exceptions et quelles sont ces exceptions ; pour le moment, nous l'admettrons avec toute son extension, et nous allons en faire usage dans l'étude du problème général de l'éthérification.

Considérons un système qui renferme un poids m_1 d'alcool, un poids m_2 d'acide, un poids m_3 d'éther, un poids m_4 d'eau, et un poids μ d'un dissolvant étranger; tous ces poids sont quelconques. Le potentiel thermodynamique sous pression constante Φ de ce système est une fonction des cinq variables m_1, m_2, m_3, m_4, μ. Si nous posons

$$\frac{\partial \Phi}{\partial m_1} = F_1, \quad \frac{\partial \Phi}{\partial m_2} = F_2, \quad \frac{\partial \Phi}{\partial m_3} = F_3, \quad \frac{\partial \Phi}{\partial m_4} = F_4, \quad \frac{\partial \Phi}{\partial \mu} = \Psi,$$

nous aurons, en vertu de l'égalité (80) (p. 141),

$$\Phi = m_1 F_1 + m_2 F_2 + m_3 F_3 + m_4 F_4 + \mu \Psi.$$

Supposons qu'une réaction infiniment petite se produise dans le système; les poids m_1, m_2, m_3, m_4 croissent de dm_1, dm_2, dm_3, dm_4; le poids μ ne change pas; le potentiel Φ croît de

$$d\Phi = F_1 dm_1 + F_2 dm_2 + F_3 dm_3 + F_4 dm_4.$$

Soient ϖ_1, ϖ_2, ϖ_3, ϖ_4 les poids moléculaires de l'alcool, de l'acide, de l'éther et de l'eau; nous aurons

$$\frac{dm_1}{\varpi_1} = \frac{dm_2}{\varpi_2} = -\frac{dm_3}{\varpi_3} = -\frac{dm_4}{\varpi_4}.$$

Ces relations nous permettent d'exprimer les quatre quantités dm_1, dm_2, dm_3, dm_4, en fonction de l'une d'entre elles, dm_3 par exemple, et d'écrire

$$d\Phi = (\varpi_3 F_3 + \varpi_4 F_4 - \varpi_1 F_1 - \varpi_2 F_2) \frac{dm_3}{\varpi_3}.$$

Posons

$$\mathcal{A} = \varpi_3 F_3 + \varpi_4 F_4 - \varpi_1 F_1 - \varpi_2 F_2.$$

L'égalité

$$d\Phi = \mathcal{A} \frac{dm_3}{\varpi_3}$$

nous montre que, si $\mathcal{A}$ est positif, $d\Phi$ a le signe de dm_3; l'éthérification est un phénomène impossible; la saponification est un phénomène possible, mais non réversible. Au contraire, si $\mathcal{A}$ est négatif, l'éthérification est un phénomène possible, la saponification est un phénomène impossible.

On en peut conclure que si, dans un état du système, l'égalité

$$\mathcal{A} = 0$$

est vérifiée, cet état est un état d'équilibre stable.

Pour le démontrer, nous allons déterminer le signe des cinq quantités

$$\frac{\partial \mathcal{A}}{\partial m_1}, \quad \frac{\partial \mathcal{A}}{\partial m_2}, \quad \frac{\partial \mathcal{A}}{\partial m_3}, \quad \frac{\partial \mathcal{A}}{\partial m_4}, \quad \frac{\partial \mathcal{A}}{\partial \mu}.$$

Nous avons

$$\frac{\partial \mathcal{A}}{\partial m_1} = \varpi_3 \frac{\partial F_3}{\partial m_1} + \varpi_4 \frac{\partial F_4}{\partial m_1} - \varpi_1 \frac{\partial F_1}{\partial m_1} - \varpi_2 \frac{\partial F_2}{\partial m_1}.$$

Mais, d'après l'une des égalités (81) (p. 141),

$$m_1 \frac{\partial F_1}{\partial m_1} + m_2 \frac{\partial F_2}{\partial m_1} + m_3 \frac{\partial F_3}{\partial m_1} + m_4 \frac{\partial F_4}{\partial m_1} + \mu \frac{\partial \Psi}{\partial m_1} = 0.$$

D'autre part, d'après les égalités (85) (p. 145),

$$\frac{\partial F_2}{\partial m_1} = \frac{\partial F_3}{\partial m_1} = \frac{\partial F_4}{\partial m_1} = \frac{\partial \Psi}{\partial m_1}.$$

De là, nous déduisons sans peine

$$\frac{\partial \mathcal{A}}{\partial m_1} = (\varpi_3 + \varpi_4 - \varpi_2) \frac{\partial F_2}{\partial m_1} - \varpi_1 \frac{\partial F_1}{\partial m_1},$$

ou bien, en vertu de l'égalité

$$\varpi_1 + \varpi_2 = \varpi_3 + \varpi_4,$$

$$\frac{\partial \mathcal{A}}{\partial m_1} = \varpi_1 \left(\frac{\partial F_2}{\partial m_1} - \frac{\partial F_1}{\partial m_1} \right);$$

et, d'autre part,

$$m_1 \frac{\partial F_1}{\partial m_1} + (m_2 + m_3 + m_4 + \mu) \frac{\partial F_2}{\partial m_1} = 0.$$

Désignons par M la masse totale du système. Nous aurons alors

$$M = m_1 + m_2 + m_3 + m_4 + \mu,$$

et les deux égalités précédentes nous donneront la première des cinq relations

$$(87)\qquad \left\{\begin{aligned} \frac{\partial \mathcal{A}}{\partial m_1} &= -\mathrm{M}\,\frac{\varpi_1}{m_1}\,\frac{\partial \mathrm{F}_1}{\partial m_1},\\ \frac{\partial \mathcal{A}}{\partial m_2} &= -\mathrm{M}\,\frac{\varpi_2}{m_2}\,\frac{\partial \mathrm{F}_2}{\partial m_2},\\ \frac{\partial \mathcal{A}}{\partial m_3} &= \mathrm{M}\,\frac{\varpi_3}{m_3}\,\frac{\partial \mathrm{F}_3}{\partial m_3},\\ \frac{\partial \mathcal{A}}{\partial m_4} &= \mathrm{M}\,\frac{\varpi_4}{m_4}\,\frac{\partial \mathrm{F}_4}{\partial m_4},\\ \frac{\partial \mathcal{A}}{\partial \mu} &= 0. \end{aligned}\right.$$

Les quatre dernières relations s'obtiennent par un raisonnement analogue.

Mais, d'après l'inégalité (84) (p. 143), les quatre quantités $\frac{\partial \mathrm{F}_1}{\partial m_1}$, $\frac{\partial \mathrm{F}_2}{\partial m_2}$, $\frac{\partial \mathrm{F}_3}{\partial m_3}$, $\frac{\partial \mathrm{F}_4}{\partial m_4}$, sont positives. Les relations précédentes conduisent donc aux résultats suivants :

$$(88)\qquad \left\{\begin{aligned} \frac{\partial \mathcal{A}}{\partial m_1} &< 0,\\ \frac{\partial \mathcal{A}}{\partial m_2} &< 0,\\ \frac{\partial \mathcal{A}}{\partial m_3} &> 0,\\ \frac{\partial \mathcal{A}}{\partial m_4} &> 0,\\ \frac{\partial \mathcal{A}}{\partial \mu} &= 0. \end{aligned}\right.$$

Ainsi, la quantité caractéristique

$$\mathcal{A} = \varpi_3 \mathrm{F}_3 + \varpi_4 \mathrm{F}_4 - \varpi_1 \mathrm{F}_1 - \varpi_2 \mathrm{F}_2$$

décroît si l'on augmente la quantité d'alcool que renferme le système, ou la quantité d'acide, ou à la fois ces deux quantités; elle croît si l'on augmente la quantité d'éther ou la quantité d'eau, ou à la fois ces deux quantités; elle ne varie pas lorsqu'on fait varier la quantité du dissolvant étranger.

On conclut immédiatement de là que si l'égalité

$$\mathfrak{A} = 0$$

est vérifiée, le système est dans un état d'équilibre stable.

Supposons, en effet, qu'à partir de cet état une éthérification infiniment petite se produise dans le système; par l'effet de ce phénomène, la quantité d'éther et la quantité d'eau que renferme le système iront en augmentant; la quantité d'alcool et la quantité d'acide iront au contraire en diminuant; la quantité caractéristique $\mathfrak{A}$ ira donc en augmentant; elle était égale à 0; elle deviendra positive, et, d'après ce que nous avons vu, toute éthérification nouvelle deviendra impossible.

Supposons au contraire que le système dans lequel l'égalité

$$\mathfrak{A} = 0$$

est vérifiée devienne le siège d'une saponification infiniment petite. Le poids d'alcool et le poids d'acide que le système renferme iront en augmentant; au contraire, le poids d'éther et le poids d'eau iront en diminuant; la quantité $\mathfrak{A}$ ira en diminuant; elle était égale à 0; elle deviendra négative, et, d'après ce que nous avons vu, toute saponification nouvelle deviendra impossible.

L'égalité

$$\mathfrak{A} = 0,$$

ou bien

$$(89) \qquad \varpi_1 F_1 + \varpi_2 F_2 = \varpi_3 F_3 + \varpi_4 F_4$$

donne donc la condition d'équilibre stable du système.

A une température déterminée, sous une pression déterminée, il ne peut exister pour un système donné plus d'un semblable état d'équilibre.

Concevons, en effet, que le système renferme tout d'abord la quantité d'éther la plus faible qui soit concevable, étant donnée sa composition élémentaire; puis que cette quantité d'éther aille en croissant jusqu'à devenir la plus forte qui se puisse concevoir. Dans cette transformation, le poids d'eau et le poids d'éther iraient sans cesse en augmentant, tandis que le poids d'acide et le poids d'alcool iraient sans cesse en diminuant; la quantité caractéristique $\mathfrak{A}$ irait donc sans cesse en augmentant; par conséquent, il existe au plus une composition du système pour laquelle cette quantité passerait par 0.

Les fonctions F_1, F_2, F_3, F_4 sont, d'après leur définition, des fonctions homogènes et du degré 0 des quantités m_1, m_2, m_3, m_4, μ. On peut donc multiplier par un même nombre λ ces cinq quantités sans altérer la valeur de la quantité caractéristique $\mathcal{A}$. De là, la conséquence suivante : Si un premier système présente, pour une composition donnée, un état d'équilibre stable, un second système, de masse totale différente, porté à la même température, soumis à la même pression, sera aussi en équilibre s'il présente la même composition.

La composition pour laquelle a lieu l'équilibre dépend uniquement de la composition élémentaire du système; elle est indépendante de l'état initial de ce système.

La quantité $\mathcal{A}$ ne varie pas par l'addition d'une quantité quelconque d'un dissolvant étranger; si elle était égale à 0 avant cette addition, elle reste égale à 0 après; de là la conclusion suivante : Si à un système en équilibre on ajoute un poids quelconque d'un dissolvant sans action chimique sur le système, l'équilibre n'est pas troublé.

Considérons deux systèmes renfermant initialement les mêmes poids d'acide, d'eau et d'éther, mais des poids différents d'alcool. Supposons que celui de ces deux systèmes qui renfermait initialement le moins d'alcool soit en équilibre au moment où il renferme des poids m_1, m_2, m_3, m_4 d'alcool, d'acide, d'éther et d'eau. A ce moment, on a, pour ce premier système,

$$\mathcal{A} = 0.$$

Envisageons le second système au moment où il renferme un poids m_2 d'acide, un poids m_3 d'éther, un poids m_4 d'eau; ce système renfermera à ce moment un poids d'alcool supérieur à m_1; il résulte alors des propriétés de la quantité $\mathcal{A}$ que, pour ce second système, cette quantité sera encore négative; l'éthérification sera encore possible, et, par conséquent, dans le second système, il pourra se former une quantité d'éther supérieure à m_3.

De ce résultat, on déduit sans peine la proposition suivante énoncée par M. Berthelot (1) comme conséquence de l'expérience :

Dans un système qui renferme plus d'une molécule d'alcool pour

(1) M. Berthelot. *Essai de mécan. chimique fondée sur la thermochimie*, t. II, p. 80 et seq.

une molécule d'acide, le rapport du poids de l'éther formé dans le système au moment de l'équilibre au poids total de l'éther que l'on pourrait former, au moyen des éléments que contient le système, est d'autant plus grand que l'excès d'alcool est plus grand.

Des raisonnements analogues, qu'il est inutile de développer, justifient les propositions suivantes :

Dans un système qui renferme plus d'une molécule d'acide pour une molécule d'alcool, le rapport du poids d'éther formé dans le système au poids d'éther possible est d'autant plus grand que l'excès d'acide est plus grand.

Dans un système qui renferme plus d'une molécule d'éther pour une molécule d'eau, le rapport du poids de l'alcool formé au moment de l'équilibre au poids de l'alcool possible est d'autant plus grand que l'excès d'éther est plus grand.

Dans un système qui renferme plus d'une molécule d'eau pour une molécule d'éther, le rapport du poids de l'alcool formé au moment de l'équilibre au poids de l'alcool possible est d'autant plus grand que l'excès d'eau est plus grand.

Un système peut renfermer à la fois un excès d'alcool et un excès d'eau; dans ce cas, le poids de l'éther formé au moment de l'équilibre est supérieur au poids d'éther que fournirait un système renfermant le même excès d'eau sans excès d'alcool, et inférieur au poids d'éther que fournirait un système renfermant le même excès d'alcool sans excès d'eau.

La théorie mécanique de la chaleur permet ainsi de suivre dans tous leurs détails les particularités signalées par l'expérience dans l'étude des phénomènes d'éthérification.

Lorsque l'alcool et l'acide d'une part, l'éther et l'eau d'autre part, sont employés en proportion moléculaire, nous avons trouvé, en (79) (p. 137) et en (79 *bis*) (p. 144), une condition d'équilibre exprimée par l'égalité

$$F_A = F_B.$$

Il est aisé de voir que cette égalité est une forme particulière de l'égalité (89) (p. 149),

$$\varpi_1 F_1 + \varpi_2 F_2 = \varpi_3 F_3 + \varpi_4 F_4,$$

qui règle l'équilibre dans le cas général.

On a, en effet, d'une manière entièrement générale

$$\Phi = m_1 F_1 + m_2 F_2 + m_3 F_3 + m_4 F_4 + \mu \Psi.$$

Si l'acide et l'alcool sont en proportion équivalente, on a

$$\frac{m_1}{\varpi_1} = \frac{m_2}{\varpi_2}.$$

Si l'éther et l'eau sont aussi en proportion équivalente, on a

$$\frac{m_3}{\varpi_3} = \frac{m_4}{\varpi_4}.$$

Si l'on pose

$$m_A = m_1 + m_2,$$
$$m_B = m_3 + m_4,$$
$$\Pi = \varpi_1 + \varpi_2 = \varpi_3 + \varpi_4,$$

on pourra écrire

$$\Phi = m_A \frac{\varpi_1 F_1 + \varpi_2 F_2}{\Pi} + m_B \frac{\varpi_3 F_3 + \varpi_4 F_4}{\Pi} + \mu \Psi.$$

Si l'on compare cette égalité avec l'égalité

$$\Phi = m_A F_A + m_B F_B + \mu \Psi,$$

on en déduira

$$\begin{cases} F_A = \dfrac{\varpi_1 F_1 + \varpi_2 F_2}{\Pi}, \\ F_B = \dfrac{\varpi_3 F_3 + \varpi_4 F_4}{\Pi}. \end{cases}$$

Moyennant ces relations, l'égalité (89) se transforme en l'égalité (79).

CHAPITRE III

SOLUBILITÉ DES MÉLANGES DE SELS EXEMPTS DE DOUBLE DÉCOMPOSITION.

§ I. — *Les deux sels laissent un résidu solide.*

Supposons que l'on mette en présence d'une certaine quantité d'eau deux sels solides; ces deux sels vont se dissoudre; si le poids des sels solides employés est assez considérable, cette dissolution ne sera que partielle; les deux sels laisseront un résidu solide. Cherchons les lois de cette dissolution dans l'hypothèse où les sels dissous ne donnent lieu à aucune action chimique telle que double décomposition, formation d'un sel double, décomposition en acide et base, etc... Nous admettrons seulement que ces deux sels puissent s'hydrater en se dissolvant.

Supposons que le système renferme un poids p_1 du premier sel et un poids p_2 du second sel à l'état solide. Si nous désignons par Ψ_1 le potentiel thermodynamique sous pression constante d'un kilogramme du premier sel, et par Ψ_2 le potentiel thermodynamique sous pression constante d'un kilogramme du second sel, dans les conditions de température et de pression où le système est placé, le potentiel thermodynamique du résidu solide est

$$p_1\Psi_1 + p_2\Psi_2.$$

Supposons en second lieu que la dissolution renferme un poids m_1 du premier sel, un poids m_2 du second sel, et un poids q d'eau libre. Le potentiel thermodynamique Π de cette dissolution est une fonction de m_1, m_2, q; si l'on désigne par F_1, F_2 et G les dérivées partielles de cette fonction par rapport aux variables m_1, m_2 et q, la fonction Π

elle-même aura pour expression, d'après l'égalité (80) (p. 141),

$$H = m_1 F_1 + m_2 F_2 + qG,$$

et le potentiel thermodynamique du système tout entier aura pour expression

$$\Phi = m_1 F_1 + m_2 F_2 + qG + p_1 \Psi_1 + p_2 \Psi_2.$$

Supposons qu'une quantité infiniment petite dp_1 du premier sel se précipite; m_1 et q varieront de dm_1 et dq; m_2 et p_2 demeureront invariables; le potentiel thermodynamique du système augmentera

$$d\Phi = F_1 dm_1 + G dq + \Psi_1 dp_1.$$

Soit ϖ_1 le poids moléculaire du premier sel solide; soit φ le poids moléculaire de l'eau; supposons qu'une molécule du premier sel, en se dissolvant, se combine à a_1 molécules d'eau; le poids moléculaire du premier sel dissous sera alors $(\varpi_1 + a_1 \varphi)$, et l'on aura

$$\frac{dm_1}{\varpi_1 + a_1\varphi} = -\frac{dq}{a_1\varphi} = -\frac{dp_1}{\varpi_1},$$

égalités qui permettent d'écrire

$$\varpi_1 d\Phi = [\varpi_1 \Psi_1 + a_1\varphi G - (\varpi_1 + a_1\varphi) F_1] \, dp_1.$$

Deux cas sont à distinguer :

Si la quantité

$$\mathcal{A} = \varpi_1 \Psi_1 + a_1\varphi G - (\varpi_1 + a_1\varphi) F_1$$

est positive, la précipitation du premier sel dissous est impossible; la dissolution du premier sel solide est possible et non réversible.

Si, au contraire, la quantité

$$\mathcal{A} = \varpi_1 \Psi_1 + a_1\varphi G - (\varpi_1 + a_1\varphi) F_1$$

est négative, la précipitation du premier sel dissous est possible, mais non réversible.

Supposons que l'on ait

$$\varpi_1 \Psi_1 + a_1\varphi G - (\varpi_1 + a_1\varphi) F_1 = 0;$$

le premier sel ne peut plus ni se dissoudre ni se précipiter. En effet, supposons qu'une quantité infiniment petite du premier sel se précipile; la quantité $\mathcal{A}$ qui était égale à 0 deviendra égale à

$$\mathcal{A}' = a_1\varphi\left(\frac{\partial G}{\partial q}dq + \frac{\partial G}{\partial m_1}dm_1\right) - (\varpi_1 + a_1\varphi)\left(\frac{\partial F_1}{\partial q}dq + \frac{\partial F_1}{\partial m_1}dm_1\right),$$

ce qui peut s'écrire

$$\mathcal{A}' = \frac{dp_1}{\varpi_1}\left[a_1^2\varphi^2\frac{\partial G}{\partial q} + (\varpi_1 + a_1\varphi)^2\frac{\partial F_1}{\partial m_1} - a_1\varphi(\varpi_1 + a_1\varphi)\left(\frac{\partial G}{\partial m_1} + \frac{\partial F_1}{\partial q}\right)\right].$$

Mais, des égalités (81) (p. 141), il résulte

$$q\frac{\partial G}{\partial q} + m_1\frac{\partial G}{\partial m_1} + m_2\frac{\partial G}{\partial m_2} = 0,$$

$$m_1\frac{\partial F_1}{\partial m_1} + m_2\frac{\partial F_1}{\partial m_2} + q\frac{\partial F_1}{\partial q} = 0.$$

D'autre part, des égalités (86) (p. 145), il résulte

$$\frac{\partial G}{\partial m_1} = \frac{\partial G}{\partial m_2},$$

$$\frac{\partial F_1}{\partial m_2} = \frac{\partial F_1}{\partial q}.$$

On peut donc écrire

$$\frac{\partial G}{\partial m_1} = -\frac{q}{m_1 + m_2}\frac{\partial G}{\partial q},$$

$$\frac{\partial F_1}{\partial q} = -\frac{m_1 + m_2}{q}\frac{\partial F_1}{\partial m_1},$$

et, par conséquent,

$$\mathcal{A}' = \frac{dp_1}{\varpi_1}\left\{\left[a_1^2\varphi^2 + \frac{q}{m_1 + m_2}a_1\varphi(\varpi_1 + a_1\varphi)\right]\frac{\partial G}{\partial q} + \left[(\varpi_1 + a_1\varphi)^2 + \frac{m_1 + m_2}{q}a_1\varphi(\varpi_1 + a_1\varphi)\right]\frac{\partial F_1}{\partial m_1}\right\}.$$

Comme, en vertu de l'inégalité (84) (p. 143), les deux rapports $\frac{\partial G}{\partial q}$ et $\frac{\partial F_1}{\partial m_1}$ sont positifs, $\mathcal{A}'$ sera positif, et la précipitation du sel dissous ne pourra continuer. On démontrerait de même que, si dans un système pour lequel on a l'égalité

$$\mathcal{A} = 0,$$

la dissolution d'une quantité infiniment petite du premier sel se produisait, la quantité $\mathcal{A}$ deviendrait négative, et la dissolution du premier sel cesserait d'être possible. Donc, si l'on a

$$\varpi_1 \Psi_1 + a_1 \varphi G - (\varpi_1 + a_1 \varphi) F_1 = 0,$$

le premier sel ne peut ni se dissoudre ni se précipiter.

Des considérations analogues s'appliquent au deuxième sel. Désignons par ϖ_2 son poids moléculaire à l'état solide, et supposons qu'en se dissolvant il se combine avec a_2 molécules d'eau. Il résulte de ce qui précède que si l'on a les deux égalités

$$(90) \qquad \left\{ \begin{aligned} \varpi_1 \Psi_1 + a_1 \varphi G - (\varpi_1 + a_1 \varphi) F_1 = 0, \\ \varpi_2 \Psi_2 + a_2 \varphi G - (\varpi_2 + a_2 \varphi) F_2 = 0, \end{aligned} \right.$$

ni l'un ni l'autre des deux sels ne pourra ni se dissoudre ni se précipiter. Le système sera dans un état d'équilibr stable.

Lorsque la température et la pression sont données, les quantités Ψ_1 et Ψ_2 sont des constantes; les quantités F_1, F_2 et G sont des fonctions homogènes et du degré 0 des variables m_1, m_2, q; les équations (90) déterminent donc les valeurs des rapports $\frac{m_1}{q}$, $\frac{m_2}{q}$, c'est à dire la ***composition de la dissolution***.

Donc, en général, lorsqu'on mettra deux sels incapables de donner lieu à un phénomène de double décomposition ou à la formation d'un sel double, en présence d'une quantité d'eau insuffisante pour les dissoudre intégralement, il se formera une dissolution d'une composition parfaitement déterminée.

M. Rüdorff qui a fait, sur la solubilité des mélanges de sels, des recherches du plus haut intérêt [1], a montré que cette loi se vérifiait par l'expérience pour les treize mélanges suivants :

1° Chlorure d'ammonium et nitrate d'ammoniaque,

---

[1] Fr. Rüdorff. *Ueber die Löslichkeit von Salzgemischen* (*Poggendorff's Annalen der Physik und Chemie*, CXLVIII, p. 456, 1873. — *Journal de Phys.*, 1re série, t. II, p. 286, 1873).

2° Iodure de potassium et chlorure de potassium,
3° Chlorure de potassium et chlorure d'ammonium,
4° Chlorure de potassium et chlorure de sodium,
5° Chlorure de sodium et chlorure d'ammonium,
6° Nitrate d'ammoniaque et nitrate de soude,
7° Nitrate de potasse et chlorure de potassium,
8° Nitrate de soude et chlorure de sodium,
9° Sulfate d'ammoniaque et chlorure d'ammonium,
10° Nitrate de potasse et nitrate de plomb,
11° Chlorure d'ammonium et chlorure de baryum,
12° Sulfate de soude et sulfate de cuivre,
13° Chlorure de sodium et protochlorure de cuivre.

Mais, si les équations (90) donnent en général pour $\frac{m_1}{q}$ et $\frac{m_2}{q}$ des valeurs déterminées, il peut n'en plus être de même dans certains cas particuliers. Supposons, par exemple, que l'on ait les identités

$$(91)\quad \left\{ \begin{aligned} a_1 &= a_2, \\ \varpi_1 \Psi_1 &= \varpi_2 \Psi_2, \\ (\varpi_1 + a_1 \varphi)\, F_1 &= (\varpi_2 + a_2 \varphi)\, F_2. \end{aligned} \right.$$

Tout système de valeurs de $\frac{m_1}{q}$, $\frac{m_2}{q}$, qui vérifiera la première des équations (90), vérifiera aussi la seconde, et réciproquement; il y aura donc une infinité de dissolutions saturées possibles; la composition de la dissolution au moment de l'équilibre dépendra non seulement de la température, mais encore d'une foule d'autres circonstances accidentelles.

Toutefois, pour que cette conclusion soit légitime, il faudrait que le raisonnement qui nous a conduit à admettre que les égalités (90) représentent les conditions d'équilibre du système, fût encore valable dans le cas particulier défini par les équations (91) et c'est précisément ce qui n'a plus lieu.

En effet, de la dernière des égalités (91), nous déduisons

$$(\varpi_1 + a_1 \varphi) \frac{\partial F_1}{\partial q} = (\varpi_2 + a_2 \varphi) \frac{\partial F_2}{\partial q},$$

et par conséquent

$$\frac{\partial F_1}{\partial q} \gtrless \frac{\partial F_2}{\partial q}.$$

Dès lors, nous ne pouvons plus admettre, comme nous l'avons supposé à la page 155, que l'on ait

$$\frac{\partial F_1}{\partial m_2} = \frac{\partial F_1}{\partial q},$$

$$\frac{\partial F_2}{\partial m_1} = \frac{\partial F_2}{\partial q},$$

car on aurait

$$\frac{\partial F_1}{\partial m_2} \lessgtr \frac{dF_2}{\partial m_1},$$

ou, en se reportant à la signification des fonctions F_1 et F_2,

$$\frac{\partial^2 \Pi}{\partial m_1\, \partial m_2} \gtrless \frac{\partial^2 \Pi}{\partial m_2\, \partial m_1},$$

ce qui est impossible.

En d'autres termes, le principe expérimental déduit des expériences de M. Berthelot, et exprimé par les égalités (85) et (86) (p. 145), n'est plus applicable aux corps qui vérifient la troisième des égalités (91). Pour un mélange qui renferme deux tels corps, ce principe doit être modifié de la manière suivante :

Considérons un mélange homogène renfermant des poids m_1, m_2, m_3, m_4, ..., m_n, de n substances A, B, C, D, ..., L. Soient θ_1 et θ_2 les poids moléculaires des substances A et B, et supposons que, conformément à la dernière des égalités (91), on ait

$$\theta_1 F_1 = \theta_2 F_2.$$

Parmi les égalités (85), on devra conserver seulement les suivantes :

$$(85\,bis)\quad \left\{\begin{array}{l} \phantom{\frac{\partial F_1}{\partial m_3} = } \frac{\partial F_3}{\partial m_1} = \frac{\partial F_4}{\partial m_1} = \ldots = \frac{\partial F_n}{\partial m_1}, \\ \phantom{\frac{\partial F_1}{\partial m_3} = } \frac{\partial F_3}{\partial m_2} = \frac{\partial F_4}{\partial m_2} = \ldots = \frac{\partial F_n}{\partial m_2}, \\ \frac{\partial F_1}{\partial m_3} = \frac{\partial F_2}{\partial m_3} = \frac{\partial F_4}{\partial m_3} = \ldots = \frac{\partial F_n}{\partial m_3}, \\ \ldots\ldots\ldots\ldots\ldots\ldots\ldots\ldots \\ \frac{\partial F_1}{\partial m_n} = \frac{\partial F_2}{\partial m_n} = \frac{\partial F_3}{\partial m_n} = \ldots = \frac{\partial F_{n-1}}{\partial m_n}. \end{array}\right.$$

Parmi les égalités (86), on devra conserver seulement les suivantes :

$$
(86\ bis)\quad
\left\{
\begin{aligned}
&\frac{\partial F_1}{\partial m_2} = \frac{\partial F_1}{\partial m_3} = \ldots = \frac{\partial F_1}{\partial m_n},\\
&\frac{\partial F_2}{\partial m_1} = \frac{\partial F_2}{\partial m_3} = \ldots = \frac{\partial F_2}{\partial m_n},\\
\frac{\partial F_3}{\partial m_1} = \frac{\partial F_3}{\partial m_2} = &\frac{\partial F_3}{\partial m_4} = \ldots = \frac{\partial F_3}{\partial m_n},\\
&\ldots\ldots\ldots\ldots\ldots\ldots\ldots\ldots\\
\frac{\partial F_n}{\partial m_1} = \frac{\partial F_n}{\partial m_2} = &\frac{\partial F_n}{\partial m_3} = \ldots = \frac{\partial F_n}{\partial m_{n-1}}.
\end{aligned}
\right.
$$

Le raisonnement qui a servi à établir les équations d'équilibre (90) n'étant plus valable dans le cas particulier où les équations (91) sont vérifiées, nous allons étudier directement ce cas particulier.

On peut, comme dans le cas général, démontrer que si la quantité

$$\mathcal{A} = \varpi_1 \Psi_1 + a_1 \varphi G - (\varpi_1 + a_1 \varphi) F_1$$

est positive, la précipitation du premier sel dissous est impossible; que si, au contraire, cette quantité est négative, la dissolution du premier sel solide est impossible.

Cela posé, supposons que le système soit dans un état tel que

$$\mathcal{A} = \varpi_1 \Psi_1 + a_1 \varphi G - (\varpi_1 + a_1 \varphi) F_1 = 0,$$

et démontrons que la précipitation du premier sel dissous et la dissolution du premier sel solide sont également impossibles.

Si une précipitation infiniment petite a lieu, la quantité $\mathcal{A}$, qui était égale à 0, prend la valeur suivante :

$$\mathcal{A}' = a_1 \varphi \left(\frac{\partial G}{\partial q} dq + \frac{\partial G}{\partial m_1} dm_1 \right) - (\varpi_1 + a_1 \varphi) \left(\frac{\partial F_1}{\partial q} dq + \frac{\partial F_1}{\partial m_1} dm_1 \right),$$

valeur que, comme dans le cas général, nous pouvons mettre sous la forme suivante :

$$\mathcal{A}' = \frac{dp_1}{\varpi_1} \left[a_1^2 \varphi^2 \frac{\partial G}{\partial q} + (\varpi_1 + a_1 \varphi)^2 \frac{\partial F_1}{\partial m_1} - a_1 \varphi (\varpi_1 + a_1 \varphi) \left(\frac{\partial G}{\partial m_1} + \frac{\partial F_1}{\partial q} \right) \right].$$

Des égalités (81) (p. 141), il résulte

$$m_1 \frac{\partial G}{\partial m_1} + m_2 \frac{\partial G}{\partial m_2} + q \frac{\partial G}{\partial q} = 0,$$

et des égalités (86 *bis*), il résulte

$$\frac{\partial G}{\partial m_1} = \frac{\partial G}{\partial m_2},$$

en sorte que l'on a encore, comme dans le cas général,

$$\frac{\partial G}{\partial m_1} = - \frac{q}{m_1 + m_2} \frac{\partial G}{\partial q}.$$

D'autre part, les égalités (81) donnent encore

$$m_1 \frac{\partial F_1}{\partial m_1} + m_2 \frac{\partial F_1}{\partial m_2} + q \frac{\partial F_1}{\partial q} = 0.$$

La troisième des égalités (91) donne

$$(\varpi_1 + a_1 \varphi) \frac{\partial F_1}{\partial m_1} = (\varpi_2 + a_2 \varphi) \frac{\partial F_2}{\partial m_1};$$

mais, en vertu de l'égalité (82) (p. 141),

$$\frac{\partial F_2}{\partial m_1} = \frac{\partial F_1}{\partial m_2};$$

on a donc

$$\frac{\partial F_1}{\partial q} = - \frac{m_1 (\varpi_2 + a_2 \varphi) + m_2 (\varpi_1 + a_1 \varphi)}{q (\varpi_2 + a_2 \varphi)} \frac{\partial F_1}{\partial m_1}.$$

Ces diverses relations permettent d'écrire

$$\mathfrak{A}' = \frac{dp_1}{\varpi_1} \left\{ \left[a_1^2 \varphi_2 + a_1 \varphi (\varpi_1 + a_1 \varphi) \frac{q}{m_1 + m_2} \right] \frac{\partial G}{\partial q} \right.$$
$$\left. + \left[(\varpi_1 + a_1 \varphi)^2 + a_1 \varphi \frac{\varpi_1 + a_1 \varphi}{\varpi_2 + a_2 \varphi} \frac{m_1 (\varpi_2 + a_2 \varphi) + m_2 (\varpi_1 + a_1 \varphi)}{q} \right] \frac{\partial F_1}{\partial m_1} \right\}.$$

Si l'on remarque maintenant que, en vertu de l'inégalité (84) (p. 143), les deux quantités $\frac{\partial G}{\partial q}$ et $\frac{\partial F_1}{\partial m_1}$ sont positives, on voit que la quantité $\mathfrak{A}'$ est positive. Donc, la précipitation d'une quantité infiniment petite du premier sel, dans un système pour lequel

$$\mathfrak{A} = 0,$$

rend toute précipitation ultérieure impossible; de même, dans ce système, la dissolution d'une quantité infiniment petite du premier sel rend toute dissolution ultérieure impossible.

Un raisonnement analogue, appliqué au second sel, montrerait que, même pour deux sels qui vérifient les égalités (91), les conditions d'équilibre du système sont données par les égalités (90). Ainsi se trouve justifiée la proposition suivante, que nous avions tout d'abord énoncée :

Si l'on met deux sels vérifiant les égalités (91), en présence d'une quantité d'eau incapable de les dissoudre intégralement, la dissolution saturée n'aura pas, à une température déterminée, une composition déterminée.

Cette propriété singulière appartient, d'après les recherches de M. Rüdorff, aux cinq mélanges suivants :

14° Sulfate de potasse et sulfate d'ammoniaque,

15° Nitrate de potasse et nitrate d'ammoniaque,

16° Nitrate de baryte et nitrate de plomb,

17° Sulfate de magnésie et sulfate de zinc,

18° Sulfate de cuivre et sulfate de fer.

On remarque que les quatre premiers mélanges sont formés par des sels isomorphes. Quant au sulfate de cuivre et au sulfate de fer, s'ils ne sont pas isomorphes, en général, quand on les fait cristalliser isolément, ils deviennent isomorphes quand on les fait cristalliser ensemble. On est donc conduit à se demander s'il n'existerait pas certaines corrélations entre l'isomorphisme et les propriétés qui découlent des égalités (91). Nous allons, pour répondre à cette question, examiner en détail les conséquences des égalités (91).

§ II. — *Équations caractéristiques de l'isomorphisme.*

Considérons tout d'abord deux sels qui, à l'état solide, vérifient la première des égalités (91)

$$(91_{bis}) \qquad \varpi_1 \Psi_1 = \varpi_2 \Psi_2.$$

De cette égalité, nous déduisons tout d'abord

$$(a) \qquad \varpi_1 \frac{\partial \Psi_1}{\partial p} = \varpi_2 \frac{\partial \Psi_2}{\partial p},$$

ou, en désignant par v_1 et v_2 les volumes spécifiques des deux sels sous la pression p, à la température T, et en tenant compte de l'égalité (13) (p. 11),

(92) $$\varpi_1 v_1 = \varpi_2 v_2.$$

Les deux sels solides, pour lesquels l'égalité (91 *bis*) *est vérifiée, ont donc, dans les mêmes conditions de température et de pression, le même volume moléculaire.*

L'égalité (91 *bis*) nous donne encore les relations

(*b*) $$\varpi_1 \frac{\partial \Psi_1}{\partial T} = \varpi_2 \frac{d \Psi_2}{\partial T},$$

(*c*) $$\varpi_1 \frac{\partial^2 \Psi_1}{\partial p \, \partial T} = \varpi_2 \frac{\partial^2 \Psi_2}{\partial p \, \partial T},$$

(*d*) $$\varpi_1 \frac{\partial^2 \Psi_1}{\partial p^2} = \varpi_2 \frac{\partial^2 \Psi_2}{\partial p^2},$$

(*e*) $$\varpi_1 \frac{\partial^2 \Psi_1}{\partial T^2} = \varpi_2 \frac{\partial^2 \Psi^2}{\partial T^2}.$$

Les égalités (*a*) et (*c*) nous donnent

$$\frac{\dfrac{\partial^2 \Psi_1}{\partial p \, \partial T}}{\dfrac{\partial \Psi_1}{\partial p}} = \frac{\dfrac{\partial^2 \Psi_2}{\partial p \, \partial T}}{\dfrac{\partial \Psi_2}{\partial p}},$$

ou en désignant par α_1 et α_2 les coefficients de dilatation sous pression constante des deux sels considérés, et en tenant compte de l'égalité (14) (p. 12),

(93) $$\alpha_1 = \alpha_2.$$

Deux sels solides, pour lesquels l'égalité (91 *bis*) *est vérifiée, ont donc, dans les mêmes conditions de température et de pression, le même coefficient de dilatation sous pression constante.*

Les égalités (*c*) et (*d*) donnent

$$-\frac{1}{p} \frac{\dfrac{\partial^2 \Psi_1}{\partial p \, \partial T}}{\dfrac{\partial^2 \Psi_1}{\partial p^2}} = -\frac{1}{p} \frac{\dfrac{\partial^2 \Psi_2}{\partial p \, \partial T}}{\dfrac{\partial^2 \Psi_2}{\partial p^2}},$$

ou, en désignant par α'_1, α'_2, les coefficients de dilatation sous volume constant des deux sels considérés, et en tenant compte de l'égalité (16) (p. 12),

$$(94) \qquad \alpha'_1 = \alpha'_2.$$

Deux sels solides, pour lesquels l'égalité (91 *bis*) *est vérifiée, ont le même coefficient de dilatation sous pression constante.*

Les égalités (*a*) et (*d*) donnent

$$-\frac{\dfrac{\partial^2 \Psi_1}{\partial p^2}}{\dfrac{\partial \Psi_1}{\partial p}} = -\frac{\dfrac{\partial^2 \Psi_2}{\partial p^2}}{\dfrac{\partial \Psi_2}{\partial p}},$$

ou, en désignant par ε_1, ε_2, les coefficients de compressibilité des deux sels, et en tenant compte de l'égalité (15) (p. 12),

$$(95) \qquad \varepsilon_1 = \varepsilon_2.$$

Deux sels solides, pour lesquels l'égalité (91 *bis*) *est vérifiée, ont le même coefficient de compressibilité.*

L'égalité (*e*) nous donne

$$-\varpi_1 \mathrm{AT} \frac{\partial^2 \Psi_1}{\partial \mathrm{T}^2} = -\varpi_2 \mathrm{AT} \frac{\partial^2 \Psi_2}{\partial \mathrm{T}^2},$$

ou, en désignant par C_1, C_2, les chaleurs spécifiques sous pression constante des deux sels considérés, et en tenant compte de l'égalité (19) (p. 13),

$$(96) \qquad \varpi_1 C_1 = \varpi_2 C_2.$$

Deux sels solides, pour lesquels l'égalité (91 *bis*) *est vérifiée, ont même chaleur spécifique moléculaire sous pression constante.*

Les égalités (*c*), (*d*), (*e*) nous permettent d'écrire

$$\varpi_1 \mathrm{T} \frac{\left(\dfrac{\partial^2 \Psi_1}{\partial p\, \partial \mathrm{T}}\right)^2}{\dfrac{\partial^2 \Psi_1}{\partial p^2}} - \varpi_1 \mathrm{AT} \frac{\partial^2 \Psi_1}{\partial \mathrm{T}^2} = \varpi_2 \mathrm{T} \frac{\left(\dfrac{\partial^2 \Psi_2}{\partial p\, \partial \mathrm{T}}\right)^2}{\dfrac{\partial^2 \Psi_2}{\partial p^2}} - \varpi_2 \mathrm{AT} \frac{\partial^2 \Psi_2}{\partial \mathrm{T}^2},$$

ou, en désignant par c_1 et c_2 les chaleurs spécifiques sous volume constant des deux sels, et en tenant compte de l'égalité (20) (p. 13),

$$(97) \qquad \varpi_1 c_1 = \varpi_2 c_2.$$

Deux sels solides, pour lesquels l'égalité (91 *bis*) *est vérifiée, ont même chaleur spécifique sous volume constant.*

Ces diverses propriétés conviennent-elles aux corps isomorphes? Les corps isomorphes possèdent cette propriété de former des cristaux mixtes, dans lesquels ils sont disposés par couches alternées; si les deux sels ainsi mélangés n'avaient pas très sensiblement les mêmes coefficients de dilatation et de compressibilité, les variations de température et de pression briseraient ces cristaux. Les sels isomorphes doivent donc posséder les propriétés représentées par les égalités (93), (94) et (95).

L'expérience montre que les corps isomorphes ont très sensiblement le même volume moléculaire et la même chaleur spécifique moléculaire sous pression constante; les égalités (92) et (96) sont donc vérifiées pour ces corps; quant à la propriété exprimée par l'équation (97), elle ne saurait être contrôlée directement par l'expérience; mais, d'après les principes de la thermodynamique, elle est une conséquence de celles qui la précèdent, et par conséquent doit être vérifiée si celles-ci le sont.

On peut donc admettre que l'équation (91 *bis*) détermine l'isomorphisme de deux sels solides pour lesquels elle se trouve vérifiée. C'est donc seulement les mélanges de sels isomorphes qui pourront fournir des dissolutions saturées de composition indéterminée, ce qui est conforme aux recherches de M. Rüdorff.

Mais, ainsi qu'il arrive dans plusieurs des systèmes étudiés par M. Rüdorff, il peut se faire qu'un mélange de deux sels isomorphes donne une dissolution saturée de composition parfaitement déterminée; en effet, pour que l'indétermination se produise, il ne suffit pas que les deux sels vérifient l'égalité (91 *bis*), c'est à dire soient isomorphes à l'état solide; il faut encore qu'ils vérifient les égalités

$$(91_{ter}) \qquad a_1 = a_2,$$

$$(91_{quater}) \qquad (\varpi_1 + a_1 \varphi) \, F_1 = (\varpi_2 + a_2 \varphi) \, F_2.$$

L'égalité (91 *ter*) exprime que les deux sels, en se dissolvant, forment des hydrates de même formule. Il est, dans la plupart des cas, fort difficile de constater si cette condition est ou n'est pas réalisée.

Supposons-la réalisée, et voyons quelles sont les conséquences de l'égalité (91 *quater*).

Le potentiel thermodynamique d'une dissolution des deux sels a pour expression

$$H = m_1 F_1 + m_2 F_2 + qG.$$

Supposons qu'à cette dissolution nous enlevions un poids dp_1 du premier sel à l'état solide, pour le remplacer par un poids équivalent dp_2 du second sel; m_1 décroîtra de

$$dm_1 = -\frac{\varpi_1 + a_1\varphi}{\varpi_1} dp_1,$$

et m_2 croîtra de

$$dm_2 = \frac{\varpi_2 + a_2\varphi}{\varpi_2} dp_2.$$

La première opération fait croître le poids d'eau libre de $\frac{a_1\varphi}{\varpi_1} dp_1$, tandis que la seconde le fait décroître de $\frac{a_2\varphi}{\varpi_2} dp_2$. On a donc

$$dq = \frac{a_1\varphi}{\varpi_1} dp_1 - \frac{a_2\varphi}{\varpi_2} dp_2.$$

Si les poids dp_1, dp_2 sont équivalents, on a

$$\frac{dp_1}{\varpi_1} = \frac{dp_2}{\varpi_2};$$

si, en outre, l'égalité (91 *ter*) est vérifiée, on pourra écrire

$$dH = [(\varpi_2 + a_2\varphi) F_2 - (\varpi_1 + a_1\varphi) F_1] \frac{dp_1}{\varpi_1};$$

si enfin l'égalité (91 *quater*) est vérifiée, on aura

$$dH = 0.$$

Le potentiel thermodynamique de la dissolution ne variera pas si cette dissolution abandonne un certain poids de l'un des deux sels et absorbe en échange un poids chimiquement équivalent de l'autre sel.

De là, on déduirait aisément que cette opération laisse invariable le volume de la dissolution, ses coefficients de dilatation, son coefficient de compressibilité, enfin la quantité de chaleur qu'il faut lui fournir pour élever sa température de 1°, soit sous pression constante, soit sous volume constant.

En résumé, nous regarderons les égalités (91) comme exprimant que les deux sels qui vérifient ces égalités sont *isomorphes tant à l'état solide qu'à l'état de dissolution*, et nous énoncerons de la manière suivante le théorème qu'elles expriment :

Poids chimiquement équivalents de corps isomorphes ont, dans les mêmes conditions, le même potentiel thermodynamique;

Ou bien encore, à cause de l'égalité des volumes moléculaires des corps isomorphes :

Volumes égaux de corps isomorphes ont, dans les mêmes conditions, le même potentiel thermodynamique.

Pour achever de justifier cet énoncé, il faudrait en déduire cette propriété qui peut être regardée comme caractéristique des corps isomorphes :

Un corps solide détermine la cristallisation d'une solution sursaturée d'un autre corps isomorphe.

Dans un mémoire particulier (¹), nous avons exposé cette déduction qui achève de justifier le nom d'équations caractéristiques de l'isomorphisme que nous avons donné aux équations (91).

§ III. — *Un seul des deux sels laisse un résidu solide.*

Nous allons maintenant étudier le cas où l'un des deux sels est en quantité assez faible pour être entièrement dissous dans les conditions de l'expérience. Nous supposerons que les deux sels ne réagissent pas chimiquement l'un sur l'autre, ne sont pas décomposés par l'eau, et ne s'hydratent pas en se dissolvant; nous supposerons en outre, tout d'abord, qu'ils ne sont pas isomorphes.

Les deux sels ne s'hydratant pas, nous aurons à poser, en conservant les notations précédentes,

$$a_1 = 0, \quad a_2 = 0.$$

(¹) *Applications de la thermodynamique aux phénomènes capillaires* (*Annales scientifiques de l'École normale supérieure*, 3ᵉ série, t. II, p. 207, 1885).

Par conséquent, si la quantité

$$\mathcal{A} = F_1 - \Psi_1$$

est négative, la dissolution du sel solide sera possible, mais non réversible; la précipitation du premier sel dissous sera impossible. Si cette quantité est positive, la précipitation du premier sel dissous sera possible, mais non réversible; la dissolution du sel solide sera impossible. Si cette quantité est égale à 0, la dissolution et la précipitation du premier sel seront également impossibles; la dissolution sera saturée. Ces propriétés ont été démontrées au § Ier aussi bien pour des sels isomorphes que pour des sels non isomorphes.

Supposons que la dissolution soit saturée du premier sel; nous avons

$$\mathcal{A} = F_1 - \Psi_1 = 0.$$

Supposons qu'à la dissolution on ajoute un poids dm_2 du second sel. La quantité $\mathcal{A}$, qui était égale à 0, prendra la valeur

$$\mathcal{A}' = \frac{\partial F_1}{\partial m_2} dm_2.$$

Or, on a, en vertu des égalités (81) (p. 141),

$$m_1 \frac{\partial F_1}{\partial m_1} + m_2 \frac{\partial F_1}{\partial m_2} + q \frac{\partial F_1}{\partial q} = 0,$$

et, en vertu des égalités (86) (p. 145),

$$\frac{\partial F_1}{\partial m_2} = \frac{\partial F_1}{\partial q}.$$

On a donc

$$\mathcal{A}' = -\frac{m_1}{m_2 + q} \frac{\partial F_1}{\partial m_1} dm_2.$$

D'après l'inégalité (84) (p. 145), la quantité $\frac{\partial F_1}{\partial m_1}$ est positive; $\mathcal{A}'$ est donc négatif. Donc, après l'addition d'une certaine quantité du second sel, la dissolution, primitivement saturée du premier sel, devient capable de dissoudre une nouvelle quantité de ce sel et incapable de donner lieu à un phénomène de précipitation.

Cette loi a été expérimentalement vérifiée par M. Rüdorff (1).

Supposons maintenant que les deux sels vérifient les égalités (91) (p. 157), ou, en d'autres termes, qu'ils soient isomorphes à l'état solide aussi bien qu'à l'état de dissolution.

A la dissolution saturée du premier sel, pour laquelle

$$\mathcal{A} = F_1 - \Psi_1 = 0,$$

ajoutons un poids dm_2 du second sel; la quantité $\mathcal{A}$, qui était égale à 0, prendra la valeur

$$\mathcal{A}' = \frac{\partial F_1}{\partial m_2} dm_2.$$

Or, d'après les égalités qui caractérisent l'isomorphisme,

$$\varpi_1 \frac{\partial F_1}{\partial m_1} = \varpi_2 \frac{\partial F_2}{\partial m_1},$$

ce qui peut encore s'écrire

$$\varpi_1 \frac{\partial F_1}{\partial m_1} = \varpi_2 \frac{\partial F_1}{\partial m_2}.$$

On a donc

$$\mathcal{A}' = \frac{\varpi_1}{\varpi_2} \frac{\partial F_1}{\partial m_1} dm_2.$$

L'inégalité (84) (p. 143) montre alors que $\mathcal{A}'$ est positif. Ainsi l'addition à une dissolution pour laquelle $\mathcal{A}$ était égal à 0 d'une certaine quantité du second sel fait prendre à $\mathcal{A}$ une valeur positive. Par conséquent, l'addition à une dissolution saturée d'un certain sel d'une certaine quantité d'un sel isomorphe, rend la dissolution sursaturée par rapport au premier sel, et peut déterminer la précipitation d'une certaine quantité de ce sel.

Cette loi a été découverte expérimentalement par C. von Hauer (2); les expériences de M. Rüdorff (3) en ont confirmé l'exactitude.

---

(1) Fr. Rüdorff. *Ueber die Löslichkeit von Salzgemischen* (*Sitzungsberichte der Akademie der Wissenschaften zu Berlin*, 1885, p. 355).

(2) C. von Hauer. *Journal für praktische Chemie*, XCVIII, p. 137, 1866; — CIII, p. 114, 1868.

(3) Fr. Rüdorff. *Ueber die Löslichkeit von Salzgemischen* (*Sitzungsber. der Akad. d. Wissens. zu Berlin*, 1885, p. 355).

Ces dernières expériences ont porté sur les mélanges suivants :

1° Alun de fer ammoniacal et alun d'alumine ammoniacal,

2° Sulfate de cadmium ammoniacal et sulfate de cuivre ammoniacal,

3° Sulfate de zinc et sulfate de magnésium,

4° Sulfate de cuivre et sulfate de fer,

5° Nitrate de plomb et nitrate de baryum,

6° Nitrate de potassium et nitrate d'ammonium.

Les conséquences auxquelles les équations (91) (p. 157) conduisent, dans l'étude des dissolutions des mélanges de sels isomorphes, sont donc parfaitement conformes à l'expérience. La théorie du potentiel thermodynamique permet de suivre dans tous leurs détails les phénomènes présentés par les dissolutions des mélanges de sels exempts de double décomposition.

CHAPITRE IV

DOUBLES DÉCOMPOSITIONS AU SEIN DES DISSOLUTIONS SALINES.

§ I. — *Double décomposition au sein d'un système homogène.*

Soient A et B deux sels qui ne renferment ni le même acide, ni la même base; par leur double décomposition, ils peuvent donner naissance à deux autres sels C et D. Nous supposerons qu'une dissolution renferme un certain poids de chacun des quatre sels A, B, C, D. Nous supposerons en outre, pour plus de généralité, que l'eau ne joue pas simplement le rôle de dissolvant, qu'elle intervient chimiquement dans la réaction, le système formé par les sels A et B étant moins hydraté que le système formé par les sels C et D. Nous admettrons que α_1 molécules du sel A, α_2 molécules du sel B, α_3 molécules d'eau, peuvent, par leur réaction mutuelle, fournir β_1 molécules du sel C et β_2 molécules du sel D.

Nous désignerons les poids moléculaires des corps réagissants de la manière suivante :

Le poids moléculaire du sel A par ϖ_1;

Le poids moléculaire du sel B par ϖ_2;

Le poids moléculaire de l'eau par ϖ_3;

Le poids moléculaire du sel C par ρ_1;

Le poids moléculaire du sel D par ρ_2.

La formule de la réaction chimique qui se produit au sein de la solution nous donnera la relation

$$\alpha_1\varpi_1 + \alpha_2\varpi_2 + \alpha_3\varpi_3 = \beta_1\rho_1 + \beta_2\rho_2. \tag{98}$$

Supposons que la dissolution renferme un poids m_1 du sel A, un poids m_2 du sel B, un poids m_3 d'eau, un poids p_1 du sel C, un poids p_2 du sel D. Désignons par Φ le potentiel thermodynamique sous pression constante de cette dissolution dans des conditions données de température et de pression, et posons

$$\frac{\partial \Phi}{\partial m_1} = F_1, \quad \frac{\partial \Phi}{\partial m_2} = F_2, \quad \frac{\partial \Phi}{\partial m_3} = F_3, \quad \frac{\partial \Phi}{\partial p_1} = G_1, \quad \frac{\partial \Phi}{\partial p_2} = G_2.$$

Nous aurons, en vertu de l'égalité (80) (p. 141),

$$\Phi = m_1 F_1 + m_2 F_2 + m_3 F_3 + p_1 G_1 + p_2 G_2.$$

Supposons qu'une réaction élémentaire se produise dans le système. Les variables m_1, m_2, m_3, p_1, p_2 croîtront de dm_1, dm_2, dm_3, dp_1, dp_2, et le potentiel Φ croîtra de

$$d\Phi = F_1\, dm_1 + F_2\, dm_2 + F_3\, dm_3 + G_1\, dp_1 + G_2\, dp_2.$$

On a d'ailleurs

$$\frac{dm_1}{\alpha_1 \varpi_1} = \frac{dm_2}{\alpha_2 \varpi_2} = \frac{dm_3}{\alpha_3 \varpi_3} = -\frac{dp_1}{\beta_1 \rho_1} = -\frac{dp_2}{\beta_2 \rho_2},$$

relations qui permettent d'évaluer toutes les variations en fonction d'une seule d'entre elles, dm_1 par exemple, et d'écrire

$$\alpha_1 \varpi_1\, d\Phi = (\alpha_1 \varpi_1 F_1 + \alpha_2 \varpi_2 F_2 + \alpha_3 \varpi_3 F_3 - \beta_1 \rho_1 G_1 - \beta_2 \rho_2 G_2)\, dm_1.$$

Si la quantité

$$\alpha_1 \varpi_1 F_1 + \alpha_2 \varpi_2 F_2 + \alpha_3 \varpi_3 F_3 - \beta_1 \rho_1 G_1 - \beta_2 \rho_2 G_2$$

est négative, le signe de $d\Phi$ est différent de celui de dm_1 ; les sels A et B ne peuvent subir de double décomposition, mais ils peuvent prendre naissance aux dépens des sels C et D; l'inverse a lieu si cette quantité est positive.

Nous pouvons démontrer que si l'égalité

$$(99) \quad \alpha_1 \varpi_1 F_1 + \alpha_2 \varpi_2 F_2 + \alpha_3 \varpi_3 F_3 - \beta_1 \rho_1 G_1 - \beta_2 \rho_2 G_2 = 0$$

est vérifiée, le système est dans un état d'équilibre stable. La démonstration est de tout point semblable à celle qui a servi à établir la condition d'équilibre dans le cas général des phénomènes d'éthérification; il est donc inutile de la reprendre ici.

L'état d'équilibre qui s'établit dans les phénomènes de double décomposition entre les sels dissous présente donc les plus grandes analogies avec l'état d'équilibre qui s'établit dans les phénomènes d'éthérification ; il en diffère seulement, dans le cas où nous nous sommes placés, en ce qu'il a lieu non plus entre quatre corps, mais entre cinq composés.

Si l'eau n'intervient pas chimiquement dans la réaction, c'est à dire si $a_3 = 0$, les valeurs de m_1, m_2, p_1 et p_2 qui conviennent à l'équilibre deviennent indépendantes de la valeur de m_3 ; l'eau se comporte alors dans la réaction comme se comportait un dissolvant étranger dans les phénomènes d'éthérification.

Il n'est pas inutile de remarquer ici que, lors même qu'un sel du premier mélange, le sel A par exemple, serait isomorphe avec un sel du second mélange, le sel C par exemple, on pourrait encore démontrer que l'équation (99) définit un état d'équilibre stable. Seulement, dans ce cas particulier, cette équation se simplifierait et deviendrait

$$\alpha_2\varpi_2 F_2 + \alpha_3\varpi_3 F_3 - \beta_2\rho_2 G_2 = 0.$$

Les phénomènes de double décomposition des sels au sein des systèmes homogènes ne nous offrent aucune particularité que l'étude des phénomènes d'éthérification ne nous ait déjà présentée. Mais si l'on suppose que le système cesse d'être homogène, si un ou plusieurs des sels qu'il renferme ne sont que partiellement dissous, de nouveaux phénomènes se présentent ; la loi à laquelle ses phénomènes obéissent varie avec les hypothèses dans lesquelles on se place, avec le nombre des sels que l'on suppose partiellement dissous. Nous nous bornerons à étudier aussi complètement que possible les phénomènes qui ont fait l'objet des expériences de M. Rüdorff [1].

§ II. — *Expériences de M. Rüdorff.* — *Cas général.*

Les expériences de M. Rüdorff ont eu pour but de faire connaître la loi qui règle la solubilité d'un mélange de deux sels, lorsque ces

[1] Fr. Rüdorff. *Ueber die Löslichkeit von Salzgemischen* (*Poggendorff's Annalen der Physik und Chemie*, CXLVIII, p. 555, 1873. — *Journal de physique*, 1re série, t. III, p. 190, 1874.

deux sels peuvent donner lieu à un phénomène de double décomposition. M. Rüdorff n'a étudié que des systèmes où l'eau n'a point de part aux réactions chimiques dont la dissolution est le siège. Cette particularité simplifie les recherches.

On met en présence d'une certaine quantité d'eau un grand excès des deux sels A et B, et l'on se propose d'étudier les phénomènes qui se produisent.

Nous conserverons les notations employées au paragraphe précédent, et nous y joindrons les suivantes, relatives aux sels pris à l'état solide; nous désignerons

Par Ψ'_1 le potentiel d'un kilogramme du sel A,
Par Ψ'_2 le potentiel d'un kilogramme du sel B,
Par X_1 le potentiel d'un kilogramme du sel C,
Par X_2 le potentiel d'un kilogramme du sel D.

En général, la quantité

$$\alpha_1 \varpi_1 \Psi'_1 + \alpha_2 \varpi_2 \Psi'_2 - \beta_1 \rho_1 X_1 - \beta_2 \rho_2 X_2$$

ne sera pas égale à 0. Nous aurons donc deux cas généraux à distinguer, selon que nous aurons l'inégalité

$$(100) \qquad \alpha_1 \varpi_1 \Psi'_1 + \alpha_2 \varpi_2 \Psi'_2 - \beta_1 \rho_1 X_1 - \beta_2 \rho_2 X_2 > 0,$$

ou bien l'inégalité

$$(101) \qquad \alpha_1 \varpi_1 \Psi'_1 + \alpha_2 \varpi_2 \Psi'_2 - \beta_1 \rho_1 X_1 - \beta_2 \rho_2 X_2 < 0.$$

Ce sont ces deux cas généraux que nous allons tout d'abord étudier.

Premier cas général :

$$(100) \qquad \alpha_1 \varpi_1 \Psi'_1 + \alpha_2 \varpi_2 \Psi'_2 - \beta_1 \rho_1 X_1 - \beta_2 \rho_2 X_2 > 0.$$

Nous supposerons, pour fixer les idées, que les poids des deux sels A et B mis en présence de l'eau sont des poids chimiquement équivalents, c'est à dire des poids proportionnels à α_1, ϖ_1 et α_2, ϖ_2; c'est d'ailleurs dans ces conditions que les expériences de M. Rüdorff ont été faites.

État initial. — Les sels A et B, mis en présence de l'eau, commencent à s'y dissoudre; va-t-il se produire une double décomposition?

Si la double décomposition ne se produisait pas tout d'abord, la dissolution finirait par se saturer des deux sels A et B sans contenir aucune trace des deux sels C et D.

D'après les considérations exposées au chapitre III, § Ier (2e partie), on aurait alors

$$F_1 = \Psi'_1, \quad F_2 = \Psi'_2.$$

D'autre part, la dissolution qui ne renfermerait pas trace des sels C et D, ne serait pas saturée de ces sels; on aurait donc, d'après les mêmes considérations

$$G_1 < X_1, \quad G_2 < X_2.$$

La quantité

$$\alpha_1 \varpi_1 F_1 + \alpha_2 \varpi_2 F_2 - \beta_1 \rho_1 G_1 - \beta_2 \rho_2 G_2$$

serait alors supérieure à

$$\alpha_1 \varpi_1 \Psi'_1 + \alpha_2 \varpi_2 \Psi'_2 - \beta_1 \rho_1 X_1 - \beta_2 \rho_2 X_2,$$

et par conséquent positive. D'après ce qui a été dit au § Ier du présent chapitre, la formation des sels C et D aux dépens des sels A et B au sein du système homogène formé par la dissolution serait un phénomène possible et non réversible. L'état d'équilibre dont nous venons de parler serait un état d'équilibre instable qui, en général, ne s'établira pas. La double décomposition commencera à se produire.

Première phase. — Aussitôt que la double décomposition a commencé, le phénomène entre dans la première phase, que nous définirons de la manière suivante : la dissolution renferme une certaine quantité des deux sels C et D, mais elle n'est encore saturée ni de l'un ni de l'autre de ces deux sels.

Peut-il, pendant cette première phase, s'établir un état d'équilibre stable?

Les considérations développées au § Ier du chapitre III (2e partie), et au § Ier du présent chapitre donnent pour conditions de l'équilibre stable

$$\begin{cases} \alpha_1 \varpi_1 F_1 + \alpha_2 \varpi_2 F_2 - \beta_1 \rho_1 G_1 - \beta_2 \rho_2 G_2 = 0, \\ F_1 = \Psi_1, \quad F_2 = \Psi_2, \end{cases}$$

ce qui entraînerait l'égalité

$$\alpha_1 \varpi_1 \Psi_1 + \alpha_2 \varpi_2 \Psi_2 - \beta_1 \rho_1 G_1 - \beta_2 \rho_2 G_2 = 0.$$

Mais, puisque la dissolution n'est saturée ni de l'un ni de l'autre des deux sels C et D, on a

$$G_1 < X_1, \quad G_2 < X_2.$$

La quantité

$$\alpha_1\varpi_1\Psi_1 + \alpha_2\varpi_2\Psi_2 - \beta_1\rho_1 G_1 - \beta_2\rho_2 G_2$$

est donc supérieure à la quantité

$$\alpha_1\varpi_1\Psi_1 + \alpha_2\varpi_2\Psi_2 - \beta_1\rho_1 X_1 - \beta_2\rho_2 X_2,$$

et par conséquent, en vertu de l'inégalité (100), est positive. On ne peut donc, durant la première phase de la réaction, obtenir un état d'équilibre stable.

Deuxième phase. — La double décomposition continuant, on parvient à la deuxième phase de la réaction, qui est ainsi définie : l'un des deux sels C ou D, le sel C par exemple, commence à se précipiter; la dissolution n'est pas encore saturée du sel D.

Dans ces hypothèses, les conditions de l'équilibre stable seraient les suivantes :

$$\left\{\begin{aligned} \alpha_1\varpi_1 F_1 + \alpha_2\varpi_2 F_2 - \beta_1\rho_1 G_1 - \beta_2\rho_2 G_2 &= 0, \\ F_1 &= \Psi_1, \\ F_2 &= \Psi_2, \\ G_1 &= X_1. \end{aligned}\right.$$

Ces conditions entraîneraient la relation

$$\alpha_1\varpi_1\Psi_1 + \alpha_2\varpi_2\Psi_2 - \beta_1\rho_1 X_1 - \beta_2\rho_2 G_2 = 0;$$

mais, puisque la solution n'est pas saturée du sel D, on a

$$G_2 < X_2;$$

la quantité

$$\alpha_1\varpi_1\Psi_1 + \alpha_2\varpi_2\Psi_2 - \beta_1\rho_1 X_1 - \beta_2\rho_2 G_2$$

est donc supérieure à

$$\alpha_1\varpi_1\Psi_1 + \alpha_2\varpi_2\Psi_2 - \beta_1\rho_1 X_1 - \beta_2\rho_2 X_2,$$

et, en vertu de l'inégalité (100), elle est positive, ce qui démontre l'impossibilité d'un équilibre stable durant la deuxième phase.

Troisième phase. — La troisième phase est ainsi définie : les deux sels C et D se déposent; les sels A et B, qu'on a supposés en grand excès, ne sont encore entièrement dissous ni l'un ni l'autre; en d'autres termes, pour chacun des quatre sels, il existe un résidu solide. Les conditions d'un équilibre stable durant la troisième phase de la réaction seraient les suivantes :

$$\left\{\begin{array}{c} \alpha_1\varpi_1 F_1 + \alpha_2\varpi_2 F_2 - \beta_1\rho_1 G_1 - \beta_2\rho_2 G_2 = 0, \\ F_1 = \Psi_1, \\ F_2 = \Psi_2, \\ G_1 = X_1, \\ G_2 = X_2. \end{array}\right.$$

Si ces conditions étaient réalisées, on aurait

$$\alpha_1\varpi_1 \Psi_1 + \alpha_2\varpi_2 \Psi_2 - \beta_1\rho_1 X_1 - \beta_2\rho_2 X_2 = 0,$$

égalité qui est en contradiction avec l'inégalité (100). Il ne se produit donc pas d'équilibre stable durant la troisième phase.

Quatrième phase. — L'un des deux sels A ou B, le sel A par exemple, s'est dissous en entier. Les autres sels possèdent un résidu solide. Durant cette quatrième phase, les conditions de l'équilibre stable sont

$$\left\{\begin{array}{c} \alpha_1\varpi_1 F_1 + \alpha_2\varpi_2 F_2 - \beta_1\rho_1 G_1 - \beta_2\rho_2 G_2 = 0, \\ F_2 = \Psi_2, \\ G_1 = X_1, \\ G_2 = X_2. \end{array}\right.$$

Ces conditions entraînent l'égalité

$$\alpha_1\varpi_1 F_1 + \alpha_2\varpi_2 \Psi_2 - \beta_1\rho_1 X_1 - \beta_2\rho_2 X_2 = 0;$$

mais cette égalité n'est plus en contradiction avec l'inégalité (100), car la dissolution n'étant plus saturée du sel A, on a

$$F_1 < \Psi_1.$$

Il n'est donc pas impossible *à priori* que l'équilibre s'établisse durant la quatrième phase de la réaction; s'il ne s'établit pas, la réaction passera à la cinquième phase.

Cinquième phase. — La cinquième phase est ainsi définie : ni le sel A ni le sel B ne laissent de résidu solide; ils existent encore l'un et l'autre au sein de la dissolution. Durant cette phase, les conditions d'équilibre sont

$$\left\{\begin{array}{c} \alpha_1\varpi_1 F_1 + \alpha_2\varpi_2 F_2 - \beta_1\rho_1 G_1 - \beta_2\rho_2 G_2 = 0, \\ G_1 = X_1, \quad G_2 = X_2. \end{array}\right.$$

L'équilibre défini par ces équations n'est pas en contradiction avec l'inégalité (100); il peut donc se faire que l'équilibre s'établisse durant la cinquième phase de la réaction.

S'il ne s'établit pas, la double décomposition continuera jusqu'à destruction complète des deux sels A et B. Au moment de l'équilibre, le système ne renfermera plus que les deux sels C et D, et la dissolution, saturée de ces deux sels, vérifiera les deux égalités

$$\left\{\begin{array}{l} G_1 = X_1, \\ G_2 = X_2. \end{array}\right.$$

Ainsi, en résumé, dans le premier cas général, défini par l'inégalité (100), il y a :

Ou bien équilibre durant la quatrième phase,

Ou bien équilibre durant la cinquième phase,

Ou bien double décomposition complète.

Deuxième cas général :

$$(101) \qquad \alpha_1\varpi_1\Psi_1 + \alpha_2\varpi_2\Psi_2 - \beta_1\rho_1 X_1 - \beta_2\rho_2 X_2 < 0.$$

État initial. — Dans le second cas général, il peut se faire qu'un équilibre stable s'établisse sans aucune double décomposition; il suffit pour cela que l'on puisse avoir

$$\left\{\begin{array}{c} \alpha_1\varpi_1 F_1 + \alpha_2\varpi_2 F_2 - \beta_1\rho_1 G_1 - B_2\rho_2 G_2 < 0, \\ F_1 = \Psi_1, \\ F_2 = \Psi_2. \end{array}\right.$$

Le système ne renfermant alors aucune trace des deux sels C et D, on a

$$G_1 < X_1,$$
$$G_2 < X_2.$$

Les conditions précédentes sont donc compatibles avec l'inégalité (101) sans en être une conséquence nécessaire.

Première phase. — Supposons qu'il y ait commencement de double décomposition; nous arrivons à la première phase, définie comme dans le cas général précédent; comme dans le cas précédent, les conditions d'équilibre sont les suivantes :

$$\left\{\begin{aligned} \alpha_1\varpi_1 F_1 + \alpha_2\varpi_2 F_2 - \beta_1\rho_1 G_1 - \beta_2\rho_2 G_2 &= 0, \\ F_1 &= \Psi_1, \\ F_2 &= \Psi_2. \end{aligned}\right.$$

Ces conditions d'équilibre sont compatibles avec l'inégalité (101), sans être nécessitées par elles. Il peut donc se faire que l'équilibre s'établisse durant la première phase, ou bien que la double décomposition continue durant toute la première phase. S'il en est ainsi, c'est que l'inégalité

$$\alpha_1\varpi_1 F_1 + \alpha_2\varpi_2 F_2 - \beta_1\rho_1 G_1 - \beta_2\rho_2 G_2 > 0$$

est vérifiée durant toute la première phase, et *à fortiori* l'inégalité

$$\alpha_1\varpi_1 \Psi_1 + \alpha_2\varpi_2 \Psi_2 - \beta_1\rho_1 G_1 - \beta_2\rho_2 G_2 > 0,$$

puisque F_1 et F_2 sont des quantités respectivement inférieures, ou au plus égales, à Ψ_1 et Ψ_2.

Deuxième phase. — Si l'équilibre ne s'établit pas durant la première phase, il s'établit nécessairement durant la deuxième. En effet, les conditions d'équilibre durant cette deuxième phase sont les suivantes :

$$\left\{\begin{aligned} \alpha_1\varpi_1 F_1 + \alpha_2\varpi_2 F_2 - \beta_1\rho_1 G_1 - \beta_2\rho_2 G_2 &= 0, \\ F_1 &= \Psi_1, \\ F_2 &= \Psi_2, \\ G_1 &= X_1. \end{aligned}\right.$$

Il s'agit de démontrer que, si l'équilibre ne s'établit pas durant la première phase, il existe nécessairement, durant la seconde phase, un état pour lequel ces égalités sont vérifiées.

Supposons tout d'abord que nous fassions parcourir au système la seconde phase, en lui imposant la liaison que les trois dernières conditions restent constamment vérifiées, ou, en d'autres termes, que la solution reste constamment saturée des trois sels qui possèdent un résidu solide; cette liaison est évidemment permise. Il reste à faire voir qu'il existe durant la deuxième phase un moment où l'égalité

$$\alpha_1\varpi_1 F_1 + \alpha_2\varpi_2 F_2 - \beta_1\rho_1 G_1 - \beta_2\rho_2 G_2 = 0$$

est vérifiée.

En vertu des trois conditions que nous supposons remplies, cette égalité peut être remplacée par la suivante :

$$\alpha_1\varpi_1\Psi_1 + \alpha_2\varpi_2\Psi_2 - \beta_1\rho_1 X_1 - \beta_2\rho_2 G_2 = 0.$$

Or, durant toute la première phase, on a

$$\alpha_1\varpi_1\Psi_1 + \alpha_2\varpi_2\Psi_2 - \beta_1\rho_1 G_1 - \beta_2\rho_2 G_2 > 0;$$

cette inégalité subsiste donc encore au moment où commence la seconde phase; et comme on a alors

$$G_1 = \Psi_1,$$

on voit que l'on a, au commencement de la seconde phase,

$$\alpha_1\varpi_1\Psi_1 + \alpha_2\varpi_2\Psi_2 - \beta_1\rho_1 X_1 - \beta_2\rho_2 G_2 > 0.$$

D'autre part, à la fin de la seconde phase, G_2 prendrait la valeur X_2, en sorte que

$$\alpha_1\varpi_1\Psi_1 + \alpha_2\varpi_2\Psi_2 - \beta_1\rho_1 X_1 - \beta_2\rho_2 G_2$$

prendrait la valeur

$$\alpha_1\varpi_1\Psi_1 + \alpha_2\varpi_2\Psi_2 - \beta_1\rho_1 X_1 - \beta_2\rho_2 X_2,$$

qui est négative en vertu de l'inégalité (101).

La quantité

$$\alpha_1\varpi_1\Psi_1 + \alpha_2\varpi_2\Psi_2 - \beta_1\rho_1 X_1 - \beta_2\rho_2 G_2,$$

positive au commencement de la deuxième phase, négative à la fin, passe nécessairement par 0 durant cette deuxième phase, ce qui démontre l'existence d'un état d'équilibre stable parmi les états du système qui correspondent à cette deuxième phase.

Ainsi, en résumé, dans le second cas général, il y a :

Pas de double décomposition,

Ou bien équilibre durant la première phase.

Ou bien équilibre durant la seconde.

Cela posé, considérons un mélange de deux sels, L et M, pouvant donner par double décomposition le mélange inverse N et P.

Si nous étudions la solubilité du premier mélange, ce seront les sels L et M qui constitueront les sels que nous avons appelés A et B, tandis que les sels N et P constitueront le mélange C et D.

Si, au contraire, nous étudions la solubilité du second mélange, ce seront les sels N et P qui deviendront A et B, tandis que les sels L et M seront désignés par C et D.

De ces simples remarques, nous déduisons sans peine les propositions suivantes :

Si un couple de sels rentre dans le premier cas, le couple inverse rentre dans le second.

Si, dans le premier couple, la décomposition est complète, elle est nulle dans le second.

Si, pour le premier couple, l'équilibre s'établit durant la cinquième phase de la réaction, il s'établit durant la première phase pour le second.

Si, pour le premier couple, l'équilibre s'établit durant la quatrième phase de la réaction, il s'établit durant la deuxième phase pour le second.

Enfin, et cet énoncé renferme les précédents, au moment de l'équilibre, l'état du système est le même, que l'on soit parti du premier groupe ou du second.

Dans les expériences de M. Rüdorff, l'équilibre s'est toujours établi, pour l'un des couples L-M, *après la quatrième phase* de la réaction, et pour l'autre couple N-P, *avant la seconde phase*.

L'équilibre étant établi dans ces conditions, supposons que l'on jette dans la dissolution une parcelle de l'un des sels N ou P; la dissolution est saturée de ce sel; la parcelle qu'on y a jetée traversera le liquide sans se dissoudre, sans donner lieu à aucun phénomène physique ou chimique, par conséquent sans produire aucun phénomène thermique.

Jetons au contraire dans la dissolution une parcelle de l'un des deux sels L ou M, du sel L par exemple, et examinons les phénomènes qui vont se produire.

Deux cas sont à considérer, suivant que pour le mélange L-M il y a équilibre durant la cinquième phase ou double décomposition complète.

1° *Pour le groupe L-M, il y a équilibre durant la cinquième phase*. On a alors, au moment de l'équilibre,

$$\left\{\begin{array}{l} \alpha_1\varpi_1 F_1 + \alpha_2\varpi_2 F_2 - \beta_1\rho_1 G_1 - \beta_2\rho_2 G_2 = 0, \\ G_1 = X_1, \\ G_2 = X_2. \end{array}\right.$$

La parcelle dm_1, rencontrant une solution non saturée du sel L, s'y dissoudra. La quantité

$$\alpha_1\varpi_1 F_1 + \alpha_2\varpi_2 F_2 - \beta_1\rho_1 G_1 - \beta_2\rho_2 G_2,$$

qui était égale à 0, va devenir égale à

$$\left(\alpha_1\varpi_1 \frac{\partial F_1}{\partial m_1} + \alpha_2\varpi_2 \frac{\partial F_2}{\partial m_1} - \beta_1\rho_1 \frac{\partial G_1}{\partial m_1} - \beta_2\rho_2 \frac{\partial G_2}{\partial m_1}\right) dm_1.$$

Les égalités (83) (p. 141) donnent

$$m_1 \frac{\partial F_1}{\partial m_1} + m_2 \frac{\partial F_2}{\partial m_1} + p_1 \frac{\partial G_1}{\partial m_1} + p_2 \frac{\partial G_2}{\partial m_1} = 0,$$

et les égalités (85) (p. 145) donnent

$$\frac{\partial F_2}{\partial m_1} = \frac{\partial G_1}{\partial m_1} = \frac{\partial G_2}{\partial m_1}.$$

Si l'on a égard à ces égalités et à l'égalité (98) (p. 170) qui donne

$$\alpha_1\varpi_1 + \alpha_2\varpi_2 = \beta_1\rho_1 + \beta_2\rho_2,$$

on verra que la quantité

$$\alpha_1\varpi_1 F_1 + \alpha_2\varpi_2 F_2 - \beta_1\rho_1 G_1 - \beta_2\rho_2 G_2,$$

qui, pour l'équilibre, doit être égale à 0, prendra la valeur

$$\frac{m_1 + m_2 + p_1 + p_2}{m_2 + p_1 + p_2} \frac{\partial F_1}{\partial m_1} \alpha_1\varpi_1\, dm_1,$$

quantité qui, d'après l'inégalité (84) (p. 143), est essentiellement positive. L'équilibre du système est donc troublé par la chute de la parcelle dm_1.

2° *Pour le groupe* L-M, *la décomposition est complète.*

La parcelle dm_1, rencontrant une dissolution qui ne renferme pas trace du sel L, va s'y dissoudre. Comme le système ne renferme pas trace du sel M, il ne s'y produira pas de double décomposition; mais les quantités G_1 et G_2 vont augmenter de $\frac{\partial G_1}{\partial m_1} dm_1$, $\frac{\partial G_2}{\partial m_1} dm_1$, quantités qui sont égales entre elles d'après les égalités (85) (p. 145), et que l'on démontre aisément être toutes deux négatives. La quantité G_1, qui était égale à X_1, lui devient inférieure, et la dissolution devient apte à dissoudre une nouvelle quantité du sel N. La quantité G_2, qui était égale à X_2, lui devient inférieure, et la dissolution devient apte à dissoudre une nouvelle quantité du sel P. L'équilibre du système est donc troublé.

Ainsi, dans tous les cas, la chute, au sein du système en équilibre, d'une parcelle du sel L ou du sel M produit un trouble dans l'équilibre et détermine un changement d'état du système; ce changement d'état se trahit par un phénomène thermique.

Nous avons supposé jusqu'ici que les mélanges de sels étaient faits en proportions chimiquement équivalentes; nous pouvons prévoir maintenant ce qui arriverait si l'on s'affranchissait de cette restriction.

Prenons un mélange des deux sels M et P, fait *en proportions* équivalentes; l'équilibre une fois établi, ajoutons au système un excès de l'un des deux sels, du sel N par exemple. La composition de la dissolution n'est pas altérée. Or, il reviendrait évidemment au même d'ajouter l'excès du sel N avant de mettre le mélange en présence de l'eau. Par conséquent, pour le groupe N-P, qui se trouve dans le second cas général, la composition du mélange solide employé est sans influence sur la composition de la dissolution au moment de l'équilibre.

Au contraire, prenons un mélange en proportions chimiquement équivalentes des deux sels L-M, laissons l'équilibre s'établir, puis ajoutons une certaine quantité de l'un des deux sels, du sel L par exemple. D'après ce que nous venons de dire, l'équilibre sera troublé, la composition de la dissolution changera. Il en serait évidemment de même si l'excès du sel L avait été ajouté avant de mettre le mélange en présence de l'eau. Ainsi, pour le mélange L-M, qui se trouve dans le premier cas général, la composition de la dissolution au moment de l'équilibre dépend de la composition du mélange solide employé.

Toutes ces propositions, auxquelles la thermodynamique conduit si simplement, expliquent jusque dans leurs moindres détails les belles expériences de M. Rüdorff.

Le mélange nitrate de potassium et chlorure d'ammonium donne une solution saturée dont la composition ne dépend pas de la composition du résidu solide. L'addition de nitrate de potassium ou de chlorure d'ammonium ne modifie pas, en effet, la composition de la dissolution, et ne donne lieu à aucun phénomène thermique, tandis que l'addition de nitrate d'ammonium ou de chlorure de potassium modifie la composition de la dissolution. La première addition provoque un abaissement de température, la seconde une élévation.

Au contraire, le mélange nitrate d'ammonium et chlorure de potassium donne une dissolution dont la composition dépend de la proportion des sels mélangés, car l'addition d'une certaine quantité de l'un ou de l'autre de ces deux sels modifie la composition de cette dissolution en donnant lieu aux mêmes phénomènes thermiques que dans le cas précédent. Le nitrate de potassium, le chlorure d'ammonium ne modifient pas la composition de la dissolution et ne donnent lieu à aucun phénomène thermique.

M. Rüdorff a constaté les mêmes phénomènes sur plusieurs autres couples de mélange. Voici la liste de ces couples. Dans chacun d'eux, le premier mélange présente le premier cas général, et le second mélange présente le second cas :

1. { Nitrate d'ammonium et chlorure de potassium.
   { Nitrate de potassium et chlorure d'ammonium.

2. { Sulfate d'ammonium et chlorure de potassium.
   { Sulfate de potassium et chlorure d'ammonium.

3. { Sulfate de sodium et chlorure de potassium.
   { Sulfate de potassium et chlorure de sodium.

4. { Nitrate de sodium et chlorure de potassium.
   { Nitrate de potassium et chlorure de sodium.

5. { Nitrate d'ammonium et chlorure de sodium.
   { Nitrate de sodium et chlorure d'ammonium.

La thermodynamique aurait permis de prévoir, *à priori*, les propriétés de certains de ces couples.

Considérons les deux derniers couples, et adoptons les notations suivantes :

Nitrate de potassium :	α_1,	ϖ_1,	Ψ_1 ;
Nitrate de sodium :	α_2,	ϖ_2,	Ψ_2 ;
Nitrate d'ammonium :	α_3,	ϖ_3,	Ψ_3 ;
Chlorure de potassium :	β_1,	ρ_1,	X_1 ;
Chlorure de sodium :	β_2,	ρ_2,	X_2 ;
Chlorure d'ammonium :	β_3,	ρ_3,	X_3.

Les propriétés de l'avant-dernier couple nous montrent que l'on a

$$\alpha_1\varpi_1\Psi_1 + \beta_2\rho_2X_2 - \alpha_2\varpi_2\Psi_2 - \beta_1\rho_1X_1 < 0.$$

Les propriétés du dernier couple nous montrent que l'on a

$$\alpha_2\varpi_2\Psi_2 + \beta_3\rho_3X_3 - \alpha_3\varpi_3\Psi_3 - \beta_2\rho_2X_2 < 0.$$

De ces deux inégalités, nous déduisons

$$\alpha_1\varpi_1\Psi_1 + \beta_3\rho_3X_3 - \alpha_3\varpi_3\Psi_3 - \beta_1\rho_1X_1 < 0.$$

Cette inégalité nous montre que dans le couple de mélanges inverses :

{ Nitrate d'ammonium et chlorure de potassium,
{ Nitrate de potassium et chlorure d'ammonium,

le premier mélange se trouve dans le premier cas général, et le second mélange dans le second cas. Cette conclusion est conforme à l'expérience, puisque le groupe en question est précisément le groupe (1).

Voici une autre corrélation que la théorie permet de prévoir.

D'après les expériences de M. Rüdorff (p. 161), le nitrate de potassium et le nitrate d'ammonium sont isomorphes aussi bien à l'état solide qu'en dissolution ; on a donc

$$\varpi_1\Psi_1 = \varpi_3\Psi_3.$$

On a d'ailleurs évidemment

$$\alpha_1 = \alpha_3.$$

L'inégalité

$$\alpha_1\varpi_1\Psi_1 + \beta_3\rho_3X_3 - \alpha_3\varpi_3\Psi_3 - \beta_1\rho_1X_1 < 0$$

devient donc

$$\beta_2\rho_2X_2 - \beta_1\rho_1X_1 < 0;$$

et comme on a évidemment

$$\beta_1 = \beta_2,$$

cette inégalité devient

$$\rho_2X_2 - \rho_1X_1 < 0.$$

Le chlorure de potassium et le chlorure d'ammonium ne sont donc pas isomorphes. Le mélange de ces deux sels, mis en présence de l'eau, donnera une dissolution saturée de composition parfaitement déterminée. Cette conclusion est conforme aux résultats des expériences de M. Rüdorff (p. 157).

§ III. — *Expériences de M. Rüdorff. — Cas particuliers.*

Nous avons étudié le cas général où l'on a

$$\alpha_1\varpi_1\Psi_1 + \alpha_2\varpi_2\Psi_2 - \beta_1\rho_1X_1 - \beta_2\rho_2X_2 \lesseqgtr 0,$$

mais nous avons laissé de côté les cas particuliers dans lesquels on a l'égalité

$$(102) \qquad \alpha_1\varpi_1\Psi_1 + \alpha_2\varpi_2\Psi_2 - \beta_1\rho_1X_1 - \beta_2\rho_2X_2 = 0.$$

Nous allons maintenant examiner ces cas particuliers.

Si l'inégalité (102) est vérifiée, on peut démontrer que l'équilibre ne saurait se produire durant les deux premières phases de la réaction. Durant la troisième phase, les équations d'équilibre sont les suivantes :

$$\begin{cases} \alpha_1\varpi_1F_1 + \alpha_2\varpi_2F_2 - \beta_1\rho_1G_1 - \beta_2\rho_2G_2 = 0, \\ F_1 = \Psi_1, \\ F_2 = \Psi_2, \\ G_1 = X_1, \\ G_2 = X_2. \end{cases}$$

D'après l'égalité (102), la première de ces cinq conditions est une conséquence des quatre dernières et peut être effacée. Il reste donc quatre conditions d'équilibre

$$(103)\qquad \begin{cases} F_1 = \Psi'_1, \\ F_2 = \Psi'_2, \\ G_1 = X_1, \\ G_2 = X_2. \end{cases}$$

Supposons en premier lieu que ces quatre équations soient distinctes. Dans ce cas, elles suffiront à déterminer la composition de la dissolution au moment de l'équilibre. La composition de la dissolution au moment de l'équilibre dépend alors de la température, mais est indépendante de la composition des mélanges solides employés.

Mais il se présente ici un phénomène singulier. La composition du résidu solide au moment de l'équilibre n'est nullement déterminée. En effet, les conditions d'équilibre définissent uniquement la composition de la dissolution; si donc on peut imaginer une réaction qui modifie la composition du résidu solide sans changer la composition de la dissolution, cette réaction sera une réaction réversible, ne troublant pas l'équilibre.

Or, il est aisé d'imaginer une semblable réaction. Supposons qu'une certaine quantité des sels A et B se dissolve, se transforme en sels C et D au sein de la dissolution, et se précipite sous ce dernier état. La composition du résidu solide a été modifiée, mais non celle de la dissolution. La réaction considérée est une réaction réversible, dont l'existence est compatible avec la conservation de l'équilibre.

Hâtons-nous d'ajouter que l'expérience n'a fourni jusqu'ici aucun groupe de sels présentant ces curieuses propriétés.

Nous avons supposé que l'on avait

$$(102)\qquad \alpha_1\varpi_1\Psi'_1 + \alpha_2\varpi_2\Psi'_2 - \beta_1\rho_1 X_1 - \beta_2\rho_2 X_2 = 0,$$

mais que les quatre égalités

$$(103)\qquad \begin{cases} F_1 = \Psi'_1, \\ F_2 = \Psi'_2, \\ G_1 = X_1, \\ G_2 = X_2, \end{cases}$$

demeuraient distinctes. Or ne peut-il pas arriver que ces équations cessent d'être distinctes?

Si les sels A et C sont isomorphes, tant à l'état solide qu'à l'état de dissolution, on a

$$\left\{\begin{array}{l}\varpi_1\Psi_1 = \rho_1 X_1,\\ \varpi_1 F_1 = \rho_1 G_1.\end{array}\right.$$

Les deux égalités

$$\left\{\begin{array}{l}F_1 = \Psi_1,\\ G_1 = X_1,\end{array}\right.$$

cessent alors d'être distinctes.

Pareille supposition est-elle compatible avec l'égalité (102)? En nous bornant au cas où $\alpha_1 = \alpha_2$, $\beta_1 = \beta_2$, elle sera compatible avec cette égalité si

$$\varpi_2\Psi_2 = \rho_2 X_2,$$

ce qui exige que les deux sels B et D soient isomorphes au moins à l'état solide.

Deux circonstances peuvent alors se présenter : Ou bien les deux sels B et D sont isomorphes seulement à l'état solide; les quatre équations d'équilibre (103) se réduisent alors à trois

$$\left\{\begin{array}{l}F_1 = \Psi_1,\\ F_2 = \Psi_2,\\ G_2 = X_2;\end{array}\right.$$

ou bien les deux sels B et D sont isomorphes non seulement à l'état solide, mais encore en dissolution; on a alors

$$\varpi_2 F_2 = \rho_2 G_2,$$

et les quatre équations d'équilibre se réduisent à deux

$$\left\{\begin{array}{l}F_1 = \Psi_1,\\ F_2 = \Psi_2.\end{array}\right.$$

Dans l'une ou l'autre de ces circonstances, non seulement le résidu solide n'a pas au moment de l'équilibre de composition déterminée; mais la composition de la dissolution est aussi indéterminée, puisque cette composition dépend des quatre inconnues $\frac{m_1}{m_2}$, $\frac{m_3}{m_2}$, $\frac{p_1}{m_2}$, $\frac{p_2}{m_2}$, entre lesquelles il n'existe que deux ou trois équations.

On a vu (p. 161) que le nitrate de potassium et le nitrate d'ammonium sont isomorphes tant à l'état solide qu'à l'état de dissolution. Il en est de même du sulfate de potassium et du sulfate d'ammonium. Le couple

6. { Nitrate de potassium et sulfate d'ammonium,
Nitrate d'ammonium et sulfate de potassium,

doit donc présenter les singulières propriétés que nous venons d'indiquer. C'est en effet ce qu'a constaté M. Rüdorff.

M. Rüdorff a retrouvé la même indétermination dans l'étude des groupes suivants :

7. { Sulfate de potassium et nitrate de sodium.
Sulfate de sodium et nitrate de potassium.

8. { Sulfate de sodium et chlorure d'ammonium.
Sulfate d'ammonium et chlorure de sodium.

L'examen de ces couples peut nous fournir quelques corrélations intéressantes. Considérons d'abord le dernier.

Le chlorure d'ammonium et le chlorure de sodium, mis ensemble en présence de l'eau, donnent, d'après les expériences de M. Rüdorff (p. 157), une dissolution de composition déterminée; il se peut donc que ces deux sels soient isomorphes à l'état solide; mais ils ne peuvent être isomorphes à la fois à l'état solide et en dissolution. De l'indétermination présentée par le groupe (8), il semble alors que l'on peut déduire la conclusion suivante : le chlorure de sodium et le chlorure d'ammonium sont isomorphes à l'état solide; le sulfate de soude et le sulfate d'ammoniaque sont isomorphes à la fois à l'état solide et en dissolution.

Cette conclusion serait incontestable s'il ne se produisait d'équilibre indéterminé que dans le cas où l'on a

$$\alpha_1\varpi_1\Psi_1 + \alpha_2\varpi_2\Psi_2 - \beta_1\rho_1X_1 - \beta_2\rho_2X_2 = 0. \tag{102}$$

Si la quantité

$$\alpha_1\varpi_1\Psi_1 + \alpha_2\varpi_2\Psi_2 - \beta_1\rho_1X_1 - \beta_2\rho_2X_2$$

n'est pas égale à 0, deux circonstances peuvent se présenter : ou bien l'équilibre s'établit durant la première phase pour l'un des mélanges et durant la cinquième phase pour le mélange inverse; ou bien l'équilibre s'établit durant la deuxième phase pour l'un des mélanges, et durant la deuxième pour le mélange inverse.

Dans le premier cas, les équations d'équilibre sont les suivantes :

$$\left\{\begin{aligned} \alpha_1\varpi_1 F_1 + \alpha_2\varpi_2 F_2 - \beta_1\rho_1 G_1 - \beta_2\rho_2 G_2 = 0,\\ F_1 = \Psi_1,\\ F_2 = \Psi_2,\end{aligned}\right.$$

auxquelles il faut joindre les relations fournies par l'état initial du mélange. Dans ce cas, l'équilibre ne peut devenir indéterminé que si les deux dernières égalités se confondent, ce qui arrive si l'on suppose les sels A et B isomorphes tant à l'état solide qu'à l'état de dissolution, sans rien supposer sur les sels C et D.

Dans le second cas, les équations d'équilibre sont les suivantes :

$$\left\{\begin{aligned} \alpha_1\varpi_1 F_1 + \alpha_2\varpi_2 F_2 - \beta_1\rho_1 G_1 - \beta_2\rho_2 G_2,\\ F_1 = \Psi_1,\\ F_2 = \Psi_2,\\ G_1 = X_1,\end{aligned}\right.$$

auxquelles il faut joindre les relations fournies par l'état initial du système. Dans ce cas, l'équilibre devient indéterminé si l'on suppose qu'il y a isomorphisme à l'état solide et en dissolution, soit entre les sels A et B, soit entre les sels B et C, soit entre les sels A et C.

Ainsi, lorsqu'un couple ne donne lieu à aucun équilibre déterminé, on peut assurer en général que deux des quatre sels qui constituent ce couple sont isomorphes, tant à l'état solide qu'en dissolution, sans rien affirmer sur les deux autres sels.

Par exemple, les propriétés du groupe (8) permettent seulement d'affirmer que le sulfate de soude et le sulfate d'ammoniaque sont isomorphes tant à l'état solide qu'en dissolution.

L'étude du groupe (7) va nous fournir l'exemple d'un équilibre indéterminé dans lequel deux sels sont isomorphes tant à l'état solide qu'à l'état de dissolution, tandis que les deux autres sels ne sont pas isomorphes, même à l'état solide. Elle va donc confirmer les conséquences que nous venons de déduire de la théorie.

Il est connu que le nitrate de potasse et le nitrate de soude ne sont pas isomorphes. Dans les conditions ordinaires de température, le premier se déposa de ses solutions sous forme de cristaux orthorhombiques, et le second sous forme de cristaux rhomboédriques. Il reste donc à démontrer que le sulfate de potassium et le sulfate de sodium sont isomorphes tant à l'état solide qu'en dissolution.

Pour faire cette démonstration, adoptons les notations suivantes :

Sulfate d'ammonium : ϖ_1, Ψ_1, F_1;
Sulfate de potassium : ϖ_2, Ψ_2, F_2;
Sulfate de sodium : ϖ_3, Ψ_3, F_3.

D'après les expériences directes de M. Rüdorff (p. 161), le sulfate d'ammonium et le sulfate de potassium sont isomorphes tant à l'état solide qu'en dissolution. On a donc

$$\begin{cases} \varpi_1\Psi_1 = \varpi_2\Psi_2, \\ \varpi_1 F_1 = \varpi_2 F_2. \end{cases}$$

D'autre part, l'étude du groupe (8) nous permet d'affirmer que le sulfate d'ammonium et le sulfate de sodium sont isomorphes à l'état solide et en dissolution. On a donc

$$\begin{cases} \varpi_1\Psi_1 = \varpi_3\Psi_3, \\ \varpi_1 F_1 = \varpi_3 F_3. \end{cases}$$

De ces deux groupes d'égalités, on déduit

$$\begin{cases} \varpi_2\Psi_2 = \varpi_3\Psi_3, \\ \varpi_2 F_2 = \varpi_3 F_3. \end{cases}$$

Le sulfate de potassium et le sulfate de sodium sont donc, comme nous l'avions énoncé, isomorphes tant à l'état solide qu'en dissolution.

La thermodynamique nous rend donc compte d'une manière très simple des phénomènes si complexes, si surprenants au premier abord, que M. Rüdorff a constatés par l'expérience. Elle relie les faits présentés par les mélanges de sels sujets à double décomposition aux faits présentés par les mélanges exempts de double décomposition, et explique les nombreux cas particuliers qui se présentent dans l'étude de ces phénomènes par les propriétés générales des corps isomorphes.

TROISIÈME PARTIE

QUELQUES APPLICATIONS DU POTENTIEL THERMODYNAMIQUE AUX PHÉNOMÈNES ÉLECTRIQUES.

CHAPITRE PREMIER

POTENTIEL THERMODYNAMIQUE D'UN SYSTÈME ÉLECTRISÉ

§ I. — *Lois de Coulomb et principe de Poisson.*

Malgré l'importance qu'a prise aujourd'hui l'étude des phénomènes électriques, la théorie de ces phénomènes est encore loin de présenter le degré de précision et de certitude auquel sont parvenues certaines autres parties de la physique, la thermodynamique par exemple. L'électrostatique présente encore bien des points obscurs : les différences de niveau potentiel au contact de deux métaux différents, le phénomène de Peltier, la dilatation électrique, se présentent aujourd'hui comme des exceptions inexpliquées; dans la première partie de ce livre, nous avons indiqué l'une des principales difficultés que rencontre l'étude du galvanisme; l'origine de la différence qui existe entre la chaleur voltaïque et la chaleur chimique était une énigme; les récents travaux de M. Helmholtz ont jeté sur ce point difficile une vive lumière, mais la proposition même admise comme principe par M. Helmholtz reste à démontrer; enfin, les lois de l'électrodynamique et de l'induction ont donné lieu à d'innombrables discussions qui sont encore loin d'être closes.

Notre but, dans cette troisième partie, est de montrer que la théorie du potentiel thermodynamique permet d'établir la théorie des phénomènes électriques sur un petit nombre de principes précis, et de déduire de ces principes l'explication de quelques-uns des points encore obscurs que nous venons de signaler.

Le premier principe expérimental que nous invoquerons résulte des expériences de Dufay et de Coulomb, et s'énonce ainsi :

Deux particules matérielles immobiles chargées de la même électricité se repoussent; deux particules matérielles chargées d'électricités différentes s'attirent; la force qu'elles exercent l'une sur l'autre est proportionnelle au produit des charges de ces deux particules et en raison inverse du carré de la distance qui les sépare.

Si nous désignons par F l'action qui s'exerce entre deux particules électrisées, cette force étant comptée positivement lorsqu'elle est répulsive, et négativement lorsqu'elle est attractive, par q et q' les charges des deux particules, comptées en grandeur et en signe, par r la distance qui sépare les deux particules, enfin par ε un coefficient positif et constant dont la valeur dépend des unités adoptées pour mesurer F, q et r, l'énoncé précédent sera exprimé par la formule

$$F = \varepsilon \frac{qq'}{r^2}. \tag{103}$$

En général, on substitue à l'énoncé précédent, qui traduit rigoureusement les résultats de l'expérience, un autre énoncé qui est le suivant :

Deux charges électriques en équilibre se repoussent avec une force qui est proportionnelle au produit de ces charges et en raison inverse du carré de la distance qui les sépare.

Ce nouvel énoncé n'est nullement équivalent au précédent. Il implique une hypothèse, car il suppose que les actions électrostatiques s'exercent non pas entre les *corps électrisés*, mais entre les *charges électriques* qui sont distribuées sur ces corps. C'est cette hypothèse que nous voulons tout d'abord examiner.

Cette hypothèse a une importance considérable, car elle permet de résoudre non seulement les questions relatives à la *position* d'équilibre d'un système de corps électrisés mauvais conducteurs, dont le premier énoncé permettait déjà de donner la solution, mais encore de résoudre les questions relatives à la *distribution* de l'électricité sur un système conducteur lorsque cette distribution est devenue invariable.

C'est la solution de ce nouveau genre de problèmes qui fait l'objet du célèbre *Mémoire sur la distribution de l'électricité à la surface des corps conducteurs* (¹), lu par Poisson, le 9 mai et le 3 août 1812, à la classe des sciences de l'Institut. Dès le début même du mémoire, Poisson énonce l'hypothèse dont nous venons de parler :

« La théorie de l'électricité la plus généralement admise est celle qui attribue tous les phénomènes à deux fluides différents, répandus dans tous les corps de la nature. On suppose que les molécules d'un même fluide se repoussent mutuellement et qu'elles attirent les molécules de l'autre... »

De cette hypothèse, Poisson déduit la condition nécessaire et suffisante pour que l'électricité soit en équilibre sur un corps conducteur ou sur un système de conducteurs isolés les uns des autres. Il est nécessaire et suffisant pour cela que l'électricité répandue sur ces corps « n'exerce ni attraction ni répulsion sur un point quelconque pris au hasard dans l'intérieur de l'un de ces corps ; car si cette condition n'était pas remplie, l'action de la couche électrique sur les points intérieurs décomposerait une nouvelle quantité de l'électricité naturelle de ce corps, et son état serait changé. La résultante des actions de toutes les molécules qui composent la couche fluide sur un point pris quelque part que ce soit dans l'intérieur du corps doit donc être égale à zéro. »

L'emploi de la *fonction potentielle* (²) a permis de donner de ce principe de Poisson une expression analytique très simple. Cette expression est la suivante : *Pour que l'électricité répandue à la surface d'un système de corps conducteurs soit en équilibre, il faut que la fonction potentielle ait la même valeur en tous les points pris à l'intérieur d'un même conducteur.*

Le principe de Poisson a conduit à certaines conséquences dont l'accord avec l'expérience est des plus frappants. Il suffit à cet égard

---

(¹) *Mémoires de l'Institut pour 1811.*

(²) Les mots *fonction potentielle* et *potentiel* seront employés ici avec la signification qui leur a été donnée, ou plutôt restituée, par M. Clausius dans son ouvrage sur *la Fonction potentielle et le Potentiel.*

de citer le problème des deux sphères en contact. Toutefois, dans d'autres conditions, le principe de Poisson se trouve en désaccord avec les résultats de l'observation. Par exemple, il est aujourd'hui bien avéré que lorsque la distribution électrique est devenue invariable sur un conducteur formé par la juxtaposition de deux métaux différents, la fonction potentielle n'a pas la même valeur à l'intérieur de l'un des métaux qu'à l'intérieur de l'autre. L'hypothèse sur laquelle repose le principe de Poisson peut donc conduire à certaines conséquences démenties par l'expérience.

Cette hypothèse, d'ailleurs, n'est guère d'accord avec les idées qui ont cours aujourd'hui en physique.

Lorsqu'on admettait l'existence d'un ou de deux fluides électriques, il pouvait sembler naturel de décomposer ces fluides en particules et de regarder ces particules comme soumises à l'action de forces attractives ou répulsives. Aujourd'hui, la notion de fluide électrique n'est plus admise comme une expression de la réalité, mais simplement comme un moyen de grouper des phénomènes dont la cause nous est encore cachée; bien qu'on ne soit nullement fixé sur la nature des phénomènes électriques, on est porté à les regarder comme des conséquences d'un mouvement de l'éther. Dans cette manière de voir, on peut comprendre que les *corps électrisés* soient soumis à des forces attractives ou répulsives; des essais remarquables ont même été tentés pour retrouver, en partant de cette idée, les lois fondamentales de Coulomb; mais on ne conçoit pas du tout qu'une charge électrique, qui n'est ni une masse matérielle ni une quantité d'éther, mais bien une *quantité de mouvement*, puisse être le point d'application d'une force, en sorte qu'on ne peut plus admettre, sans chercher au moins à l'interpréter, l'hypothèse sur laquelle repose le principe de Poisson.

La thermodynamique nous semble capable d'indiquer d'une manière précise les conditions dans lesquelles cette hypothèse est justifiée; elle s'appuie pour y parvenir sur deux lemmes que nous allons d'abord démontrer.

Lemme I. — *Lorsqu'un système soumis à l'action de forces données, externes ou internes, subit une modification qui n'altère pas la forme, le volume, l'état physique ou chimique et la température des différents corps dont il se compose, la variation subie par l'énergie interne de ce système est égale et de signe contraire au produit du travail effectué par les forces intérieures qui agissent entre les différents points du système par l'équivalent calorifique du travail.*

Supposons que le système soit composé de n corps, que nous désignerons par les indices (1), (2), ..., (p), ..., (n).

Envisageons le corps (p). Ce corps a une énergie interne U_p. Il est soumis à des forces extérieures qui sont de deux espèces. Les unes proviennent des autres corps qui composent le système, et sont par conséquent intérieures par rapport au système. Les autres sont extérieures par rapport au système.

Dans la modification considérée, les premières forces effectuent un travail $\mathfrak{T}'_p$; les secondes un travail $\mathfrak{T}_p$; le corps cède une quantité de chaleur Q_p; son état interne demeurant invariable, son énergie interne U_p ne change pas; enfin sa force vive croît de $\delta \sum_p \frac{mv^2}{2}$. On a alors, en vertu de l'égalité (1) (p. 2),

$$Q_p + A\delta \sum_p \frac{mv^2}{2} = A(\mathfrak{T}_p + \mathfrak{T}'_p).$$

Écrivons une égalité analogue pour chacun des n corps qui constituent le système, ajoutons ces égalités membre à membre et examinons le résultat obtenu.

Si nous désignons par Q la quantité de chaleur cédée à l'extérieur par le système, nous aurons

$$Q = Q_1 + \dots + Q_p + \dots + Q_n.$$

Si nous désignons de même par $\delta \sum \frac{mv^2}{2}$ l'accroissement de la force vive totale du système, nous aurons

$$\delta \sum \frac{mv^2}{2} = \delta \sum_1 \frac{mv_1^2}{2} + \dots + \delta \sum_p \frac{mv_p^2}{2} + \dots + \delta \sum_n \frac{mv^2}{2}.$$

Si nous désignons par $\mathfrak{T}$ le travail des forces extérieures appliquées au système, et par $\mathfrak{T}'$ le travail des forces intérieures, nous aurons

$$\mathfrak{T} = \mathfrak{T}_1 + \dots + \mathfrak{T}_p + \dots + \mathfrak{T}_n,$$
$$\mathfrak{T}' = \mathfrak{T}'_1 + \dots + \mathfrak{T}'_p + \dots + \mathfrak{T}'_n.$$

Nous aurons donc finalement

$$Q + A\delta \sum \frac{mv^2}{2} = A(\mathfrak{T} + \mathfrak{T}').$$

Mais, d'autre part, si nous désignons par δU la variation de l'énergie interne du système tout entier, nous aurons, en vertu de l'égalité (1) (p. 2),

$$Q + A\delta \sum \frac{mv^2}{2} = -\delta U + A\mathfrak{T}.$$

La comparaison de cette égalité avec la précédente nous donne

$$\delta U = -A\mathfrak{T}',$$

ce qui est précisément la relation énoncée par le lemme I.

Lemme II. — *Lorsqu'un système matériel subit une modification du genre de celles auxquelles s'applique le lemme I, et que de plus la vitesse de chacun des points du système est nulle au commencement et à la fin de la modification, la modification n'entraîne aucun travail compensé; le travail non compensé est égal au travail effectué par les forces tant externes qu'internes qui agissent sur les diverses parties du système.*

Dans ce cas, d'après le lemme I, on a

$$\mathfrak{T}' = -E\delta U.$$

D'autre part, d'après l'égalité (6) (p. 8), le travail non compensé τ est donné par la formule

$$\tau = -E\delta(U - TS) + \mathfrak{T},$$

T étant la température absolue, et S l'entropie du système. Enfin, le travail compensé ϑ, excès du travail total

$$-E\delta U + \mathfrak{T}$$

sur le travail non compensé τ, est donné par la formule

$$\vartheta = -ET\delta S.$$

Les deux premières égalités nous permettent d'écrire

$$\tau = \mathfrak{T} + \mathfrak{T}' + ET\delta S.$$

D'après ces expressions de τ et de $\mathfrak{S}$, il suffit de démontrer que, dans la modification considérée, l'entropie ne varie pas, en sorte que

$$\delta S = 0.$$

Supposons que, sans changer l'état interne des divers corps qui constituent le système, on leur applique des forces qui fassent exactement équilibre aux forces données qui les sollicitent, et qu'on impose ensuite au système la même modification que dans le cas précédent. Le système passant du même état initial au même état final, l'entropie subit la même variation δS que dans le cas précédent. Si donc on désigne par τ_1, $\mathfrak{T}_1$, $\mathfrak{T}'_1$, les valeurs actuelles de τ, $\mathfrak{T}$, $\mathfrak{T}'$, on aura la nouvelle égalité

$$\tau_1 = \mathfrak{T}_1 + \mathfrak{T}'_1 + \mathrm{ET}\delta S.$$

Mais la nouvelle modification est évidemment réversible; on a donc

$$\tau_1 = 0.$$

D'autre part, puisque le système est à chaque instant en équilibre, on a, en vertu du principe des vitesses virtuelles,

$$\mathfrak{T}_1 + \mathfrak{T}'_1 = 0.$$

On a donc

$$\delta S = 0,$$

ce qui démontre le lemme II.

Ces lemmes étant démontrés, considérons un système formé de corps sur lesquels l'électricité a pris une disposition invariable. Supposons que ce système ne soit soumis qu'à un seul genre de forces extérieures et que ces forces se réduisent en tous les points de sa surface à une pression normale et uniforme. Ce système aura un potentiel thermodynamique sous pression constante que nous désignerons par Φ. C'est ce potentiel que nous nous proposons de déterminer.

Supposons que l'on déplace les corps qui composent le système sans modifier leur forme, leur volume, leur température, leur état physique ou chimique, sans changer la distribution électrique sur aucun d'eux, de façon que la vitesse de chacun des points du système soit nulle au commencement et à la fin de la modification. Les forces qui agissent sur ces corps effectuent un certain travail. D'après le lemme II, ce travail sera précisément égal au travail non compensé accompli dans la modification considérée, ou, en d'autres termes, à la variation changée de signe de la quantité Φ. De plus, d'après le même lemme, le travail compensé accompli dans cette modification est égal à 0.

Supposons en particulier que les divers corps considérés subissent un déplacement infiniment petit; nous aurons alors, en désignant par $d\mathfrak{T}$ le travail des forces qui agissent sur ces corps,

$$d\mathfrak{T} = -d\Phi.$$

La pression uniforme qui agit sur les divers corps qui composent le système n'effectue aucun travail. Le travail $d\mathfrak{T}$ se réduit donc au travail des actions qui s'exercent entre les divers corps qui composent le système. Chacun des points de celui-ci est supposé sans vitesse au commencement et à la fin de la modification; la vitesse est donc infiniment petite pendant toute la durée de la modification; par conséquent, les actions qui s'exercent entre les divers corps du système sont déterminées par *la loi de Coulomb*. On peut alors calculer le travail $d\mathfrak{T}$.

Soient dq et dq' les charges électriques que portent deux particules matérielles du système; soit r la distance qui sépare ces deux particules. Ces particules exercent l'une sur l'autre une action répulsive qui a pour valeur, d'après l'égalité (103) (p. 192),

$$F = \varepsilon \frac{dq\, dq'}{r^2}.$$

Si, dans la modification considérée, leur distance augmente de dr, la force F effectue un travail

$$\varepsilon \frac{dq\, dq'}{r^2} dr = -\varepsilon d\left(\frac{dq\, dq'}{r}\right).$$

Posons

$$W = \varepsilon \, \mathsf{S} \frac{dq\, dq'}{r}, \tag{104}$$

le signe S indiquant une sommation qui s'étend à toutes les combinaisons distinctes telles que dq, dq' que peuvent former les molécules électrisées du système prises deux à deux. Nous aurons

$$d\mathfrak{T} = -dW.$$

W est donc le potentiel des actions déterminées par la loi de Coulomb, ou *potentiel électrostatique.*

La dernière égalité peut s'écrire

$$d\Phi = dW.$$

De là nous déduisons immédiatement que le potentiel thermodynamique sous pression constante d'un système de conducteurs immobiles portant des charges électriques immobiles a pour expression

$$\Phi = W + \Phi', \tag{105}$$

Φ' étant une quantité qui demeure invariable lorsqu'on déplace avec une vitesse infiniment petite les conducteurs qui composent le système sans changer l'état physique ou chimique, la température et la distribution électrique propres à chacun d'eux.

Concevons maintenant qu'il existe dans le système un corps parfaitement homogène et tel que l'on puisse faire passer une charge électrique d'un point à un autre de ce corps sans que rien soit changé à son état physique ou chimique; nous allons voir que la quantité Φ' peut bien dépendre de la charge totale que porte ce corps, mais non de la distribution de cette charge sur ce corps.

Pour le démontrer, cherchons le travail non compensé produit lorsqu'une charge électrique dq passe d'un point M de ce corps en un autre point M'.

Le système admettant un potentiel thermodynamique, ce travail sera égal au travail non compensé qui accompagnerait une autre modification ayant pour effet de faire passer le système du même état initial au même état final.

Or il nous est aisé d'imaginer une semblable modification qui soit telle que nous sachions calculer le travail non compensé produit.

Supposons que l'on détache du corps, d'une part, un élément de volume situé au voisinage du point M et portant la charge dq, et, d'autre part, un élément de volume situé au voisinage du point M', ayant exactement la même forme que le précédent, mais ne portant aucune charge électrique; puis que l'on déplace ces éléments de manière qu'ils viennent se substituer l'un à l'autre. A cause de l'homogénéité supposée du corps, les deux éléments de volume sont remplis exactement par la même matière. L'état final du système est donc le même que si la charge dq avait été transportée de M en M' au travers du conducteur sans transport de matière. Mais, d'autre part, le nouvelle transformation rentre précisément dans le type que nous avons déjà étudié; le travail non compensé produit dans cette modification a donc pour valeur $-dW$.

D'ailleurs, ce travail est égal à $-d\Phi$, ou, d'après l'égalité (105), à $-(dW + d\Phi')$. La quantité Φ' ne varie donc pas dans la modification considérée. Elle ne varie pas lorsqu'on change la distribution électrique sur un corps homogène sans modifier sa charge totale ni son état physique ou chimique.

Ce résultat nous permet d'établir le principe de Poisson en indiquant avec précision dans quelles conditions il est permis de faire usage de ce principe.

La condition d'équilibre stable d'un système s'obtient en exprimant que le potentiel thermodynamique de ce système est minimum; une modification virtuelle infiniment petite quelconque du système doit imposer à ce potentiel une variation nulle.

Supposons que la modification virtuelle considérée consiste dans un déplacement infiniment petit d'une charge électrique infiniment petite dq à l'intérieur d'un conducteur homogène ne subissant aucune modification physique ou chimique par l'effet du mouvement de l'électricité. D'après ce qui précède, la condition

$$d\Phi = 0$$

se réduit alors à

$$dW = 0.$$

Or, parmi les termes de la forme $\frac{dq\,dq'}{r}$ qui entrent dans la composition de W, ceux-là seuls éprouveront une variation dans lesquels figure la charge dq. La somme de ces termes qui renferment dq peut s'écrire

$$\varepsilon\, dq\, \mathrm{S}\frac{dq'}{r},$$

le signe S indiquant une sommation qui s'étend à toutes les charges du système autres que dq. Cette quantité

$$V = \mathrm{S}\frac{dq'}{r}$$

est précisément la *fonction potentielle* au point où se trouve la charge dq.

D'après cela, nous aurons

$$dW = \epsilon\, dq\, dV,$$

et la condition

$$dW = 0$$

deviendra

$$dV = 0.$$

Donc, dans l'état d'équilibre, la fonction potentielle a la même valeur en tous les points d'un conducteur, pourvu que ce conducteur soit homogène, que toutes ses parties soient à la même température, et que l'électricité puisse circuler à son intérieur sans modifier son état. Nous retrouvons donc ainsi le principe de Poisson, mais avec des conditions restrictives que l'expérience a révélées depuis longtemps, tandis que les fondements théoriques que l'on a jusqu'ici donnés à ce principe ne pouvaient en faire comprendre l'existence.

On voit aussi que l'on peut admettre que les *charges électriques* exercent les unes sur les autres des actions données en grandeur et en direction par la loi de Coulomb; mais ces actions appliquées aux charges électriques sont des forces *purement fictives*, dont l'emploi n'est justifié que dans les questions d'équilibre électrique, et moyennant les restrictions que nous venons d'indiquer.

§ II. — *Différence de niveau potentiel au contact de deux substances différentes.*

D'après ce qui précède, la quantité Φ' qui figure dans la formule (105) (p. 199) demeure invariable lorsque les différentes parties du système changent de position dans l'espace, ou bien lorsqu'une charge électrique se déplace à l'intérieur d'un corps homogène sans y produire de changement d'état.

Nous allons chercher quelle variation subit cette quantité lorsqu'une charge électrique passe du sein d'un conducteur homogène au sein d'un autre conducteur homogène, mais de nature différente, sans déterminer aucun changement d'état physique ou chimique de ces deux conducteurs.

Nous désignerons par A et B les deux conducteurs qui seront soit directement au contact, soit séparés par un ou plusieurs autres conducteurs que l'électricité puisse traverser sans y produire aucun changement d'état physique ou chimique.

Soient M et N deux points pris l'un à l'intérieur du corps A, l'autre à l'intérieur du corps B. *Nous supposerons qu'une charge électrique* dq passe du point M au point N, et nous désignerons par $d\Phi'$ la variation que Φ' éprouve par l'effet de ce transport.

La quantité Φ' dépendant uniquement de l'état du système, cette quantité ne variant pas lorsque la charge dq se meut simplement à l'intérieur du corps A ou simplement à l'intérieur du corps B, il est aisé de voir que la valeur de $d\Phi'$ est indépendante de la position des points M et N à l'intérieur du corps B et du chemin suivi par la charge dq pour passer du point M au point N.

Supposons maintenant que des corps A et B partent deux fils conducteurs, de même nature que ces deux corps, et infiniment longs; que ces deux fils soient en contact par leurs extrémités, et que ce contact soit situé à une distance infiniment grande des deux corps A et B; prenons enfin deux points, l'un M' dans le corps A, l'autre N' dans le corps B, ces deux points étant au voisinage de la surface de contact des extrémités des deux fils.

D'après ce qui précède, Φ' subira la même variation, soit que la charge dq passe de M en N, à travers la surface de contact des deux conducteurs, soit qu'elle passe de M' en N' à travers la surface de contact des deux fils.

Or, à cause du grand éloignement qui sépare cette dernière surface de la région de l'espace où sont situés les deux corps A et B, la variation $d\Phi'$ que Φ' éprouve dans la dernière modification est indépendante :

1° De la masse des deux corps A et B, de leur forme, de leur position relative;

2° De la grandeur et de la forme de leur surface de contact;

3° Des charges électriques distribuées sur chacun d'eux;

4° Enfin de la nature des conducteurs interposés, si, au lieu d'être directement en contact, ils sont réunis par des corps laissant circuler l'électricité à leur intérieur sans éprouver de changement d'état.

Nous pouvons donc écrire

$$d\Phi' = \omega_A^B \, dq,$$

ω_A^B étant une quantité qui dépend uniquement de la nature des deux corps A et B.

Examinons les propriétés de cette quantité ω_A^B.

Il est évident que si, après avoir fait passer la charge dq du corps A au corps B, on la faisait revenir du corps B au corps A, la variation subie par la quantité Φ' serait égale à 0. On a donc

$$\omega_A^B - \omega_B^A = 0.$$

Nous avons vu que $d\Phi'$ était *indépendant* de la nature des corps interposés entre A et B, pourvu que ces corps se laissent traverser par l'électricité sans subir de changements d'état. Cette remarque a une importance toute particulière.

Supposons, *en effet*, qu'entre les deux corps A et B on interpose un troisième corps C. Soit P un point pris à l'intérieur du corps C.

Lorsque la charge dq passe du point M au point P, Φ' augmente de $\omega_A^C \, dq$.

Lorsque ensuite la charge dq passe du point P au point N, Φ' augmente de $\omega_C^B \, dq$.

D'après ce qui précède, la somme de ces deux variations doit être égale à $\omega_A^B \, dq$. On a donc

$$\omega_A^B = \omega_A^C + \omega_C^B.$$

Cette égalité nous conduit à une expression plus complète de la quantité Φ'.

Soit Θ une quantité qui prend, pour chaque substance, une valeur qui dépend uniquement de la nature et de l'état physique ou chimique de cette substance.

Supposons que pour une certaine substance arbitrairement choisie, α, Θ prenne une valeur arbitraire Θ_α, et que pour une autre substance quelconque λ Θ prenne une valeur

$$\Theta_\lambda = \Theta_\alpha + \omega_\alpha^\lambda.$$

Il résulte alors des égalités précédentes que l'on peut écrire

$$\begin{aligned}\omega_A^B &= \omega_A^a + \omega_a^B \\ &= \omega_a^B - \omega_a^A \\ &= \Theta_B - \Theta_A.\end{aligned}$$

Dès lors, si A, B, C, ..., L sont les divers corps homogènes qui composent le système; si q_A, q_B, q_C, ..., q_L sont les charges électriques totales que portent ces divers corps; la variation éprouvée par la quantité Φ' dans un changement quelconque de distribution électrique sans changement d'état des divers corps qui constituent le système a pour valeur

$$d\Phi' = \Theta_A dq_A + \Theta_B dq_B + \Theta_C dq_C + \dots + \Theta_L dq_L,$$

ou bien, puisque Θ_A, Θ_B, Θ_C, ..., Θ_L sont des constantes dans ces circonstances,

$$d\Phi' = d\,(\Theta_A q_A + \Theta_B q_B + \Theta_C q_C + \dots + \Theta_L q_L).$$

Il en résulte que l'on peut écrire, à la place de l'égalité (105), la suivante qui est plus explicite :

$$(106)\quad \Phi = W + \Theta_A q_A + \Theta_B q_B + \Theta_C q_C + \dots + \Theta_L q_L + \Phi'',$$

la quantité Φ'' restant constante toutes les fois qu'il ne se produit dans le système aucun changement d'état. Nous nous occuperons tout à l'heure de la détermination de la quantité Φ''.

L'égalité (106) nous permet de compléter ce qui a été dit au paragraphe précédent au sujet du principe de Poisson, en nous débarrassant de l'une des restrictions que nous avions apportées à ce principe : l'homogénéité des conducteurs.

Pour que l'électricité soit en équilibre sur un système conducteur, il faut que toute modification virtuelle infiniment petite de la charge électrique impose à Φ une variation infiniment petite du second ordre.

Comme modification virtuelle, nous pouvons concevoir tout d'abord qu'une charge dq soit déplacée à l'intérieur d'un conducteur homogène conduisant l'électricité sans subir de changement d'état. Dans ce cas, la condition

$$d\Phi = 0$$

se réduit à

$$dW = 0,$$

et l'on retrouve le principe de Poisson : à l'intérieur de chacun des conducteurs homogènes du système, la fonction potentielle a, dans l'état d'équilibre, une valeur constante.

Comme seconde modification virtuelle de la distribution électrique, on peut supposer que la charge dq passe du sein d'un conducteur homogène au sein d'un autre conducteur homogène, sans produire aucun changement d'état. Dans ce cas, si l'on désigne par V et V' les valeurs de la fonction potentielle au sein de ces deux conducteurs, par Θ et Θ' les valeurs de la fonction Θ pour ces deux conducteurs, on trouvera aisément

$$d\Phi = [(\varepsilon V' + \Theta') - (\varepsilon V + \Theta)]\, dq,$$

et la condition

$$d\Phi = 0$$

deviendra

$$\varepsilon V + \Theta = \varepsilon V' + \Theta'.$$

Ainsi, pour que l'électricité soit en équilibre sur un système de conducteurs conduisant l'électricité sans aucun changement d'état, il faut que la quantité $(\varepsilon V + \Theta)$ ait la même valeur en tous les points pris à l'intérieur d'un conducteur, homogène ou hétérogène. C'est un principe plus général que celui de Poisson, et renfermant ce dernier comme cas particulier.

Ce principe conduit à la conséquence suivante :

Lorsque deux conducteurs de nature différente sont mis en communication directement ou par l'intermédiaire d'autres conducteurs à l'intérieur desquels l'électricité peut circuler sans déterminer de changement d'état, il s'établit entre ces deux conducteurs une différence de niveau potentiel qui est indépendante :

1° De la masse des deux conducteurs, de leur forme, de leur position relative;

2° De la grandeur et de la forme de leur surface de contact;

3° Des charges distribuées sur chacun d'eux;

4° Enfin de la nature des conducteurs interposés.

Cette différence de niveau potentiel dépend uniquement de la nature des deux conducteurs entre lesquels elle s'établit.

Ainsi, la théorie du potentiel thermodynamique permet de concevoir l'existence des différences de niveau potentiel au contact de deux substances différentes, et de trouver les lois auxquelles ces différences de niveau sont assujetties.

Jusqu'ici, une seule explication de ces différences avait été proposée; M. Helmholtz (¹) avait émis l'idée que, pour expliquer ces différences, il fallait admettre, à côté des actions en raison inverse du carré de la distance que les charges électriques exercent les unes sur les autres, des actions exercées sur les charges électriques par les molécules matérielles; ces dernières actions ne seraient sensibles qu'à des distances insensibles.

Il serait aisé de démontrer que le potentiel de semblables actions serait précisément de la forme

$$\Theta_A q_A + \Theta_B q_B + \ldots + \Theta_L q_L.$$

L'hypothèse de M. Helmholtz et la théorie précédente conduisent donc au même résultat. De même que les forces dont, pour établir le principe de Poisson, on suppose l'existence entre les charges électriques, les forces imaginées par M. Helmholtz sont nécessairement des forces *fictives*; la thermodynamique nous montre que l'emploi de ces forces est légitime *dans les questions d'électrostatique*.

Pour achever de déterminer Φ, il nous faut déterminer la valeur de la quantité Φ' qui figure dans l'égalité (106) (p. 204).

Nous savons que cette fonction Φ' ne varie pas, lorsque l'état du système demeure lui-même invariable. Ce seul renseignement va nous permettre de déterminer Φ'.

Supposons que le système éprouve un changement de distribution électrique quelconque accompagné d'un changement d'état quelconque; cherchons la variation éprouvée par Φ'.

Cette variation est égale à celle que Φ' éprouverait dans toute autre modification ayant pour effet de faire passer le système du même état initial au même état final. Voici la modification dont nous ferons usage.

Nous prendrons parmi les corps qui constituent le système un corps dont l'état ne varie pas pendant la modification que l'on considère.

(¹) H. Helmholtz. *Ueber die Erhaltung der Kraft*, p. 47.

Nous supposerons d'abord que l'on fasse passer toutes les charges électriques que porte le système sur ce corps, sans rien changer à l'état physique et chimique, ni à la densité des différents corps qui constituent le système. Nous supposerons ensuite que l'on éloigne à une distance extrêmement considérable le corps qui porte ainsi toutes les charges du système. Nous supposerons en troisième lieu que l'on fasse subir au système ainsi ramené à l'état neutre le changement d'état que nous avons à considérer. Nous supposerons enfin que l'on ramène le corps chargé de toute l'électricité du système, et que l'on restitue à chacun des corps transformés la charge qu'il doit posséder dans l'état final avec la distribution dont cette charge doit être affectée.

D'après ce que nous avons dit de la quantité Φ'', cette quantité ne peut varier que pendant la troisième phase de la modification considérée. Calculons donc la variation $d\Phi''$ que cette quantité subit durant la troisième phase; nous aurons par le fait sa variation totale.

Durant la troisième phase, le système se compose de deux parties infiniment éloignées l'une de l'autre : le corps invariable qui porte l'ensemble des charges électriques, et un certain nombre de corps variables à l'état neutre. Le travail non compensé produit dans ce système est la somme des travaux non compensés qui seraient produits dans ces deux parties si chacune d'elles existait seule.

La première partie ne subit aucune modification; elle ne produit donc aucun travail non compensé.

Pour calculer le travail non compensé produit dans la seconde partie, nous pouvons supposer que la première n'existe pas.

Dès lors, soient u et s l'énergie et l'entropie des corps qui constituent cette partie; soit σ son volume; soit P la pression extérieure; soit T la température; le travail non compensé produit dans la seconde partie du système aura pour valeur

$$-d\left[E(u - Ts) + P\sigma\right].$$

Soient u' et s' l'énergie et l'entropie du corps sur lequel on a accumulé les charges électriques du système, ce corps étant supposé dans le même état physique et chimique, avec la même densité, mais dénué de toute charge électrique; soit σ' son volume. Les quantités u', s', σ' demeurent invariables durant la modification considérée, on peut donc remplacer la différentielle précédente par celle-ci :

$$-d\{E[(u+u')-T(s+s')]+P(\sigma+\sigma')\}.$$

Considérons maintenant le système tel qu'il était dans son état initial; soient U et S l'énergie et l'entropie de ce système considéré comme ayant la même constitution physique ou chimique, la même densité que dans cet état, mais dénué de toute charge électrique; soit Σ le volume total du système. Nous aurons

$$U = u + u',$$
$$S = s + s',$$
$$\Sigma = \sigma + \sigma',$$

et, par conséquent, le travail non compensé accompli durant la troisième phase a pour valeur

$$-d[E(U-TS)+P\Sigma].$$

Il est égal à la variation changée de signe que subit dans la modification totale considérée le potentiel thermodynamique du système supposé ramené à l'état neutre par une opération qui ne modifierait en rien la constitution et la densité des diverses parties dont le système se compose.

D'autre part, le travail effectué durant la troisième phase est égal à la variation changée de signe que la quantité Φ, exprimée par l'égalité (106) (p. 204), éprouve durant cette troisième phase.

Or, durant cette troisième phase, W ne varie pas.

La charge du corps électrisé et son état sont invariables; donc, pour ce corps, Θ et q sont deux quantités constantes. Pour les autres corps, les quantités Θ sont variables, mais les quantités q sont égales à 0.

Par conséquent, durant la troisième phase,

$$d\Phi = d\Phi'.$$

On en conclut l'égalité

$$d\Phi' = d[E(U-TS)+P\Sigma].$$

Mais la variation subie par Φ' durant la modification totale se réduit à cette variation $d\Phi'$ durant la troisième phase. On a donc

$$\Phi' = E(U-TS)+P\Sigma + C,$$

C étant une quantité qui reste constante dans la modification considérée, la plus générale que l'on puisse envisager en électrostatique. En reportant cette expression de Φ' dans l'égalité (106) (p. 204), on trouve

$$(107) \qquad \Phi = W + \Theta_A q_A + \Theta_B q_B + \ldots + \Theta_L q_L + E(U - TS) + P\Sigma + C.$$

Telle est l'expression du potentiel thermodynamique sous pression constante d'un système électrisé dont les masses *matérielles* et *les charges électriques* ne possèdent aucune vitesse. Pour parvenir à cette expression, nous n'avons fait aucune hypothèse, et nous nous sommes appuyés uniquement sur l'énoncé rigoureux des lois de Coulomb. Nous allons voir maintenant quelles conséquences on peut déduire de ce résultat.

CHAPITRE II

DILATATION ÉLECTRIQUE

Fontana ([1]) avait déjà observé que le volume d'un condensateur augmente à la suite de l'électrisation; cette découverte fut confirmée par les travaux de M. Govi, de M. Duter et de M. Righi. D'après les recherches de M. Duter ([2]), la variation de volume d'un condensateur est proportionnelle au carré de la différence de niveau potentiel des deux armatures du condensateur, et en raison inverse de l'épaisseur de la lame isolante. M. Righi ([3]) a montré que la variation de longueur d'une bouteille de Leyde cylindrique suivait une loi analogue.

M. Moutier a rattaché le phénomène de la dilatation électrique aux lois de Coulomb. Admettant que les forces qui agissent au sein d'un conducteur électrisé se composent d'une part des attractions moléculaires, et d'autre part des actions qui s'exercent, en vertu des lois de Coulomb, entre les particules électrisées, il forma le viriel de ces forces intérieures; à ce viriel intérieur il ajouta le viriel extérieur de la pression normale et uniforme qui agissait sur le condensateur. Ce viriel total ainsi obtenu est égal, d'après un théorème connu de M. Clausius, à la force vive moyenne du mouvement stationnaire dont sont animées les molécules du corps. D'autre part, si l'on adopte les idées émises par M. Clausius sur le mouvement qui constitue la chaleur, cette force vive moyenne ne dépend que de la température; elle

---

([1]) Cité dans une lettre de Volta au professeur Landriani (*Lettere inedite di Alessandro Volta*. — Imprimé à Pesaro en 1834, p. 15 et seqq.).

([2]) Duter. *De la dilatation électrique des armatures des bouteilles de Leyde* (*Comptes rendus*, LXXXVIII, p. 1260, 1879).

([3]) Righi. *Sur la dilatation du verre des condensateurs pendant la charge.* (*Comptes rendus*, LXXXVIII, p. 1262, 1879).

est constante si la température est constante. De là une relation qui est le point de départ des raisonnements de M. Moutier.

Ces raisonnements ont conduit M. Moutier ([1]) au théorème suivant :

L'augmentation de volume qu'un corps subit par le fait de l'électrisation est égale au quotient du potentiel électrostatique du corps électrisé par le triple du coefficient de compressibilité cubique de ce corps.

Après avoir obtenu ce théorème, M. Moutier ([2]) a montré que cette proposition, jointe aux propriétés des condensateurs, conduisait aux résultats énoncés par M. Duter.

Le théorème de M. Moutier a une telle importance que l'on doit évidemment souhaiter d'en obtenir une démonstration indépendante de toute hypothèse sur la nature du mouvement qui constitue la chaleur et fondée exclusivement sur les principes de la thermodynamique. C'est cette démonstration que nous nous proposons d'exposer dans ce chapitre; nous exposerons en même temps, suivant la méthode indiquée par M. Moutier, comment ce théorème conduit aux résultats obtenus par M. Duter; enfin, par une voie analogue, nous ferons la théorie des expériences de M. Righi.

Prenons tout d'abord l'expérience de M. Duter. Cherchons l'augmentation de volume qu'éprouve, par le fait de l'électrisation, un condensateur soumis sur toute sa surface à une pression normale et uniforme.

Le condensateur est formé par une lame isolante, recouverte de deux lames métalliques infiniment minces jouant le rôle d'armatures. Ces feuilles métalliques sont électrisées. La lame isolante a alors un certain volume Σ' qui est sensiblement égal au volume entier du système, à cause de l'extrême minceur des feuilles métalliques.

Soient U et S l'énergie interne et l'entropie que possèderait le système si les corps qui le composent, tout en gardant la même constitution et le même volume, étaient ramenés à l'état neutre. Posons, pour abréger,

$$\mathfrak{F} = E(U - TS).$$

Désignons par P la pression extérieure normale et uniforme. Nous

---

([1]) J. Moutier, *Sur le volume des corps électrisés* (*Bulletin de la Société Philomathique*, 7e série, t. III, p. 88, 1878).

([2]) J. Moutier, *Sur la dilatation électrique* (*Ibid.*, t. IV, p. 182, 1882).

aurons, d'après l'égalité (107) (p. 209), l'expression suivante pour le potentiel thermodynamique du système sous la pression constante P :

$$\Phi = W + \sum \Theta q + \mathcal{F} + P\Sigma',$$

le signe $\sum$ désignant une sommation étendue aux divers corps qui composent le système.

Si l'équilibre est établi, une variation infiniment petite quelconque du système ne doit entraîner aucune variation de Φ.

Supposons que la lame isolante éprouve une augmentation de volume infiniment petite qui la laisse semblable à elle-même; une ligne quelconque de longueur l, tracée à l'intérieur de cette lame, s'allongera de $\delta . l$, δ étant une quantité infiniment petite. Le volume Σ' de la lame augmentera de

$$d\Sigma' = 3\delta . \Sigma'.$$

Pour l'équilibre, on devra avoir

$$\frac{\partial \Phi}{\partial \Sigma'} = \frac{\partial W}{\partial \Sigma'} + \frac{\partial}{\partial \Sigma'} \sum \Theta q + \frac{\partial \mathcal{F}}{\partial \Sigma'} + P = 0.$$

Calculons

$$\frac{\partial}{\partial \Sigma'} \sum \Theta q.$$

La dilatation de la lame isolante fait varier son état, et par conséquent la valeur de la quantité Θ qui lui correspond. Cette lame est électrisée, et la distribution électrique sur cette lame varie assez lentement avec le temps, pour qu'à un instant donné on puisse la regarder comme permanente. On admettra donc que la lame possède à cet instant un état de polarisation. Dans cet état, au voisinage de chacune des charges positives que renferme la lame, se trouve une charge négative égale et de signe contraire, en sorte que tout volume pris dans la lame, quelque petit qu'il soit, renferme une quantité totale d'électricité égale à 0. La partie de la quantité $\sum \Theta q$ qui pourrait provenir de la lame isolante est donc identiquement nulle, et il en est de même de sa variation.

La charge et l'état de chacune des armatures est invariable. La partie de la quantité $\sum \Theta q$ qui concerne ces lames est donc aussi invariable.

On a, par conséquent,

$$\frac{\partial}{\partial \Sigma'} \sum \Theta q = 0.$$

Calculons maintenant $\frac{\partial W}{\partial \Sigma'}$.

Chaque élément de volume de la lame isolante polarisée portant des charges égales d'électricité positive et d'électricité négative, on peut, dans le calcul de W, faire abstraction des charges réparties au sein de cette lame, et ne tenir compte que des charges réparties sur les deux armatures.

Le potentiel W a pour valeur, d'après l'égalité (104) (p. 198),

$$W = \varepsilon \, \mathrm{S} \frac{dq \, dq'}{r},$$

dq et dq' étant deux charges réparties sur les armatures, et le signe S s'étendant à toutes les combinaisons distinctes que l'on peut former en prenant ces charges deux à deux.

Dans la modification considérée, les charges dq et dq' ne changent pas de grandeur, mais leur distance augmente de $dr = \delta . r$. Il en résulte que le potentiel électrostatique augmente de

$$\begin{aligned} dW &= -\varepsilon \, \mathrm{S} \frac{dq \, dq'}{r^2} dr \\ &= -\varepsilon\delta . \mathrm{S} \frac{dq \, dq'}{r} \\ &= -W\delta \end{aligned}$$

D'ailleurs

$$d\Sigma' = 3\delta . \Sigma',$$

$$\frac{\partial W}{\partial \Sigma'} = -\frac{1}{\Sigma'} \frac{W}{3}.$$

La condition d'équilibre devient

$$-\frac{1}{\Sigma'} \frac{W}{3} + \frac{\partial \mathcal{F}}{\partial \Sigma'} + P = 0.$$

Supposons que l'on ramène le condensateur à l'état neutre, sans changer la constitution ni le volume de la lame isolante. Il n'y aura plus équilibre entre la pression extérieure et la force élastique de la lame. Pour rétablir cet équilibre, il faudra donner à la pression extérieure une valeur P'. D'ailleurs la constitution et le volume de la lame n'ayant pas changé, $\mathfrak{F}$ gardera la même valeur que dans le cas précédent, et il en sera de même de $\frac{\partial \mathfrak{F}}{\partial \Sigma'}$. Mais W étant maintenant égal à 0, la nouvelle condition d'équilibre sera

$$\frac{\partial \mathfrak{F}}{\partial \Sigma'} + P' = 0.$$

Des deux égalités précédentes, on déduit la relation

$$(P' - P)\Sigma' + \frac{W}{3} = 0.$$

Cette dernière égalité peut se transformer. Soit Σ le volume que prendrait la lame isolante, à l'état neutre, soumise à la pression normale et uniforme P; soit μ le coefficient de compressibilité de la lame à l'état neutre; par définition de μ, on a

$$\frac{\Sigma' - \Sigma}{\Sigma'} = -\frac{1}{\mu}(P' - P).$$

L'égalité précédente devient alors

$$\Sigma' - \Sigma = \frac{W}{3\mu}. \tag{108}$$

Cette égalité exprime le théorème de M. Moutier qui se trouve ainsi démontré indépendamment de toute hypothèse sur la nature de la chaleur.

Supposons que la lame isolante ait une épaisseur très faible par rapport à la surface de chacune des armatures. Les surfaces des armatures auront alors sensiblement la même valeur Ω. Supposons que l'une de ces armatures soit maintenue au niveau potentiel V et l'autre au niveau potentiel V'. En vertu de son état de polarisation, la lame isolante possède un pouvoir inducteur spécifique C. Supposons enfin que l'armature extérieure soit une surface de niveau de l'armature intérieure. Il résulte alors de la théorie du condensateur que W a la valeur suivante :

$$W = \varepsilon C \frac{(V' - V)^2}{8\pi e} \Omega,$$

e étant une valeur moyenne de l'épaisseur.

Si l'on reporte cette valeur de W dans l'égalité (108), on trouve

$$(109) \qquad \Sigma' - \Sigma = \frac{1}{24\pi} \frac{C\varepsilon}{\mu} \frac{(V' - V)^2}{e} \Omega.$$

Le condensateur augmente donc de volume à la suite de l'électrisation ; cette augmentation de volume est proportionnelle au carré de la différence de niveau potentiel des deux armatures, et en raison inverse de l'épaisseur de la lame. On retrouve ainsi les résultats que M. Duter avait obtenus par l'expérience.

Le pouvoir inducteur spécifique dépend de l'état de polarisation de la lame, et cet état varie avec le temps; C est donc une fonction du temps; il en est par conséquent de même de la dilatation électrique. Ce résultat est conforme aux expériences de M. G. Quincke.

Les expériences de M. Righi diffèrent de celles de M. Duter en ce que la pression n'est pas uniforme en tous les points de la lame isolante. M. Righi opère en effet sur une bouteille de Leyde en forme de tube cylindrique. Ce cylindre est soumis, parallèlement aux génératrices, à une traction de P kilogrammes par unité de surface de la section annulaire déterminée dans la lame par la base du cylindre. Les parois intérieures et extérieures de la bouteille sont soumises à une pression normale et uniforme de p kilogrammes par unité de surface.

Soient R' le rayon intérieur de la bouteille électrisée, e' son épaisseur supposée très petite par rapport à R', l' sa longueur.

Supposons que la bouteille subisse un allongement $dl' = \lambda l'$, et qu'en même temps ses dimensions transversales augmentent dans le rapport de 1 à $1 + \theta$. La traction exercera un travail égal à

$$2\pi R' e' P \lambda l.$$

La pression exercée sur un élément $d\sigma$ de la surface interne de la bouteille a pour valeur $p\,d\sigma$. Elle effectuera un travail égal à

$$p\,d\sigma\, dR' = p\theta R'\, d\sigma.$$

La somme des travaux effectués par toutes les pressions analogues sera

$$p\theta R' \mathbf{S}\, d\sigma.$$

Mais $\mathbf{S}\, d\sigma$ est la surface interne de la bouteille qui a pour valeur $2\pi R' l'$. Le travail en question a donc pour valeur

$$2\pi R'^2 l' p\theta.$$

De même, le travail effectué par les pressions exercées sur la surface externe de la bouteille a pour valeur

$$-2\pi (R' + e')^2 l' p\theta.$$

Si l'on remarque que e' est assez petit pour que l'on puisse négliger e'^2 devant e', le travail des pressions latérales se réduira à

$$-4\pi R' e' l' p\theta.$$

Les forces extérieures effectueront donc un travail égal à

$$2\pi R' l' e' (\lambda P - 2\theta p).$$

Cette quantité doit remplacer, dans la condition d'équilibre, le terme $-P\,d\Sigma'$ qui y figurait dans le cas de l'expérience de M. Duter. On peut donc, en remarquant, comme dans le cas précédent, que

$$d \sum \Theta q = 0,$$

écrire la condition d'équilibre suivante :

$$dW + d\mathfrak{F} - 2\pi R' l' e' (\lambda P - 2\theta p) = 0.$$

Si le corps était à l'état neutre, avec la même constitution, la même longueur, la même épaisseur, pour le maintenir en équilibre, il faudrait lui appliquer une traction P' et une pression latérale p'. On aurait alors

$$d\mathfrak{F}' - 2\pi R' l' e' (\lambda P' - 2\theta p') = 0.$$

On en déduit

$$2\pi R' l' e' [\lambda (P' - P) - 2\theta (p' - p)] = - dW.$$

Calculons maintenant la quantité dW.

La variation du potentiel électrostatique W dans la modification considérée est la somme de deux variations; l'une, due à l'allongement de la bouteille, l'autre due à sa dilatation transversale.

La première se calcule bien aisément en partant de l'égalité connue

$$W = \frac{\varepsilon}{2} \mathrm{S}\, V dq,$$

V désignant la valeur de la *fonction potentielle* au point où se trouve la charge dq, et S désignant une sommation qui s'étend à toutes les charges du système.

Cette égalité nous montre, en premier lieu, que, pour calculer W, nous pouvons faire abstraction des charges réparties sur la lame isolante, car tout élément de volume renferme des quantités égales et de signe contraire des deux électricités. Si donc nous désignons par q et q' les charges que portent les deux armatures, par V et V' leurs niveaux potentiels, nous aurons

$$W = \frac{\varepsilon}{2}(qV + q'V').$$

Lorsque la bouteille s'allonge, les charges q et q' demeurent invariables; les niveaux potentiels V et V' varient seuls; on a donc

$$dW = \frac{\varepsilon}{2}(q\,dV + q'\,dV').$$

Remarquons maintenant que si nous avons un tube cylindrique indéfini, si nous distribuons sur ses deux faces, dans une première expérience, des charges m, m', m'', ..., et, dans une seconde expérience, des charges αm, $\alpha m'$, $\alpha m''$, ..., la valeur de la fonction potentielle en un point, qui était V dans la première expérience, devient αV dans la seconde.

Supposons l' assez grand par rapport à R' pour que, pratiquement, on puisse regarder la bouteille comme un tube cylindrique indéfini. Par suite de l'allongement de la bouteille, sa surface, qui était S, est devenue $S(1 + \lambda)$; la charge totale étant restée la même, la charge en chaque point a été divisée par $(1 + \lambda)$, ou, ce qui revient au même, multipliée par $(1 - \lambda)$. Les niveaux potentiels V et V' ont aussi été multipliés par $(1 - \lambda)$, ce qui nous donne

$$dW = -\frac{\lambda\varepsilon}{2}(qV + q'V')$$

ou bien

$$dW = -\lambda W.$$

Pour calculer la variation que W éprouve par suite de l'accroissement de largeur de la bouteille, nous supposerons tout d'abord que toutes les dimensions du système augmentent dans le rapport de $1 + \theta$ à 1, puis que la longueur de la bouteille diminue de $\theta l'$. D'après le calcul fait à propos de l'expérience de M. Duter, dans la première phase, W augmentera de $-3\theta W$; dans la seconde phase, d'après le calcul que nous venons de faire, W augmentera de θW. On aura donc pour la modification totale

$$dW = -2\theta W,$$

et, pour l'ensemble des deux modifications que nous venons de considérer,

$$dW = -(\lambda + 2\theta) W.$$

La condition d'équilibre trouvée précédemment deviendra donc

$$(\lambda + 2\theta) W = 2\pi R' l' e' [\lambda (P' - P) - 2\theta (p' - p)].$$

Les quantités λ et θ sont arbitraires; cette égalité doit avoir lieu quelles que soient les valeurs de λ et de θ. On a donc

$$(110) \qquad \left\{ \begin{aligned} P' - P &= \frac{W}{2\pi R' l' e'}, \\ p' - p &= \frac{-W}{2\pi R' l' e'}. \end{aligned} \right.$$

Si le système, à l'état neutre, était soumis à la pression p et à la traction P, la longueur de la bouteille aurait une valeur l, son rayon une valeur R, son épaisseur une valeur e. Cherchons les relations qui existent entre l, R, e et l', R', e'.

Ces relations peuvent se déduire de la théorie de l'élasticité [1].

---

[1] Voir : Barré de Saint-Venant, *Mémoire sur la torsion des prismes*, lu à l'Académie des sciences le 13 juin 1853 (*Mémoires des Savants étrangers*, t. XIV, année 1856, p. 233).

Considérons un cylindre droit, formé d'une substance isotrope. Soient δ_x, δ_y, δ_z les dilatations par unité de longueur qu'éprouve ce cylindre, dont les génératrices sont supposées parallèles à l'axe des z, lorsque, étant primitivement à l'état naturel, il est soumis à la traction P par unité de surface de la base et aux pressions latérales p par unité de surface. Soient E et E' deux constantes. On a

$$\left\{\begin{aligned} \delta_x = \delta_y &= \frac{-E'P - (2E + E')p}{2E(2E + 3E')}, \\ \delta_z &= \frac{(E + E')P + E'p}{2E(2E + 3E')}. \end{aligned}\right.$$

Soient $\mathcal{L}$, $\mathcal{R}$, $\mathcal{E}$, les valeurs de l, R, e, lorsque la bouteille n'est soumise à aucune pression et ne porte aucune charge électrique. Les formules précédentes nous donnent

$$\left\{\begin{aligned} \frac{l}{\mathcal{L}} &= 1 + \frac{(E + E')P + E'p}{2E(2E + 3E')}, \\ \frac{R}{\mathcal{R}} = \frac{e}{\mathcal{E}} &= 1 - \frac{E'P + (2E + E')p}{2E(2E + 3E')}. \end{aligned}\right.$$

En remplaçant dans ces égalités P par P' et p par p', nous aurons les expressions de $\frac{l'}{\mathcal{L}}$, $\frac{R'}{\mathcal{R}}$, $\frac{e'}{\mathcal{E}}$. De ces expressions, nous déduisons

$$\left\{\begin{aligned} \frac{l' - l}{\mathcal{L}} &= \frac{(E + E')(P' - P) + E'(p' - p)}{2E(2E + 3E')}, \\ \frac{R' - R}{\mathcal{R}} = \frac{e' - e}{\mathcal{E}} &= -\frac{E(P' - P) + (2E + E')(p' - p)}{2E(2E + 3E')}. \end{aligned}\right.$$

Si, dans ces égalités, nous remplaçons $(P' - P)$ et $(p' - p)$ par leurs valeurs déduites des égalités (110) (p. 218), nous trouvons

$$\left\{\begin{aligned} \frac{l' - l}{\mathcal{L}} &= \frac{1}{2E + 3E'} \cdot \frac{W}{4\pi R' l' e'}, \\ \frac{R' - R}{\mathcal{R}} = \frac{e' - e}{\mathcal{E}} &= \frac{E + E'}{E(2E + 3E')} \frac{W}{4\pi R' l' e'}. \end{aligned}\right.$$

On peut, aux seconds membres, remplacer R', l', e' par $\mathcal{R}$, $\mathcal{L}$, $\mathcal{E}$, et écrire

$$\left\{\begin{aligned} l' - l &= \frac{1}{2E + 3E'} \frac{W}{4\pi \mathcal{R} \mathcal{E}}, \\ R' - R &= \frac{E + E'}{E(2E + 3E')} \frac{W}{4\pi \mathcal{L} \mathcal{E}}, \\ e' - e &= \frac{E + E'}{E(2E + 3E')} \frac{W}{4\pi \mathcal{R} \mathcal{L}}. \end{aligned}\right.$$

Si l'on remplace enfin W par sa valeur

$$W = \varepsilon C \frac{(V' - V)^2}{8\pi e} \Omega,$$

et si l'on remarque que l'on a sensiblement

$$\left\{\begin{aligned} e &= \mathcal{E}, \\ \Omega &= 2\pi \mathcal{R} \mathcal{L}, \end{aligned}\right.$$

on aura les formules définitives

$$\left\{\begin{aligned} l' - l &= \frac{\varepsilon C}{2E + 3E'} \frac{(V' - V)^2}{16\pi \mathcal{E}^2} \mathcal{L}, \\ R' - R &= \frac{(E + E')\varepsilon C}{E(2E + 3E')} \frac{(V' - V)^2}{16\pi \mathcal{E}^2} \mathcal{R}, \\ e' - e &= \frac{(E + E')\varepsilon C}{E(2E + 3E')} \frac{(V' - V)^2}{16\pi \mathcal{E}}. \end{aligned}\right.$$

Telles sont les lois de la dilatation électrique dans ce cas.

CHAPITRE III

PHÉNOMÈNES THERMIQUES PRODUITS PAR LES COURANTS.

§ I. — *Travail compensé dans un système électrisé.*

Au chapitre I de cette partie, nous avons déterminé la forme générale du potentiel thermodynamique sous pression constante d'un système électrisé en supposant que chacun des points matériels du système, que chacune des charges électriques qu'il porte ait une vitesse nulle. Nous pouvons alors calculer le travail non compensé qui accompagne une modification virtuelle quelconque du système.

Une semblable modification est en même temps accompagnée d'un travail compensé. Nous commencerons par donner quelques théorèmes relatifs à ce travail compensé.

Si l'on désigne par T la température absolue, par S l'entropie du système, par E l'équivalent mécanique de la chaleur, par $d\vartheta$ le travail compensé accompli dans une modification isothermique, on a

$$d\vartheta = -\,\mathrm{ET}d\mathrm{S},$$

ce qui peut aussi s'écrire

$$d\vartheta = -\,d\,(\mathrm{ETS}).$$

Le travail compensé admet donc un potentiel ETS qui dépend uniquement de l'état du système. Cette circonstance permet alors de suivre, dans la détermination du travail compensé, une voie analogue à celle qui a été suivie dans la détermination du travail non compensé.

Nous poserons

$$(112) \qquad Z = \text{ETS},$$

et nous chercherons la forme de la quantité Z.

Nous commencerons par supposer que l'on déplace les corps électrisés que renferme le système en laissant invariables leur volume, leur forme, leur température, leur état physique ou chimique, la distribution électrique sur chacun d'eux. Dans une semblable modification, d'après le lemme II du chapitre I, le système n'effectuera aucun travail compensé.

De ce premier résultat, en raisonnant comme nous l'avons fait au § I du chapitre I, nous déduirons la conséquence suivante :

Si l'on déplace une charge électrique au sein d'un conducteur homogène, qui laisse circuler l'électricité sans éprouver de changement d'état, la quantité Z ne subira aucune variation dans cette modification.

Ces deux résultats montrent que la quantité Z jouit de propriétés analogues à celles de la quantité Φ' qui figure dans l'égalité (105) (p. 199). On pourra, pour la déterminer, suivre exactement la même marche que celle qui a été suivie au § II du chapitre I pour déterminer Φ', et l'on trouvera pour Z une forme analogue à celle de Φ'. Cette forme est la suivante :

$$(113) \qquad Z = H_A q_A + H_B q_B + H_C q_C + \ldots + H_L q_L + \text{ETS};$$

S désigne, dans cette nouvelle égalité, non plus l'entropie réelle du système, mais l'entropie que le système posséderait *si* les corps qui le composent étaient ramenés à l'état neutre, tout en conservant le même volume, la même forme, la même constitution physique et chimique, la même température. La quantité H_K dépend uniquement de la température et de la constitution physique et chimique du corps homogène représenté par l'indice K. Elle est indépendante de tous les autres paramètres variables du système. Enfin q_K représente la charge électrique totale répandue sur le corps K.

L'égalité (113), jointe à l'égalité

$$d\mathfrak{S} = -dZ,$$

permettra, en toute circonstance, de former l'expression du travail compensé produit dans une modification virtuelle d'un système dont les points matériels et les charges électriques sont sans vitesse.

§ II. — *Phénomènes thermiques produits par les courants. Loi de Joule. — Phénomène de Peltier.*

Si les conditions de l'équilibre électrique sur un système de conducteurs ne sont pas réalisées, ce système pourra devenir le siège de modifications dans la distribution électrique, c'est à dire de *courants*.

Nous supposerons connue dans ce qui va suivre la définition des divers termes que l'étude des courants introduit en physique.

Laissant entièrement de côté, dans le présent ouvrage, l'ensemble des phénomènes dont l'étude constitue l'électrodynamique, nous supposerons que *le système renferme uniquement des courants fermés, uniformes et constants, traversant des conducteurs invariables de forme et de position*. Dans ce qui va suivre, nous nous occuperons uniquement de *conducteurs linéaires*, mais les résultats obtenus s'étendraient sans peine aux conducteurs à trois dimensions.

Les raisonnements qui vont suivre reposent tous sur une hypothèse fondamentale qu'il convient d'énoncer dès le principe. Cette hypothèse est la suivante :

Soit un système vérifiant les restrictions précédentes. Un des conducteurs qui constituent ce système est traversé par un courant d'intensité J. *Pendant le temps* dt, *une portion déterminée de ce conducteur est le siège d'une modification déterminée et, en même temps, elle est traversée, dans un sens déterminé, par une quantité d'électricité* $J\,dt$. *Le travail compensé et le travail non compensé effectués, pendant le temps* dt, *dans la portion considérée du conducteur, sont égaux respectivement au travail compensé et au travail non compensé qui seraient effectués si cette portion du conducteur subissait la même modification et si, en même temps, on déplaçait virtuellement dans le sens du courant, au travers de ce conducteur, une charge* $dq = J\,dt$, *toutes les autres charges que renferme le système demeurant immobiles.*

Cette hypothèse entraîne la conséquence suivante :

Si l'on suppose immobiles toutes les charges électriques que porte le système, le potentiel thermodynamique sous pression constante est donné par l'égalité (107) (p. 209), et le potentiel du travail compensé est donné par l'égalité (113) (p. 222). Ces deux potentiels gardent la même valeur si le système est traversé par des courants fermés, uniformes, constants, invariables de forme et de position.

L'hypothèse fondamentale que nous venons d'énoncer rattache à l'électrostatique l'étude des systèmes dont il s'agit.

Considérons sur un conducteur linéaire, traversé par un courant uniforme d'intensité J, un segment de longueur *l*. Supposons ce conducteur homogène; supposons en outre que l'électricité, en circulant à l'intérieur de ce conducteur, n'y détermine aucun changement d'état. La quantité d'électricité que le courant transporte pendant le temps dt d'une extrémité à l'autre de ce segment a pour valeur $J\,dt$. D'après l'hypothèse précédente, le travail compensé et le travail non compensé ont tous deux la même valeur que *si, toutes* les charges électriques que porte le système étant immobiles dans la position qu'elles occupent à l'instant *t*, on faisait passer, par une modification virtuelle, d'une extrémité à l'autre du conducteur, une charge dq égale à $J\,dt$.

Au § I de ce chapitre, il a été démontré qu'une charge dq transportée au sein d'un conducteur homogène, qui laisse passer l'électricité sans éprouver de changement d'état, dans un système dont tous les points matériels et toutes les charges électriques sont sans vitesse, n'entraîne aucun travail compensé. Si donc une quantité de chaleur est dégagée dans ces circonstances, elle est équivalente uniquement au travail non compensé produit.

Or, M. Joule a trouvé par l'expérience que la chaleur dégagée pendant le temps dt par le passage d'un courant d'intensité J, dans un conducteur homogène, de température *uniforme* et constante, qui n'éprouve aucun changement d'état, est proportionnelle :

1° Au temps dt;

2° Au carré de l'intensité du courant;

3° A la longueur du fil;

4° A l'inverse de sa section.

Cette quantité de chaleur dépend en outre de la température et de la nature de la substance qui forme le conducteur.

Pour obtenir le travail non compensé produit, il suffit, d'après ce qui précède, de multiplier cette quantité de chaleur par l'équivalent mécanique de la chaleur. Si donc on désigne par ρ un coefficient qui dépend uniquement de la température et de la nature du conducteur, la valeur du travail non compensé produit sera la suivante :

$$d\mathcal{T} = \rho \frac{l}{\omega} J^2 dt.$$

Cette formule est l'expression de la loi de Joule telle qu'elle résulte de l'expérience. Elle suppose le fil cylindrique et par conséquent ω constant dans toute sa longueur. Si ω varie en fonction de sa distance x à l'origine du segment, on aura simplement à remplacer dans la formule précédente la quantité $\frac{l}{\omega}$ par $\int_0^l \frac{dx}{\omega}$.

Au lieu de conserver à la loi de Joule cette forme restreinte qui dérive immédiatement de l'expérience, nous l'énoncerons sous une forme beaucoup plus générale et nous la regarderons comme un postulatum.

Considérons dans un système de corps immobiles traversés par des courants fermés, uniformes, constants, invariables de forme et de position, un segment de conducteur de longueur l, homogène ou hétérogène, dont la température varie d'un point à un autre d'une manière quelconque, qui éprouve pendant le transport de l'électricité un changement d'état quelconque; considérons sur ce conducteur, à une distance x du point origine, un segment de longueur infiniment petite dx; soit ρ un coefficient qui dépend uniquement de la substance que renferme ce segment infiniment petit, et de la température qui y règne. *Le travail non compensé produit dans ce conducteur pendant l'unité de temps a pour valeur*

$$\mathcal{T} = J^2 \int_0^l \frac{\rho}{\omega}\, dx. \tag{114}$$

La quantité ρ est la *résistance spécifique* de la substance contenue dans le segment de longueur dx.

On donne à la quantité

$$R = \int_0^l \frac{\rho}{\omega}\, dx \tag{115}$$

le nom de *résistance* du segment de conducteur de longueur l. On peut dire alors que *le travail non compensé produit pendant l'unité de temps dans un segment de conducteur traversé par un courant d'intensité J, au sein d'un système formé de corps immobiles traversés par des courants fermés, uniformes, constants, invariables de forme et de position, est égal au produit de la résistance* R *du conducteur par le carré de l'intensité du courant.* Tel est le postulatum fondamental, auquel nous conserverons le nom de loi de Joule, et sur lequel nous ferons reposer l'étude des courants électriques.

Revenons au cas où le conducteur est homogène et n'éprouve aucun changement d'état pendant le passage du courant. Dans ce cas, en vertu de l'hypothèse faite au début de ce paragraphe, le travail non compensé produit pendant le temps dt dans un segment de conducteur est égal, au signe près, à la variation que subit le potentiel thermodynamique du système, potentiel déterminé par l'égalité (107) (p. 209), par l'effet du transport d'une charge $J\,dt$ de l'origine à l'extrémité de ce segment.

D'autre part, si l'on désigne par V et V' les valeurs de la fonction potentielle à l'origine et à l'extrémité du segment de conducteur considéré, d'après les calculs faits au § I du chapitre I, cette variation se réduit à

$$\varepsilon\,(V' - V)\,J\,dt.$$

On a donc

$$RJ^2\,dt = \varepsilon\,(V' - V)\,J\,dt,$$

ou bien

$$J = -\,\varepsilon\,\frac{V' - V}{R}. \tag{116}$$

Cette formule bien connue constitue la loi de Ohm. Les conséquences de cette formule sont exposées dans tous les traités de physique.

Supposons maintenant que le conducteur considéré, tout en laissant circuler l'électricité sans éprouver aucun changement d'état, ne soit plus homogène. Supposons qu'il soit formé de deux parties séparément homogènes, réunies en un certain point P. Prenons deux points MM' situés de part et d'autre du point P, et infiniment voisins de ce dernier.

Lorsqu'un courant d'intensité J circule dans le fil, il produit dans le segment compris entre M et M', pendant l'unité de temps, un travail égal à la résistance du segment MM' multipliée par le carré de l'intensité J. La résistance du segment MM' est infiniment petite comme la longueur de ce segment. Le travail non compensé dont il s'agit est donc infiniment petit.

Si l'on observe que, dans le segment MM', une quantité de chaleur finie est dégagée ou absorbée, cette quantité de chaleur devra être équivalente au travail compensé effectué dans le segment MM'. Or, d'après l'hypothèse énoncée au début de ce paragraphe, le travail compensé produit pendant le temps dt dans le segment MM' est le même que celui qui serait produit si une charge $J\,dt$ passait du point M au point M', toutes les autres charges que porte le système demeurant dans la position qu'elles occupent à l'instant t.

D'autre part, ce dernier travail est, au signe près, la variation que subit la quantité Z, représentée par l'égalité (113), lorsque la charge $J\,dt$ passe de M en M'.

Désignons par m le métal au sein duquel se trouve le point M, et par m' le métal au sein duquel se trouve le point M'. Nous aurons

$$dZ' = (H_{m'} - H_m)\,J\,dt.$$

Si donc nous désignons par dQ la quantité de chaleur dégagée pendant le temps dt dans le segment MM', nous aurons

$$dQ = A\,(H_m - H_{m'})\,J\,dt. \tag{117}$$

Si l'on se souvient que H_m et $H_{m'}$ dépendent uniquement de la nature des métaux m et m' et de la température au point P, on pourra énoncer la proposition suivante :

Lorsqu'un courant traverse la surface de soudure de deux métaux, il dégage une quantité de chaleur compensée proportionnelle à la quantité d'électricité qui traverse la soudure, indépendante de la vitesse avec laquelle se meut l'électricité, changeant de signe sans changer de grandeur lorsqu'on renverse le sens du courant, indépendante de la grandeur et de la forme des deux métaux, de la grandeur et de la forme de la surface de contact, des charges électriques distribuées sur les deux métaux et dépendant uniquement de la nature des deux métaux et de la température de la soudure.

Considérons trois métaux à la même température m, m', m''. Lorsqu'une quantité d'électricité égale à l'unité passe du métal m

dans le métal m', elle dégage une quantité de chaleur

$$Q' = A(H_m - H_{m'}).$$

Lorsqu'une quantité d'électricité égale à l'unité passe du métal m dans le métal m'', elle dégage une quantité de chaleur

$$Q'' = A(H_m - H_{m''}).$$

Enfin lorsqu'une quantité d'électricité égale à l'unité passe du métal m' dans le métal m'', elle dégage une quantité de chaleur

$$Q = A(H_{m'} - H_{m''}).$$

La relation évidente

$$Q = Q'' - Q'$$

montre que l'on peut calculer Q si l'on connait Q' et Q''.

Le dégagement de chaleur compensée par le passage d'un courant au travers d'une soudure métallique est connu sous le nom de *phénomène de Peltier*. L'analogie des lois qui régissent le phénomène de Peltier avec les lois des différences de niveau potentiel au contact de deux substances différentes a porté certains physiciens à chercher une relation entre ces deux phénomènes, et à regarder le dégagement de chaleur qui correspond au phénomène de Peltier comme proportionnel à la chute que subit la valeur de la fonction potentielle. L'expérience a depuis longtemps démontré que cette proportionnalité n'existait pas.

L'analogie que présentent les deux phénomènes a sa raison d'être dans la similitude de forme des deux fonctions Φ et Z. Mais il n'existe *à priori* aucune relation connue entre ces deux ordres de phénomènes, non plus qu'entre les fonctions Φ et Z.

CHAPITRE IV

DE LA PILE VOLTAÏQUE.

Nous nous sommes exclusivement occupés jusqu'ici de conducteurs que l'électricité peut traverser sans leur faire subir aucun changement d'état. Mais tous les conducteurs ne rentrent pas dans cette catégorie. Il en est que l'électricité ne peut traverser sans altérer leur constitution physique ou chimique. Tels sont les liquides que l'électricité décompose et qui ont, pour cette raison, reçu le nom d'électrolytes.

L'électrolyse est soumise à une loi qui a été découverte par Faraday et qui est le fondement de tout ce qui va suivre; cette loi peut s'énoncer ainsi :

Lorsqu'une certaine quantité d'électricité traverse un électrolyte, ce corps est le siège d'une réaction chimique. Le poids des diverses substances réagissantes qui se trouve ainsi mis en jeu dépend uniquement de la nature de la réaction chimique qui s'est produite et de la quantité d'électricité qui a traversé l'électrolyte. Il est proportionnel à cette dernière quantité. Il est indépendant des conditions dans lesquelles la réaction s'est produite, de l'état des divers corps réagissants, de l'intensité du courant qui a transporté la charge électrique.

Dans une solution renfermant du sulfate de zinc et du sulfate de cuivre, plaçons une lame de zinc et une lame de cuivre, que nous supposerons n'être pas en contact direct l'une avec l'autre. Une quantité dq d'électricité peut passer du zinc au cuivre à travers la dissolution à condition qu'une certaine quantité de cuivre, proportionnelle à dq, se précipite, et qu'une quantité équivalente de zinc se dissolve.

Cherchons la condition de l'équilibre électrique sur le conducteur hétérogène formé par la lame de zinc A, la dissolution saline C, et la lame de cuivre B.

Le potentiel thermodynamique du système a pour valeur, d'après l'égalité (107) (p. 209),

$$\Phi = W + \Theta_A q_A + \Theta_B q_B + \Theta_C q_C + E(U - TS) + P\Sigma,$$

les lettres qui figurent dans cette égalité ayant la signification qui a été indiquée au § II du chapitre I.

Lorsque la charge dq passe d'un point M à l'intérieur du zinc à un point N à l'intérieur du cuivre, ce potentiel éprouve une variation $d\Phi$ que nous pouvons calculer. Soit V_A la valeur de la fonction potentielle au point M; soit V_B la valeur de la même fonction au point N. La quantité W éprouve la variation suivante :

$$\varepsilon (V_B - V_A)\, dq.$$

La somme $\Theta_A q_A + \Theta_B q_B$ augmente de

$$(\Theta_B - \Theta_A)\, dq.$$

La quantité q_C ne varie pas, mais la composition de la dissolution varie, en sorte que la quantité $\Theta_C q_C$ varie de $q_C \frac{d\Theta_C}{dq} dq$. Mais Θ_C dépend uniquement de la constitution de la dissolution, et non de sa masse. La quantité de sulfate de cuivre qui disparait de la dissolution et la quantité de sulfate de zinc qui la remplace sont l'une et l'autre proportionnelles à dq, mais indépendantes de la masse de la dissolution. On peut donc rendre cette dernière assez grande pour que la variation subie par la composition de la dissolution, par l'effet du passage de la charge dq, soit aussi petite que l'on voudra. Nous supposerons la masse de la dissolution assez grande pour que $\frac{d\Theta_C}{dq}$ soit négligeable.

Les poids du cuivre précipité et du zinc dissous sont proportionnels à dq. Il en résulte que la variation éprouvée par la quantité

$$E(U - TS) + P\Sigma$$

est égale au produit de dq par un facteur qui dépend uniquement de l'état des divers corps qui composent la pile. Il est facile de préciser davantage la signification de ce facteur. Il suffit pour cela de remarquer que

$$- d\,[\mathrm{E}\,(\mathrm{U} - \mathrm{TS}) + \mathrm{P}\Sigma]$$

est le travail non compensé qui prendrait naissance si la réaction qui a lieu dans la pile pendant qu'une charge positive dq passe à travers cette pile du zinc au cuivre se produisait dans un système formé de corps identiques à ceux qui composent la pile, mais ramenés à l'état neutre. Si nous désignons ce travail non compensé par $\mathcal{E}dq$, nous aurons

$$(118) \qquad d\,[\mathrm{E}\,(\mathrm{U} - \mathrm{TS}) + \mathrm{P}\Sigma] = - \mathcal{E}dq.$$

Réunissant ces divers résultats, nous trouvons

$$d\Phi = [(\varepsilon\,\mathrm{V}_{\mathrm{B}} + \Theta_{\mathrm{B}}) - (\varepsilon\,\mathrm{V}_{\mathrm{A}} + \Theta_{\mathrm{A}})]\,dq - \mathcal{E}dq.$$

La condition d'équilibre est donc

$$(119) \qquad (\varepsilon\,\mathrm{V}_{\mathrm{B}} + \Theta_{\mathrm{B}}) - (\varepsilon\,\mathrm{V}_{\mathrm{A}} + \Theta_{\mathrm{A}}) = \mathcal{E}.$$

Si les deux métaux A et B avaient été mis directement au contact, la condition d'équilibre eût été

$$(\varepsilon\,\mathrm{V}'_{\mathrm{B}} + \Theta_{\mathrm{B}}) - (\varepsilon\,\mathrm{V}'_{\mathrm{A}} + \Theta_{\mathrm{A}}) = 0.$$

On a donc

$$\varepsilon\,(\mathrm{V}_{\mathrm{B}} - \mathrm{V}_{\mathrm{A}}) - \varepsilon\,(\mathrm{V}'_{\mathrm{B}} - \mathrm{V}'_{\mathrm{A}}) = \mathcal{E},$$

ce qui peut s'énoncer de la manière suivante :

L'excès de niveau potentiel qui existe entre le pôle B *et le pôle* A *d'une pile ouverte n'est pas égal à la différence de niveau potentiel qui existerait entre ces deux pôles si les métaux qui les constituent étaient directement au contact. Si l'on multiplie par la constante* ε *la quantité dont le premier excès surpasse le second, on obtient une quantité* $\mathcal{E}$ *égale au travail non compensé qui serait engendré par la réaction que produit dans la pile le passage d'une charge électrique égale à l'unité du métal* A *au métal* B, *si cette réaction se produisait dans un système identique à celui qui constitue la pile, mais dont toutes les parties seraient à l'état neutre.*

Ce premier théorème résulte exclusivement des lois de Coulomb et de Faraday.

Concevons maintenant que l'on mette en contact direct, en dehors de la pile, la lame de zinc A avec la lame de cuivre B, ou, en d'autres termes, que l'on ferme le circuit. Pour qu'il y ait équilibre, il faut que Φ n'éprouve aucune variation lorsque la charge dq passe du métal A au métal B, soit au travers de la pile, soit directement, ce qui entraîne les deux conditions

$$(V_B + \Theta_B) - (V_A + \Theta_A) = \mathcal{E},$$
$$(V_B + \Theta_B) - (V_A + \Theta_A) = 0.$$

Ces deux conditions sont en général incompatibles; donc, lorsque le circuit est fermé, l'équilibre est impossible.

Le circuit fermé deviendra alors le siège d'un courant permanent. Désignons par J l'intensité de ce courant, cette intensité étant comptée positivement lorsque le courant passe du métal A au métal B au travers de la pile.

Pendant le temps dt, toute section du circuit est traversée par une quantité d'électricité $J\,dt$ dans le sens que nous venons de définir. D'après une hypothèse faite au § II du chapitre III, le travail compensé et le travail non compensé produit pendant le temps dt dans une portion quelconque du circuit ont la même valeur que le travail compensé et le travail non compensé qui seraient engendrés dans cette même portion du circuit si elle était traversée par la charge $dq = J\,dt$, toutes les autres charges du système étant invariables.

Supposons que le circuit extérieur conduise l'électricité sans électrolyse, et que les parties de ce circuit extérieur qui viennent aboutir aux électrodes soient faites d'un même métal, de cuivre par exemple. Prenons, dans ce métal, un point M au voisinage de l'électrode A et un point N au voisinage de l'électrode B. Ces deux points M et N partagent le circuit en deux parties que nous appellerons, pour abréger, la pile et le circuit extérieur.

La quantité de chaleur que le circuit tout entier dégage pendant un certain temps se compose de quatre parties :

1° La chaleur non compensée dégagée dans la pile;

2° La chaleur non compensée dégagée dans le circuit extérieur;

3° La chaleur compensée dégagée dans la pile;

4° La chaleur compensée dégagée dans le circuit extérieur.

Évaluons ces quatre quantités de chaleur.

1° Soit V_A le niveau potentiel en M et V_B le niveau potentiel en N. Lorsqu'une charge dq passe du point M au point N au travers de la pile, elle effectue un travail non compensé que nous avons déjà calculé en supposant les points M et N pris au sein de métaux différents, et qui se réduit dans le cas actuel à

$$[\varepsilon (V_A - V_B) + \mathfrak{E}]\, dq.$$

La chaleur non compensée que la pile dégage pendant un temps dt a alors pour valeur

$$dQ = A\,[\varepsilon (V_A - V_B) + \mathfrak{E}]\, J\,dt. \tag{120}$$

2° Si tous les points du circuit extérieur sont à la même température, le passage d'une charge dq du point N au point M au travers du circuit extérieur produit un travail non compensé

$$\varepsilon (V_B - V_A)\, dq.$$

La chaleur non compensée que le circuit extérieur dégage pendant le temps dt a alors pour valeur

$$dQ' = A\varepsilon (V_B - V_A)\, J\,dt. \tag{121}$$

3° Lorsqu'une charge dq passe du point M au point N au travers de la pile, elle effectue un certain travail compensé qui est égal au signe près à la variation qu'éprouve, par le fait de cette modification, la quantité Z définie par l'égalité (113) (p. 222).

Or, pour les divers corps métaux qui composent la pile, les quantités H sont invariables; si la masse des liquides qui entrent dans la constitution de la pile est assez grande, on pourra négliger la variation qu'éprouve la quantité H relative à ces liquides. Les charges aux divers points sont également demeurées invariables, sauf la charge au point M qui a diminué de dq et la charge au point N qui a augmenté de dq. Mais les points M et N étant à l'intérieur d'un même métal, cette modification n'entraîne aucun changement dans la valeur de la somme des quantités telles que Hq. Par conséquent, dZ se réduit à

$$ET\,dS,$$

S étant l'entropie d'un système identique à celui qui constitue la pile, mais dont toutes les parties seraient à l'état neutre.

Écrivons

$$dZ = -E\mathcal{A}dq,$$

$\mathcal{A}$ étant une quantité qui dépend uniquement de l'état de la pile à l'instant considéré. La signification de cette quantité $\mathcal{A}$ pourra se déterminer aisément. On a en effet

$$\frac{\mathcal{A}}{T} = -\frac{dS}{dq}.$$

On voit alors que $\mathcal{A}$ est la quantité de chaleur compensée que dégagerait dans un système identique à celui qui constitue la pile, mais dont toutes les parties seraient à l'état neutre, une réaction identique à celle que produit dans la pile le passage d'une quantité d'électricité égale à l'unité.

Moyennant cette définition de $\mathcal{A}$, on voit que si l'on appelle dQ_1 la quantité de chaleur compensée dégagée dans la pile pendant le temps dt, on aura

$$dQ_1 = \mathcal{A}J\,dt. \tag{122}$$

4° Enfin le transport d'une charge électrique au travers du circuit extérieur ne fait pas varier la quantité Z. Si donc on désigne par dQ'_1 la quantité de chaleur compensée dégagée pendant le temps dt dans le circuit extérieur, on aura

$$dQ'_1 = 0. \tag{123}$$

Des quatre égalités (120), (121), (122), (123), on déduit quelques conséquences importantes. Calculons, au moyen de ces quatre égalités, la quantité totale de chaleur, $d\Lambda$, dégagée par le circuit tout entier pendant le temps dt. Nous aurons évidemment

$$d\Lambda = dQ + dQ_1 + dQ' + dQ'_1,$$

et par conséquent

$$d\Lambda = (A\mathcal{E} + \mathcal{A})J\,dt. \tag{124}$$

Si l'on se reporte alors à la signification des quantités $\mathcal{A}$ et $\mathcal{E}$, on arrive aisément au théorème suivant :

La quantité totale de chaleur dégagée par le circuit pendant un certain temps est égale à la quantité de chaleur que dégagerait dans un système identique, mais dont toutes les parties seraient à l'état neutre, une réaction semblable à celle dont la pile est le siège pendant le même temps.

C'est la proposition fondamentale énoncée pour la première fois par M. Edm. Becquerel, et vérifiée ensuite par les recherches de Favre.

La quantité de chaleur non compensée dégagée dans le circuit tout entier pendant le temps dt a pour valeur

$$dQ + dQ' = A\mathcal{E}Jdt. \tag{125}$$

La quantité de chaleur compensée dégagée dans tout le circuit pendant le temps dt a pour valeur

$$dQ_1 + dQ'_1 = \mathcal{A}Jdt. \tag{126}$$

Si l'on se reporte à la signification des quantités $\mathcal{E}$ et $\mathcal{A}$, on voit que la *chaleur compensée et la chaleur non compensée dégagées dans le circuit pendant un certain temps sont respectivement égales à la chaleur compensée et à la chaleur non compensée que dégagerait dans un système identique, mais dont toutes les parties seraient à l'état neutre, une réaction identique à celle dont la pile est le siège pendant le même temps.* Cet énoncé complète la proposition de M. Becquerel.

Nous avons démontré, en nous appuyant seulement sur les lois de Coulomb et de Faraday, que la différence de niveau potentiel aux deux électrodes d'une pile ouverte surpassait la différence de niveau qui existerait entre ces deux électrodes si elles étaient directement en contact d'une certaine quantité $\mathcal{E}$, et nous avons vu que cette quantité $\mathcal{E}$ représentait la quantité de travail non compensé qu'engendrerait la réaction qui se produit dans la pile par l'effet du passage d'une quantité d'électricité égale à l'unité, si cette réaction se produisait dans un système identique à la pile, mais dont toutes les parties seraient à l'état neutre.

Si l'on admet que l'excès $\mathcal{E}$ entre la différence de niveau potentiel que présentent les électrodes dans la pile ouverte et la différence de niveau potentiel qu'elles présenteraient si elles étaient directement au contact représente la force électromotrice de la pile fermée, la proposition que nous venons de rappeler serait précisément le fondement de la théorie proposée par M. von Helmholtz. La quantité de chaleur

$$dQ + dQ'$$

représenterait la chaleur voltaïque; la quantité de chaleur

$$dQ_1 + dQ'_1$$

représenterait l'excès de la chaleur chimique sur la chaleur voltaïque, et ces deux quantités de chaleur ont *bien* la valeur qui leur est assignée par la théorie de M. von Helmholtz.

Par conséquent, la démonstration de la proposition fondamentale sur laquelle repose la théorie de M. H. von Helmholtz est ramenée à l'identité entre la quantité $\mathcal{E}$ et la force électromotrice de la pile en activité, c'est à dire le produit de la résistance R du circuit par l'intensité J du courant.

Mais cette identité elle-même est une conséquence immédiate du postulatum que nous avons obtenu en généralisant la loi de Joule; d'après ce postulatum, en effet, la quantité de chaleur non compensée dégagée dans le circuit pendant un temps dt a pour valeur

$$ARJ^2dt;$$

d'autre part, d'après l'égalité (125) (p. 235), cette quantité de chaleur a pour valeur

$$A\mathcal{E}Jdt.$$

En égalant ces deux quantités, on trouve la relation

$$J = \frac{\mathcal{E}}{R}, \tag{127}$$

dont l'établissement entraîne la démonstration du principe fondamental sur lequel repose la théorie de M. Helmholtz.

Le principe sur lequel repose la théorie de M. Helmholtz permet, lorsqu'on connaît la réaction dont une pile est le siège, de trouver la valeur de la force électromotrice de cette pile; mais il ne permet pas de décider *à priori* le sens dans lequel marche le courant auquel cette pile donne naissance. C'est à l'expérience qu'il faut demander la solution de cette question.

Becquerel a démontré que lorsque les pôles d'une pile sont formés par deux métaux dont un seulement est attaqué, ce dernier forme le pôle négatif de la pile. Cet énoncé résoud la question au moins pour cette classe particulière de piles.

Mais, cet énoncé étant admis, la théorie du potentiel thermodynamique permet d'établir certaines corrélations intéressantes.

Dans une dissolution de sulfate d'argent, nous plongeons une lame d'argent et une lame de cuivre. Cette dernière lame est attaquée, et est par conséquent électronégative par rapport à la lame d'argent.

Dans une dissolution de sulfate de cuivre, nous plongeons une lame de cuivre et une lame de fer. Cette dernière lame est attaquée et est par conséquent électronégative par rapport à la lame de cuivre.

L'expérience montre que si dans une dissolution de sulfate d'argent nous plongeons une lame d'argent et une lame de fer, cette dernière sera attaquée et sera par conséquent électronégative par rapport à l'argent.

Cette corrélation est générale. Si le métal A est chassé par le métal B de sa combinaison avec un acide donné, si le métal B est chassé par le métal C de sa combinaison avec le même acide, le métal A est chassé par le métal C de sa combinaison avec le même acide.

Cette corrélation générale, qui présente un si grand intérêt d'une part dans le domaine de la chimie, et d'autre part dans l'étude de la pile voltaïque, est une conséquence très facile à établir de la théorie du potentiel thermodynamique.

Nous considérons en premier lieu une dissolution qui renferme, pour un certain poids d'eau, un certain nombre n de molécules de sulfate d'argent. Soient ρ_A le poids moléculaire du sulfate d'argent, Ψ_A le potentiel thermodynamique de la quantité de cette dissolution qui renferme un poids de sulfate d'argent égal à l'unité. Le potentiel thermodynamique sous pression constante de cette dissolution a pour valeur

$$n\rho_A \Psi_A.$$

En présence de cette dissolution, nous mettons du cuivre. Au bout d'un certain temps, la dissolution renferme pour le même poids d'eau un nombre n de molécules de sulfate de cuivre. Soit ρ_B le poids moléculaire de sulfate de cuivre; soit Ψ_B le potentiel thermodynamique de la quantité de dissolution qui renferme l'unité de poids de sulfate de cuivre. Le potentiel thermodynamique de la dissolution est devenu

$$n\rho_B \Psi_B.$$

Soient ϖ_A et ϖ_B les poids moléculaires de l'argent et du cuivre; un poids $n\varpi_A$ d'argent s'est déposé et un poids $n\varpi_B$ de cuivre s'est dissous. Si donc on désigne par Φ_A le potentiel thermodynamique d'un kilogramme d'argent, et par Φ_B le potentiel thermodynamique d'un kilogramme de cuivre, le potentiel thermodynamique du système a diminué de

$$n\left(\rho_A \Psi_A - \rho_B \Psi_B + \varpi_B \Phi_B - \varpi_A \Phi_A\right).$$

Par hypothèse la réaction est possible; on a donc

$$\rho_A \Psi_A - \varpi_A \Phi_A > \rho_B \Psi_B - \varpi_B \Phi_B.$$

De même, par hypothèse, le fer, mis en présence d'une dissolution de sulfate de cuivre renfermant n molécules de sel pour le poids d'eau considéré, chasse le cuivre de cette dissolution. On a donc, en représentant par l'indice C les quantités relatives au fer :

$$\rho_B \Psi_B - \varpi_B \Phi_B > \rho_C \Psi_C - \varpi_C \Phi_C.$$

De ces deux inégalités, on déduit :

$$\rho_A \Psi_A - \varpi_A \Phi_A > \rho_C \Psi_C - \varpi_C \Phi_C.$$

Cette dernière inégalité signifie que le fer, mis en présence d'une dissolution de sulfate d'argent renfermant n molécules de ce sel pour le poids d'eau considéré, chasse l'argent de cette dissolution.

La théorie du potentiel thermodynamique justifie donc la loi, bien connue en chimie, du déplacement mutuel des métaux, en précisant les conditions dans lesquelles cette loi doit s'appliquer : elle doit s'appliquer à des sels d'un type déterminé, formés par un acide déterminé, dans des dissolutions renfermant toutes, pour un même poids d'eau, un même nombre de molécules de sel. Ces mêmes restrictions s'appliquent aux listes qui présentent les métaux dans un ordre tel que chacun d'eux, électronégatif par rapport à tous ceux qui le précèdent, soit électropositif par rapport à tous ceux qui le suivent.

Nous ne poursuivrons pas les applications du principe de la théorie de M. von Helmholtz; l'établissement de ce principe était l'objet principal de cette étude sur les phénomènes électriques. Rappelons brièvement les hypothèses sur lesquelles reposent nos raisonnements.

Ces hypothèses sont au nombre de quatre.

Deux d'entre elles sont purement et simplement des lois expérimentales; ce sont : la loi des actions mutuelles des corps électrisés immobiles donnée par Coulomb, et la loi, découverte par Faraday, de la proportionnalité entre l'action chimique produite dans un électrolyte et la charge électrique qui provoque cette décomposition.

La troisième hypothèse consiste à admettre que le travail compensé et le travail non compensé produits pendant un certain temps dans une partie d'un système traversé par des courants fermés, uniformes, constants, invariables de forme et de position, ont respectivement la même valeur que si, toutes les charges du système étant immobiles, on déplaçait *virtuellement* une charge électrique égale à celle que transporte le courant. Cette hypothèse, qui fait rentrer dans l'électrostatique l'étude des courants fermés, constants et immobiles, est implicitement admise, ou remplacée par une hypothèse équivalente, dans tous les travaux théoriques dont cette étude a été l'objet.

Enfin la quatrième hypothèse, obtenue en généralisant la loi expérimentale de Joule, consiste en ceci : le travail non compensé produit pendant l'unité de temps dans une portion quelconque d'un circuit linéaire parcouru par un courant fermé, uniforme et immobile, est égal au produit de la résistance de cette portion du circuit par le carré de l'intensité du courant.

Nous avons vu que ces hypothèses permettaient d'éclaircir quelques-unes des difficultés que présente l'électrostatique. Il resterait à montrer comment les principes qu'elles expriment doivent être complétés lorsqu'on pénètre dans le champ de l'électrodynamique; mais ce champ est si vaste que nous sommes obligés de le laisser en dehors de nos recherches.

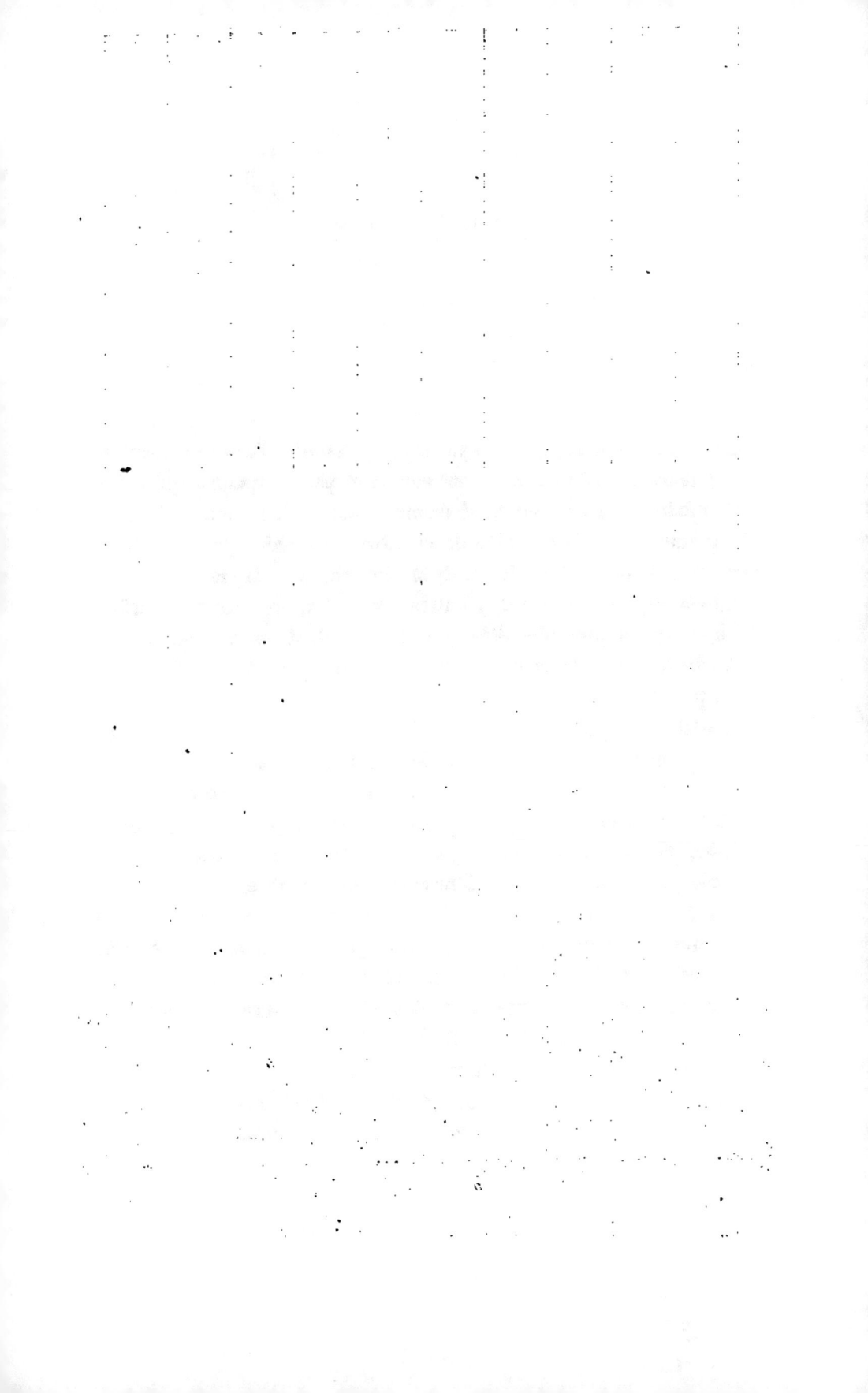

CONCLUSION

La thermodynamique fait dépendre la possibilité d'une modification du signe du travail non compensé engendré par le système qui subit cette modification. La loi ainsi établie a son utilité; non seulement elle permet, dans le domaine de la mécanique chimique aussi bien que dans l'étude des phénomènes électriques, de retrouver les résultats déjà obtenus par d'autres méthodes, en écartant parfois quelques-unes des difficultés que rencontraient les démonstrations précédentes; mais cette loi conduit encore dans ces diverses branches de la physique à des résultats nouveaux.

Toutefois, l'application de cette loi présente certaines difficultés; le travail non compensé n'est pas, comme le travail total, une quantité directement accessible aux mesures expérimentales; c'est, parait-il au premier abord, une quantité qui n'a qu'une existence tout algébrique, et les physiciens accepteraient peut-être difficilement une théorie qui repose sur des notions aussi peu concrètes.

Le développement même de la théorie lève cette difficulté; elle nous montre en effet que si nous employons la modification étudiée à produire un courant, la chaleur voltaïque, élément qui peut être déterminé par l'expérience, nous donnera la mesure du travail non compensé produit dans la modification.

La théorie du potentiel thermodynamique repose donc, comme la thermochimie, sur l'emploi de grandeurs directement accessibles à l'expérience; mais, tandis que le calorimètre suffit à fournir à la thermochimie tous les renseignements dont elle a besoin, la nouvelle théorie conduit à demander non seulement au calorimètre la valeur de la chaleur totale engendrée dans une modification, mais encore à la pile voltaïque le départ de cette chaleur en chaleur compensée et chaleur non compensée. On voit par là la place prépondérante que tient dans la théorie du potentiel thermodynamique l'interprétation, proposée par M. H. von Helmholtz, de la différence entre la chaleur chimique et la chaleur voltaïque.

La théorie du potentiel thermodynamique présente avec la thermochimie plus d'une analogie; comme la thermochimie, elle a pour but de chercher, parmi les fonctions auxquelles conduit la théorie mécanique de la chaleur, une quantité qui puisse jouer dans l'étude des états stationnaires qu'envisage la physique le rôle que le potentiel joue dans l'étude des équilibres mécaniques; mais les deux théories diffèrent par la fonction choisie; la thermochimie fait usage de l'énergie interne; la théorie du potentiel thermodynamique adopte au contraire les fonctions plus compliquées que M. Massieu a étudiées le premier.

Les conséquences de la thermochimie ont rencontré un grand nombre de confirmations en chimie; mais, même dans le domaine de cette science, elles sont parfois contredites par l'expérience. La théorie du potentiel thermodynamique peut-elle rendre compte de ces confirmations fréquentes et en même temps de ces contradictions que rencontre la thermochimie?

La théorie du potentiel thermodynamique ne diffère de la thermochimie qu'en ce qu'elle substitue le travail non compensé au travail total envisagé par cette dernière théorie. Si, dans certains cas, le travail non compensé diffère peu du travail total, les théorèmes de la thermodynamique seront d'accord avec les propositions de la thermochimie.

Lorsqu'un état d'équilibre stable est établi, une modification virtuelle du système n'entraîne aucun travail non compensé; par conséquent lorsqu'une modification se produit dans un système voisin de l'état d'équilibre, le travail non compensé est voisin de zéro; le travail total est presque exclusivement composé de travail compensé; et comme ce dernier ne s'annule pas au moment de l'équilibre, les propositions de la thermochimie se trouvent nécessairement en désaccord avec les théorèmes de la thermodynamique.

Le résultat précédent coïncide, dans le domaine de la mécanique chimique, avec l'idée, émise par M. Debray, que les conséquences de la thermochimie ne peuvent être appliquées aux réactions dans lesquelles interviennent les équilibres que l'on range sous le nom de phénomènes de dissociation.

Lorsque l'état du système au sein duquel se produit une modification s'écarte de plus en plus des conditions qui assurent l'équilibre, le travail non compensé augmente de plus en plus; ne peut-il pas arriver qu'il grandisse assez pour représenter la majeure partie du travail total?

L'étude de la pile voltaïque permet de répondre à cette question. Si le travail non compensé produit dans la réaction dont la pile est le siège est sensiblement égal au travail total, la chaleur voltaïque sera sensiblement égale à la chaleur chimique; la pile vérifiera la loi proposée par M. Edm. Becquerel.

Or, dans les piles qui ont une force électromotrice énergique, la chaleur voltaïque diffère en général de la chaleur chimique; mais la différence entre ces deux quantités de chaleur est souvent assez petite lorsqu'on la compare à la valeur de la chaleur voltaïque. Voici, par exemple, quelques nombres, empruntés à M. Raoult, qui mettent ce résultat en évidence :

COUPLES		CHALEUR CHIMIQUE	CHALEUR VOLTAÏQUE	Δ
PÔLE +	PÔLE −			
		cal.	cal.	cal.
$Cu.CuSO^4$	$Fe.FeSO^4$	19,095	14,579	+4,516
$Pt.2AzO^3H + 3H^2O$	$Zn.SO^4H^2 + Aq$	43,280	40,630	+2,650
$Pt.2AzO^3H + 3H^2O$	$Zn.KOH + Aq$	47,200	50,190	−2,990
$Cu.CuSO^4$	$Zn.KOH + Aq$	30,230	32,260	−2,030
Cl (gaz).HCl	$Cu.CuSO^4$	29,200	26,051	+3,149

Par conséquent, on peut dire que, pour les réactions très énergiques, la chaleur non compensée est approximativement égale à la chaleur totale; les propositions de la thermochimie sont donc, dans ce cas, d'accord avec les théorèmes de la thermodynamique. On peut donc dire, avec M. H. von Helmholtz :

« Il est bien certain, surtout dans les cas où des affinités extrêmement énergiques sont mises en jeu, que le dégagement de chaleur le plus considérable concorde avec les affinités les plus puissantes, forces dont l'existence se traduit par la création et la destruction des combinaisons chimiques. Mais cette concordance n'existe pas toujours. »

FIN.

TABLE DES MATIÈRES

DEUXIÈME PARTIE

QUELQUES APPLICATIONS NOUVELLES DU POTENTIEL THERMODYNAMIQUE A LA MÉCANIQUE CHIMIQUE. — DISSOLUTIONS ET MÉLANGES.

TROISIÈME PARTIE

QUELQUES APPLICATIONS DU POTENTIEL THERMODYNAMIQUE AUX PHÉNOMÈNES ÉLECTRIQUES.

Bordeaux. — Imp. G. Gounouilhou, rue Guiraude, 11.

www.ingramcontent.com/pod-product-compliance
Lightning Source LLC
Chambersburg PA
CBHW072300210326
41519CB00057B/2118
* 9 7 8 2 0 1 2 6 8 9 0 9 1 *